U0283777

中国科学院上海应用物理研究所（SINAP）提供资助

速生林木应用基础与
重组装饰材产业研究

周　宇　周冠武　彭冠云　著

中国建材工业出版社
北　京

图书在版编目（CIP）数据

速生林木应用基础与重组装饰材产业研究/周宇，
周冠武，彭冠云著 . --北京：中国建材工业出版社，
2024.9. -- ISBN 978-7-5160-4233-5

Ⅰ. TS65

中国国家版本馆 CIP 数据核字第 2024A3N888 号

速生林木应用基础与重组装饰材产业研究
SUSHENG LINMU YINGYONG JICHU YU CHONGZU ZHUANGSHICAI CHANYE YANJIU
周 宇 周冠武 彭冠云 著

出版发行：中国建材工业出版社
地　　址：北京市西城区白纸坊东街 2 号院 6 号楼
邮　　编：100054
经　　销：全国各地新华书店
印　　刷：北京印刷集团有限责任公司
开　　本：710mm×1000mm　1/16
印　　张：16
字　　数：330 千字
版　　次：2024 年 9 月第 1 版
印　　次：2024 年 9 月第 1 次
定　　价：**78.00 元**

关于作者

周宇，男，1966 年生，工学博士，中国林业科学研究院木材工业研究所副研究员，木文化创意产业国家创新联盟理事长，全国材料科学技术名词审定委员会特聘专家。先后主持国家林业公益性行业科研专项项目"木质产品耐光性评定与检测技术研究"、国家林业和草原局重点研发项目"木材的应用变化与新时代人群的审美趋势研究"、国家标准制修订项目、国家职业标准制定项目多项；作为骨干参与"863"计划相关课题、"948"项目、国际合作项目（JICA）等科研项目；发表学术论文 100 余篇，作为副主编参与《俄罗斯木材贸易及其加工技术》的编写，参与《材料科学技术名词》《中国人造板发展史》和《科学的丰碑》等著作的编写；组织并指导"木作榫卯夏令营"活动；获第八届梁希科普奖活动类奖。

周冠武，男，1981 年生，公派德国留学，工学博士，国家二级笔译员（CATTI），中国林业科学研究院木材工业研究所工程师，木文化创意产业国家创新联盟秘书长，中国林产工业协会标准化技术委员会副秘书长，中国翻译协会会员。主持林业行业标准制定项目、国家标准外文版项目多项；参与欧盟项目"The EnergyPoplar project"、国家林业和草原局重点研发项目"木材的应用变化与新时代人群的审美趋势研究"等多项课题研究；多次参与中国外文局组织的"全国翻译专业资格（水平）考试"阅卷工作；发表学术论文 20 多篇；参与编制 ISO 国际标准（ISO 17959：2014）、编写《木材变色防治技术》等著作；获国家软件著作权 4 项，获 2010 年度茅以升科学技术奖木材科技教育奖学金、第八届梁希科普奖活动类奖。

彭冠云，男，1981 年生，工学博士，2009—2018 年任中国科学院上海应用物理研究所上海同步辐射光源助理研究员、副研究员；2018 年至今，任中国科学院上海高等研究院上海光源科学中心副研究员。长期从事生物质材料构效关系研究、X 射线成像与无损检测研究；先后主持或参与完成国家自然科学基金、国家重点研发计划、国家林业公益性行业科研专项项目、上海市自然科学基金等项目共计 6 项；发表学术论文 40 篇；获第十三届梁希林业科学技术奖科技进步二等奖。

前　言

　　速生林是人工林的一种，通过集约经营的方式，实施定向培育，缩短林木培育周期，提高单位面积木材产量，获取最佳经济效益。由于其速生、轮伐期短、材质好、造林成活率高等优良特性，为制浆造纸、人造板等林产工业和建筑、家具、装修等行业提供原料和优良木材。最常见的速生林是杨树，速生杨树是从美洲黑杨和欧洲黑杨中选育出的优良品种，在我国各地均适宜栽培，尤其适宜在我国西北、华北、东北地区种植。

　　重组装饰材（商品名：科技木）是由重组装饰单板或薄木贴面制成的木基复合材料的统称，重组装饰单板或薄木是在速生林木加工成单板的基础上，通过漂白、染色、层积、胶合等工艺制成木方，再经过刨切、旋切或锯切制成厚度 0.1~0.4mm 的单板或薄木，这种单板或薄木，可用作胶合板及其他人造板贴面材料。重组装饰材生产过程中采用电脑设计配色，不仅可以"克隆"各种天然珍贵木材的颜色和纹理，模拟仿制高级珍贵木材，还能克服天然木材固有的变色、节疤、虫孔等缺陷，色彩丰富、纹理多样，能起到保护稀有的紫檀、柚木、黑胡桃木等名贵木材资源的作用。重组装饰材通过改变低值速生林木材的颜色和纹理，满足了消费者的个性化需求，提高了速生林木材的利用率和附加值。

　　本书主要介绍了速生林木主要树种——杨树的资源分布和加工利用以及重组装饰材概述、研究现状、发展趋势和市场需求等内容。同时，还对杨木单板对染料的吸附、浸染工艺因子与单板表面着色度的关系、抽提处理单板与高含水率单板的染色性能、木材及其染色材的光变色现象等进行了详细探讨。此外，还涵盖了杨木纤维表面木质素酶法活化制备纤维板以及傅立叶变换红外光谱技术在预测杨树木质素含量和评价木质素、纤维素等主要化学组分方面的应用分析。

　　本书旨在系统地总结相关领域的研究成果，并为读者提供深入理解和应用这些知识所需的基础。通过阅读本书，读者可以更好地认识到杨树木材加工利用和重组装饰材制造领域中存在的问题，并且了解当前研究进展以及未来发展趋势。本书可作为木材科学、高级装饰木基复合材料、速生林木及重组装饰材加工贸易的相关专业人士的参考书，同时可为高等院校、科研院所的教学和科研、政府、企业等相关部门的速生林木材高效增值利用政策制定及重组装饰材工艺、标准、质量控制工作提供一定的参考，促进相关领域科学技术水平不断提升。

　　本书部分内容是国家林业公益性行业科研专项"基于 X 射线成像的木竹材无损检测技术研究"和国家林业和草原局重点研发项目"木材的应用变化与新时代

人群的审美趋势研究"的研究成果。

　　本书是周宇博士、周冠武博士、彭冠云博士三位作者共同努力的结果，感谢黄琳芮在交稿前对书稿的整理。

　　本书的出版得到了中国科学院上海应用物理研究所（SINAP）的资助，同时也离不开国家林业公益性行业科研专项（201304513）和国家自然科学基金（31300480）的鼎力支持，在此特别表示感谢。

　　由于笔者学术水平和经验所限，书中难免存在不足之处，恳请广大读者和专家不吝指正。

著　者

2024 年 6 月

目　录

生产工艺篇

生产工艺篇

1　绪　论

1.1　杨树资源和加工利用

伴随着全球天然林资源的急剧减少及木材资源消耗的不断增加，近年来我国木材资源的供求缺口和结构性矛盾日益突出。如果长期依靠进口，既要受制于国际市场走势，又要消耗大量的外汇；如果寄希望于加大采伐量，在我国森林资源整体不足和限伐天然林的情况下，也不可能。因此，为了缓解木材资源的供需矛盾，只有加快速生丰产人工林的建设、增加后备资源供应并提高人工林木材资源的利用。

杨树是我国主要的人工林树种之一，由于生长迅速、繁殖容易、适应性强、抗逆性强、用途广，具有很重要的经济地位。杨树广泛分布于欧洲、亚洲和北美洲。它的生长范围一般位于北纬 30°～72°，垂直分布多在海拔 3000m 以下。杨树在我国分布约 61 种（包括 6 个杂交种），其中我国本土产 53 种（包括 3 个存疑种）。其分布界限西起西藏，东至江浙，南起福建、两广的北部和云南，北至黑龙江和内蒙古、新疆地区，具有普遍分布的特点。杨树的栽培繁育历来受到重视，自 20 世纪 60 年代以来，选育出了许多速生丰产的优良品种和无性系。据 2009 年第七次全国森林资源清查结果，我国杨树人工林总面积达 757.23 万 hm²，总蓄积量 3.4 亿 m³，超过世界其他国家杨树人工林面积的总和，杨树人工林在我国特别是北方的生态防护林建设和工业用材林建设中发挥了巨大作用。由于人工林杨树在我国分布地域广泛，生长环境多种多样，再加上长期的自然选择和优良品种的人工定向选育，使得种内群体间存在显著的遗传多样性和个体差异。众多相关研究表明，人工林杨树虽然生长速度快、培育周期短，但与天然林木材相比，其解剖构造、物理性质、力学性质、化学性质等主要木材性质都有所下降，而且不同地理区域、不同生长立地条件、不同种质来源（家系与无性系）的杨树植株，甚至是在同一植株的不同部位，木材的基本性质都有比较显著的差异。这些木材基本性质的差异严重影响了杨树人工林木材的后续加工利用，因此全面了解杨树人工林木材性质的变异规律，确定杨树人工林木材品质改良的基础理论，是实现杨树定向培育、人工林木材资源的高效利用及科学合理利用的基础。

杨树木材的物理力学性质、纤维形态和化学组成、加工性能有许多独特之处。人工林杨树木材密度较低，材质松软，多幼龄林和应力木，含水率高且分布不均，材色单调，花纹不清晰。另外，由于栽培措施不当，带来干形不规整、节子多、"湿心材"等材质缺陷。

杨树木材的固有特性和材质缺陷，给胶合板、细木工板和单板层积材等单板类人造板的生产工艺带来许多困难。木材物理力学性质与单板的旋切条件和质量有着密切的关系，采用软阔叶树材的旋切条件能获得较好的旋切效果，但是存在旋切易起毛，出板率较低等问题；由于杨木不同部位的含水率差异悬殊且分布不均，如 I-69 杨"湿心材"含水率高达 245%，边部含水率低至 80%，用常用的单板干燥机干燥造成含水率不均，引起干燥应力而翘曲不平。在单板胶合方面，杨木的密度较低，干燥含水率不易控制，pH 值和缓冲容量较高，因而胶合工艺常需要采用二次预压工艺，会对胶合带来不良影响。因此为了实现杨木资源的充分有效利用，既要培育优良的品系、改进栽培技术、提供优质良材，又要结合木材性质，利用现代科学技术手段研究提出杨木高附加值利用的新技术、新产品。

随着人工林杨树定向培育和加工技术的不断进步及国内市场对工业用木材数量的需求稳步增加，我国人工林杨树木材的用途不断扩大，主要用于胶合板、中密度纤维板、细木工板和刨花板等各类人造板生产，还包括用作制浆造纸原料，生产杨木实木拼板，以及对木材性能要求不高、产品附加值较低的产品，如包装用材、农村住宅建设用材、火柴和一次性筷子等。

近年来，杨木改性制造表面密实化板材、单板层积材、人造装饰薄木、木塑复合材料、热处理改性产品等高附加值利用方面又取得了突破。天然木材具有强度低、易变形开裂、易受生物侵害、易燃、易产生光劣化等缺点。针对这些不足，产生了不同类型的改性木材。改性木材一般具有比未改性材更高的力学强度、尺寸稳定性、耐腐性、阻燃性和耐老化性等。常见的改性木材包括高温热改性木材（碳化木）、树脂浸渍改性木材、塑合木、乙酰化木材、压缩木。在本书作者主持拟定的标准《乙酰化木材》LY/T 3037—2018 中，规定了乙酰化木材的术语和定义、要求、检验与试验方法、检验规则以及标识、包装、运输和贮存。

为有效应对能源、环境、气候变化等全球面临的一系列重大问题，应用速生丰产林杨树木材发酵生产燃料生物乙醇、进行生物炼制提炼各种化学品、压缩成型制成木质颗粒燃料燃烧产热及发电等成为世界各国科研工作者新的研究方向和热点。速生丰产林杨树木材的各种应用（尤其是纤维板生产、制浆造纸、发酵生产燃料生物乙醇、生物提炼及木质颗粒燃料）都与木材的整体化学性质和木质素的含量密不可分，传统的木材性质评价测试方法需要消耗大量的人力、物力，效率低，还要破坏测试材料本身，已经不能满足现代林木良种选育、定向培育和木材资源高效合理利用的需要。因此，各种木材性质快速评价技术及无损检测技术应运而生。德国、意大利、美国、日本、加拿大、澳大利亚等西方发达国家已经将超声波、应力波、微波、傅立叶变换红外光谱等无损检测技术应用到木材性质及木构件缺陷的检测中。在这些无损检测方法中，傅立叶变换红外光谱技术具有快速、准确、低成本、高通量、所需样品量小（约5mg）等很多优点，在林业研究领域应用十分广泛。

据《2021中国林业和草原统计年鉴》显示，2021年我国人造板总产量为33673万 m^3，其中纤维板产量为6416.91万 m^3，胶合板产量为19296.14万 m^3，刨花板产量为3963.07万 m^3，人造板产量持续位居世界第一位。

人造板是以木材或其他非木材植物为原料，经一定机械加工分离成各种单元材料后，施加胶黏剂和其他添加剂，在一定条件下胶合而成的板材或模压制品。人造板从加工到使用都存在挥发性有机物释放的污染问题。以甲醛为主的挥发性有机化合物是室内空气的主要污染物，不仅大大降低室内空气质量，而且严重危害人体健康。

随着人民生活水平的不断提高和广大消费者环保意识的增强，人造板行业提出"绿色人造板"的新概念，对产品本身的环保要求提出新的标准，如国家规定室内用人造板材的甲醛释放量需符合《室内装饰装修材料 人造板及其制品中甲醛释放限量》GB 18580—2017的规定。有效解决以甲醛为主的有机挥发物污染问题已成为一个世界性问题，研发环境友好的人造板生产技术势在必行。应用酶工程生物技术开发无甲醛、绿色、环保人造板可能成为未来人造板的发展趋势之一。使人造板真正做到来源于木材，但最终产品性能、使用价值优于木材。

1.2 重组装饰材概述

1.2.1 重组装饰材的定义与分类

重组装饰材（又称人造薄木，商品名：科技木）是以普通树种木材包括人工林木材为原材料，经旋切（或刨切）加工成单板，采用单板调色、涂胶组坯、模压成型等工艺过程，制成的具有天然珍贵树种木材颜色、花纹和质感等特性或具有其他艺术图案的木质装饰材料，是一种绿色环保产品。产品分为重组装饰板材和重组装饰单板两大类（《重组装饰材》GB/T 28998—2012和《重组装饰单板》GB/T 28999—2012）。

1.2.2 重组装饰材的特点

重组装饰材除保留了木材的天然属性外，其产品生产和性能还具有以下特点。

1. 产品品种繁多并形成系列化

重组装饰材可根据人们不同时期的喜好生产不同系列的产品，可满足现代人们的多样化和个性化消费需求。产品品种丰富，既有天然珍贵树种木材的仿真产品，又有艺术设计加工的产品，按照模仿的树种、颜色、花纹及图案设计，可分为若干个产品系列。

2. 生产中可剔除木材原有的缺陷，经重组加工制成材质优良的产品

产品生产过程中可以剔除单板木材的腐朽、孔洞、节疤、变色等材质缺陷，经重组加工制成材质优良的材料，产品具有优良的装饰性能和良好的物理力学性质。

3. 经改性处理赋予产品多种功能

产品生产过程中可以方便地进行防腐、防蛀、耐潮、吸音、阻燃等改性处理，生产出某种特定功能或集多种功能于一体的产品。

4. 生产原料来源丰富，可实现普通树种木材高增值利用

重组装饰材的生产原料一般为密度较低的普通树种木材，包括人工林木材，产品可替代天然珍贵树种木材实现高增值利用。

5. 采用现代仿真技术，实现大规模工业化生产

产品的性能特别是颜色、花纹图案和密度可采用现代仿真技术进行自由设计和加工，采用先进的工艺和设备实现大规模工业化生产。

1.2.3 重组装饰材的发展背景和意义

（1）近年来，世界天然珍贵树种木材供应受资源日趋枯竭和对森林资源保护等因素影响，原料来源困难，呈现价格上涨、供应不足的趋势，而市场对高档产品的需求依然强劲。

（2）天然珍贵树种木材的死节、开裂等缺陷多，出材率低，难以满足大规模工业化生产的需求。

（3）由于消费市场的扩大，要求不同生产批间的装饰材的产品质量，包括木材颜色、花纹和质感的一致性，而天然珍贵树种木材的装饰材产品无法做到。

（4）在现代家居设计中，包括内装修材、家具及家用电器具的配置，往往要求材料和制品之间整体协调一致。

我国木材资源短缺，特别是天然林珍贵木材资源已近枯竭，而人工林木材因其装饰性差不能满足装饰材料的要求，制约了我国木质装饰材料的发展。为了适应国民经济发展和人们生活水平提高对木质装饰材料日益增长的需求，立足国内丰富的人工林资源和国产染化工原料，自主研究开发调色单板和重组装饰材制造技术，实现产品产业化生产非常迫切且必要。重组装饰材可以替代天然珍贵木材用作高档家具和木制品生产，重组装饰单板用作胶合板及其他人造板贴面材料。重组装饰材的生产和应用，对于满足木质装饰材料日益增长的市场需求，解决日趋匮乏的天然珍贵树种木材的供需矛盾，保护天然林资源，缓解国际环保压力，适应速生丰产用材林基地建设工程的需要，实现普通树种和人工林木材的高附加值利用，促进行业的科技进步，具有重要意义，有着重要的经济价值与显著的生态效益。

1.3 研究现状、发展趋势和市场需求

1.3.1 木质装饰材料的发展和市场需求

据测算，2018 年我国木材总需求量约为 5.7 亿 m³，总供给量约为 5.6 亿 m³，从中国木材总供给和总需求看，木材供需缺口在缩小。据资料，2021 年，我国木材产量为 11589 万 m³，而 2022 年，我国木材产量稍有下滑，为 10693 万 m³，较上年减少了 896 万 m³，同比下降 7.73%。2021 年人造板产量为 3.37 亿 m³，人造板产品消费量约 3.18 亿 m³。木质地板产量为 7.5 亿 m²，其中实木复合地板产量为 1.8 亿 m²，木地板销售量超过 6.5 亿 m²，销售额超过 777.5 亿元。

我国的人造板产品主要用于建筑室内、公共场所的装饰装修和家具生产，但是目前企业生产的主要是素材人造板，根据使用要求需要进行二次加工，尤其是用装饰薄木贴面的人造板，是市场需求量最大的产品。然而，我国生产天然装饰薄木的珍贵树种优质木材资源已经枯竭，特别是天然林保护工程实施以来，珍贵树种木材主要依赖进口。

在木质装饰材料发展过程中，起初是利用天然林珍贵树种木材通过刨切和旋切加工成薄木和单板，用于家具生产和建筑室内装修。随着天然林优质材资源的锐减和科学技术的进步，世界几个发达国家相继研究开发了一系列新型木质装饰材料，如集成薄木、染色薄木、人造薄木和柔性薄木等新型装饰材料。我国薄木装饰材料的生产和应用在改革开放以来取得了很大的进展，主要是用天然林树种木材生产刨切薄木，用作胶合板的贴面材料。据不完全统计，目前我国薄木装饰贴面胶合板年产量约 300 万 m³。在新型木质装饰材料制造技术的研究和产品开发方面基础薄弱，目前只有少数企业利用国外技术或中国林业科学研究院（以下简称"中国林科院"）木材工业研究所等国内技术生产的木质人造装饰薄木产品。中国林科院木材工业研究所和南京林业大学木材工业学院在"九五"期间承担的原国家计委重点科技项目（部门专项）"新型薄木装饰材料制造和应用技术研究"，在上述几种新型薄木产品制造技术研究方面取得的成果，为产品的生产提供了理论依据，部分产品制造技术已经实现了产业化，特别是以杨树人工林木材为原料生产人造装饰板方材和薄木可以取得良好的社会和经济效益，对于开辟杨树人工林高效利用途径具有重要意义，应用前景广阔。

1.3.2 重组装饰材行业现状及发展趋势

1. 重组装饰材的由来和发展史

重组装饰材起源于 20 世纪 30 年代的欧洲，重组装饰单板的基础是 1937 年

由德国人申请的专利"赋予人工的木材花纹的单板制造方法"。1965 年意大利的阿尔比（ALPI）公司，英国的阿隆公司等相继研发成功并在意大利实现工业化生产。重组装饰单板产品输入日本后，开始用作家具表面装饰材料。日本的松下电工、段谷产业公司从 1972 年开始研发将其并商品化。

意大利的 ALPI 和 TAPU 公司、日本的松下电工和段谷产业是国外掌握该项技术的企业，分别以非洲白梧桐和东南亚白贝壳杉为原料，采用专利技术生产多种人造薄木产品，于 20 世纪六七十年代开始工业化生产，但长期处于技术保密和对外封锁状态。国内从 20 世纪 80 年代开始人造装饰薄木的研究，但是一直未能真正形成生产技术和产品生产，90 年代初广东粤龙木业等公司曾与 ALPI 公司联系技术转让或合资生产，但均遭拒绝。

从 20 世纪 80 年代开始，中国的高等院校、科研院所及相关企业开始致力于重组装饰材（人造薄木）的研究与开发。上海市家具厂于 1980 年初提出了"人造薄木试验研究"的课题，与上海市家具研究所合作，成功制成了人造柚木、人造红木、精美薄木等人造薄木。南京林业大学（原南京林学院）与南京木器厂合作开展了人造薄木制造工艺研究，研制了仿红木色及柚木木色等多品种的弦向纹理及径向纹理的人造薄木。1983 年起中国林科院木材工业研究所开展人造薄木制造工艺研究，国家"九五"和"十五"期间，中国林科院木材工业研究所、南京林业大学、黑龙江省林产工业研究所、北京林业大学及相关企业在国家与省部级多项科研课题支持下，开展了重组装饰材（人造薄木）的研究与技术开发，取得了多项科技成果。此外，中南林业科技大学也进行了重组装饰材（人造薄木）的研究与开发。

中国香港维德集团于 20 世纪 80 年代初开始进行重组装饰材（科技木）的研究与开发，将研发的第一代重组美化木引入该集团在江苏的合资企业中国江海木业有限公司，生产了"美柚 11"重组装饰单板，并在国内最早实现了科技木产业化生产。科技木 2000 年通过了江苏省省级科技成果鉴定，2002 年被列为国家火炬计划项目，2003 年被列为国家重点新产品。20 世纪 90 年代起，原光大木材工业（深圳）有限公司、原山东双月园科技木业有限公司、鲁丽集团有限公司云南泸水木业公司、德华兔宝宝装饰新材股份有限公司、浙江升华云峰新材股份有限公司、茂友木材股份有限公司、深圳市松博宇科技股份有限公司、无锡盛牌木业有限公司、新汉林业投资（中国）有限公司、山东凯源木业有限公司、原上海黎众木业有限公司、山东江河木业有限公司、江苏前程木业科技有限公司等企业陆续研发、生产重组装饰单板，产品在室内装饰装修、家具生产等方面得到广泛应用，成为一类重要的饰面装饰材料。

2. 重组装饰材的生产工艺

1）重组装饰材生产工艺流程

重组装饰材生产，以普通树种木材包括人工林木材为主要原材料，经旋切（或刨切）加工成单板，单板经漂白和染色等调色处理，干燥后涂布胶黏剂，按产品设计进行组坯，送入压机模压成型，经养护制成木方，再由锯机制材成重组装饰板材，或由刨切机加工成重组装饰单板。其工艺流程见图1-1。

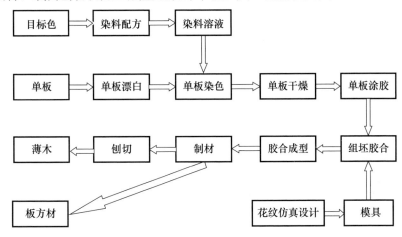

图 1-1 重组装饰材生产工艺流程

2）生产原料和主要辅助材料

（1）木材

国产材：杨木、椴木、桦木。

进口材：非洲白梧桐（Triplochiton K. Schum）、奥克榄（Aucoumea klaineanapierre）、夫拉克（艳丽榄仁木 Frake）、吉贝（Ceiba）、白贝壳杉（Agathis dammara Rich）等。

（2）染化药剂

单板调色处理使用的染化药剂包括漂白剂、着色剂及其助剂。

木材漂白用漂白剂有氧化性漂白剂和还原性漂白剂两大类。常用氧化性漂白剂有氯及氯盐类、二氧化氯类、无机过氧化物、有机过氧化物、过酸及过酸盐类等5种类型；常用还原性漂白剂有含氮类化合物、含硫类化合物、硼氢化合物类、酸类等。

木材着色用着色剂有染料、颜料、化学药剂以及助剂。

木材染色常用的水溶性染料有直接染料、酸性染料、碱性染料、活性染料等。木材表面染色可使用染料和颜料色浆。胶黏剂常用于颜料着色。

（3）胶黏剂

重组装饰材生产用胶黏剂，主要根据产品性能要求和胶黏剂的特性进行选择。重组装饰材大部分用于刨切加工，生产重组装饰单板，其胶黏剂除了胶合强度和耐水性外，还要求胶层具有较好的柔韧性，以减缓木方刨切时刀具的磨损。

重组装饰材生产常用的胶黏剂有：脲醛树脂胶黏剂（UF）、聚乙酸乙烯酯乳液（PVAc）、改性三聚氰胺树脂胶黏剂（MUF）、湿固化型的聚氨酯树脂胶黏剂等。

3）工艺过程及关键技术

（1）材色仿真与单板调色处理

材色仿真，根据木材成分、构造组织和颜色特征，应用漂白、染色或化学药剂的着色方法，采取渐进法配色和计算机测配色系统配色，进行模仿珍贵树种木材材色及彩色系列装饰单板的材色仿真。

木材和单板调色是采用物理或化学的方法调节材色深浅、改变木材颜色及防止木材变色的加工技术。

在木材漂白与着色机理研究的基础上，采用热扩散法、减压加压浸注法等单板漂染的工艺和匀染及染液循环利用技术，确立木材单板调色技术体系；应用多光源分光测色仪和氙光衰减仪等现代化仪器进行材色和变褪色检测与表征，建立了材色性能评价系统。即渐进法配色和计算机配色技术；单板漂白和染色技术；染液循环利用。

（2）花纹仿真设计与模具研制

花纹仿真设计，以天然木材花纹形成机理为依据，确立以单板为制造单元替代树木生长轮和其他构造组织的复合重组仿真制造方法。在分析木材材色和花纹图案的几何参数基础上进行花纹设计，根据设计参数制作模具，通过木方组坯、胶合成型及切削加工方式，建立重组装饰材的花纹仿真技术体系。

（3）胶黏剂配制与涂布

基于胶合性能、胶层柔韧性，低毒及低成本等要求选择胶黏剂品种，常用的胶黏剂是脲醛树脂与聚乙酸乙烯酯乳液为主要原料的常温固化型低甲醛含量的复合胶黏剂，其合理的配比为6：4，根据需要加入适量的颜料进行着色。

（4）木方组坯、模压成型及养护

根据产品设计，在单板材色仿真与调色处理的前提下，进行木方组坯（一次或二次组坯），送入压机在常温下模压成型，为了提高生产效率，通常采用夹具装置将木方连同模具在保压的条件下进行养护处理。

（5）制材与刨切加工

锯材加工均以花纹的形状和尺寸为依据，同时要兼顾提高出材率的要求，保证木方的尺寸和角度准确及端面平整；用于薄木刨切的木方，两端以聚氯乙烯薄膜为封端材料，用氯丁橡胶类胶黏剂进行胶黏，或用热熔胶封端；用于刨切的木方根据单板的花纹设计和厚度规格要求，采用横向和纵向刨切机进行刨切，加工制成重组装饰单板。

4）主要生产设备和测试仪器

（1）单板制备：原木截断锯，单板旋切机，单板干燥机，单板剪切机及修补设备。

（2）配色与调色处理：测色仪，计算机配色系统，单板漂白和染色设备（缸），染液循环利用及补液装置，废水处理设施。

（3）树脂制备与胶黏剂调制：树脂反应釜，调胶机。

（4）单板涂胶和组坯成型：单板涂胶机，成型模具，组坯装置，冷压机（或热压机、高频加热压机），养护室。

（5）制材、单板刨切及干燥：木方截断锯，带锯机，封端装置，锯材干燥窑，刨切机及单板干燥机等。

3. 国内外重组装饰材产业现状

我国重组装饰材产业的发展经历了产品引进、仿制、自主研发和创制、产品工业化生产及大量出口的发展过程，目前我国已成为重组装饰材生产大国和技术强国，产品销售遍布世界各地。

1）企业规模、数量与分布

重组装饰材生产企业规模一般在 $3000 \sim 15000 \mathrm{m}^3/\mathrm{a}$，目前全国规模以上重组装饰材生产企业有 20 多家，从业人员 $15000 \sim 20000$ 人。

我国重组装饰材产业分布主要集中在浙江、江苏、山东、上海和广东等沿海地区。

2）产品品种、年生产量及产值

目前生产的重组装饰材产品品种有重组装饰材木方、重组装饰材锯材、重组装饰单板（重组装饰薄木）及染色薄木。其中，重组装饰单板根据所模仿树种、颜色、花纹及艺术图案等分为 40 多个系列，1000 多个品种，如：径切纹、弦切纹、猫眼、树瘤、冰树、编织、藤类、大理石、烟熏系列；橡木、黑胡桃、柚木、檀木、樱桃、酸枝、花梨、斑马木系列等。

（1）猫眼系列

猫眼系列见图 1-2。

(a) E.V.棕猫眼B200　　　　　　　　　　(d) E.V.金红猫眼200

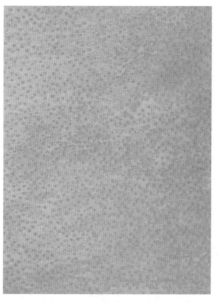

(c) E.V.白猫眼W200

(d) E.V.紫猫眼

图 1-2 猫眼系列重组装饰单板

（2）编织系列

编织系列见图 1-3。

(a) E.V.黑胡桃119S

(b) E.V.黄橡17S

(c) E.V.棕榈   (d) E.V.樱桃

图 1-3 编织系列重组装饰单板

（3）斑马系列

斑马系列见图 1-4。

(a) E.V.斑马木018DS   (b) E.V.斑马木090DS

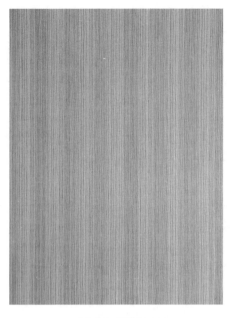 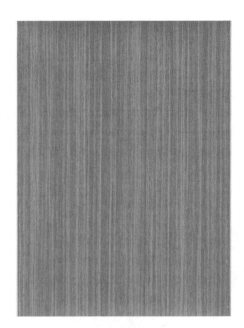

(c) E.V.斑马木090S   (d) E.V.灰斑马1DS

图1-4　斑马系列重组装饰单板

（4）树瘤系列

树瘤系列见图1-5。

 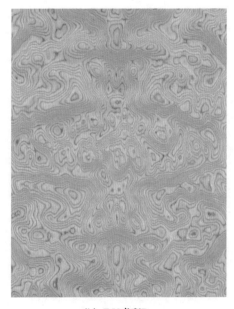

(a) E.V.樱桃树根B21   (b) E.V.虎斑D

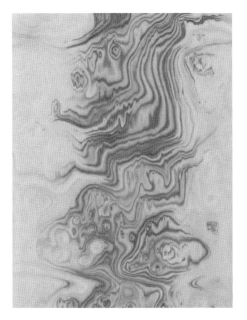

(c) E.V.橄榄木树根1014

(d) E.V.黑白树根3S

图1-5　树瘤系列重组装饰单板

（5）黑胡桃系列

黑胡桃系列见图1-6。

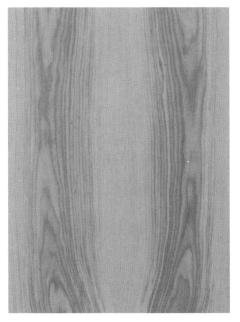

(a) E.V.意大利黑胡桃868

(b) E.V.烟熏黑胡桃

(a) E.V.黑胡桃139S　　　　　　　　　　(b) E.V.黑胡桃119S

图 1-6　黑胡桃系列重组装饰单板

（6）橡木系列

橡木系列见图 1-7。

(a) E.V.水洗橡木A20DC　　　　　　　　　(b) E.V.节子橡木601BDC

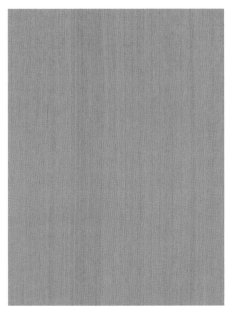 

(c) E.V.橡木001S (d) E.V.黑橡17DS

图 1-7 橡木系列重组装饰单板

（7）酸枝系列

酸枝系列见图 1-8。

(a) E.V.酸枝NDS (b) E.V.南洋酸枝DS

 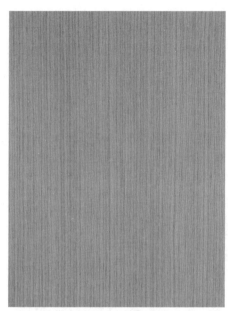

(c) E.V.酸枝803Q   (d) E.V.酸枝1S

图 1-8　酸枝系列重组装饰单板

2013—2015 年，我国重组装饰材的年平均产量约为 24.0 万 m^3。其中：重组装饰板方材约占 30%，产量约为 7.2 万 m^3；重组装饰单板（薄木）约占 70%，产量约为 16.8 万 m^3。若重组装饰单板厚度以 0.20mm 计，则重组装饰单板年产量约为 8.4 亿 m^2。

2013—2015 年我国重组装饰材的平均年产值约为人民币 48 亿元。

国内 4 家主要重组装饰材生产企业 2013—2015 年生产概况见表 1-1。

表 1-1　国内 4 家主要重组装饰材生产企业 2013—2015 年生产概况

企业名称（全称）	生产规模（m^3/a）	从业人员（名）	2013—2015 年产量（m^3）			2013—2015 年产值（万元）		
			2013	2014	2015	2013	2014	2015
维德木业（苏州）有限公司	—	342	4930	4412	5377	9102	9524	8489
德华兔宝宝装饰新材股份有限公司科技术分公司	12000	328	8788	8800	9000	16300	18000	19000
浙江升华云峰新材股份有限公司	—	311	3164	3994	4070	5740	7209	7565
山东凯源木业有限公司	6500	310	—	—	—	21000	24000	26500

4. 技术现状

从 20 世纪 80 年代开始，经过多年的努力奋斗，中国已成为世界重组装饰材生产大国和技术强国，无论是产业规模、产品产量，还是品种均居世界第一。在重组装饰材的科学研究方面获得了丰富的科技成果，在技术创新方面获得了一大批国家专利授权，特别是新产品开发获得外观设计专利近 400 项，极大地丰富了重组装饰单板的品种。在国际上尚无同类产品的国际标准和相关国家标准的情况下，我国首次制定了重组装饰材和重组装饰单板的国家标准，推动了重组装饰材的生产技术进步和产品质量的提升。目前我国已经取代意大利和日本，成为全世界唯一大规模生产重组装饰材的国家，产品销售遍布世界各地。

国家"九五"和"十五"期间，重组装饰材在国家与省部级多项科研课题支持下取得了多项科技成果。

1997—2001 年，中国林业科学研究院木材工业研究所、南京林业大学木材工业学院承担的原国家计委的部门专项（编号 ZX9706）"新型薄木装饰材料系列产品制造及应用技术研究"，取得了"新型薄木装饰材料系列产品制造技术"成果（国家林业和草原局重点科学技术计划项目验收证书、林科验字〔2003〕02号）；2002 年在山东双月园科技木业有限公司建成调色单板和人造薄木生产线，实现了产品工业化生产。

黑龙江省林产工业研究所、北京林业大学和中南林业科技大学承担了"九五"国家科技攻关课题（编号 96-011-03-08-03），开展了重组装饰材的研究与开发。

中国林业科学研究院木材工业研究所主持的"十五"国家科技攻关计划课题（编号 2002BA515B07）"主要用材树种高效利用技术"，取得了"天然刨切薄木调色技术"成果。

中国林业科学研究院木材工业研究所主持、山东双月园科技木业有限公司和浙江裕华木业股份有限公司参加的国家高技术发展计划（"863"计划）课题（编号 2002AA245101）"木基复合装饰材料制造技术"，2005 年 10 月 16 日通过科技部组织的专家会验收，取得了"材色仿真装饰单板制造技术""木质重组装饰材制造技术"等与重组装饰单板相关的 4 项科技成果。

2002—2006 年，中国林业科学研究院木材工业研究所主持、浙江裕华木业有限公司参加的林业 948 项目（编号 2002-44）"木材染色技术引进"，取得了"木材薄板匀染与计算机配色技术"成果（国家林业和草原局重点科学技术计划项目验收证书、林科验字〔2007〕54 号），并获得授权发明专利 1 项，即木材薄板挤压染色方法，专利号 ZL200610058283.0。

以维德木业（苏州）有限公司、德华兔宝宝装饰新材股份有限公司科技木分公司、浙江升华云峰新材股份有限公司及山东凯源木业有限公司为代表的重组装饰材生产企业，在技术创新和新产品开发方面取得了一系列的成果。

1）维德木业（苏州）有限公司

维德木业（苏州）有限公司是由香港维德集团于 1993 年投资 3000 万美元独资创建的现代化大型木材加工企业。香港维德集团于 20 世纪 80 年代初开始进行重组装饰材的研究与开发，在国内最早实现了重组装饰材产业化生产，为国家火炬计划重点高新技术企业，在技术创新和新产品开发方面取得了一系列的成果。

（1）2000 年，重组装饰材通过了江苏省级科技成果鉴定，被列入江苏省高新技术产品；2002 年重组装饰材开发先后被列入江苏省火炬计划项目和国家火炬计划项目。

（2）获得国家授权专利有：发明专利 3 项、实用新型专利 7 项、外观设计专利 291 项。

（3）主持或参与制修订标准：《重组装饰单板》GB/T 28999—2012、《重组装饰单板》LY/T 1654—2006、《重组装饰材》GB/T 28998—2012、《重组装饰材》LY/T 1655—2006，以及《重组装饰材（木方）》《重组装饰材（锯材）》《重组装饰单板（E. V. 薄木）》《重组装饰单板（染色薄木）》等企业标准。

2）德华兔宝宝装饰新材股份有限公司科技术分公司

德华兔宝宝装饰新材股份有限公司科技术分公司是由德华集团控股股份有限公司下属企业德华兔宝宝装饰新材股份有限公司投资兴建，公司总投资人民币 6000 万元，占地面积 36630 m^2，主要生产仿真珍贵木系列重组装饰材产品。2004 年开始重组装饰材生产，年产能力达 12000 m^3，拥有重组装饰单板品种 1000 多款，是浙江省最大的重组装饰材生产基地。在技术创新和新产品开发方面取得了一系列的成果。

（1）承担多项国家和浙江省工业新产品开发计划项目

取得的成果有：国家重点新产品"仿真珍贵木"；省级工业新产品"复合重组仿真科技木百叶窗帘片""仿古拉丝油饰科技木单板""小径材重组美学图案科技木装饰单板""水性 API 增强无醛级重组装饰材"，其中"仿古拉丝油饰科技木单板"获浙江省省级优秀工业新产品三等奖。

（2）申请专利 31 项，其中发明专利 17 项，实用新型专利 4 项，外观设计专利 10 项；授权专利 22 项，其中发明专利 8 项，实用新型专利 4 项，外观设计专利 10 项。

（3）参与制定国家标准：《重组装饰材》GB/T 28998—2012、《重组装饰单板》GB/T 28999—2012。

3）浙江升华云峰新材股份有限公司

浙江升华云峰新材股份有限公司是全国制造业 500 强升华集团下属骨干企业，从 2007 年开始重组装饰材规模化生产，历经十余年的发展，实现了产品类别的全面覆盖，产品已形成 30 个系列 800 多个品种，在技术创新和新产品开发方面取得了显著的成果。

（1）参与中华人民共和国科学技术部科技人员服务企业行动项目"重组装饰材技术开发及产业化"。公司 2011 年承担浙江省优先主题重点国内合作成果转化项目（编号 2010C16SA520004）"人造珍贵装饰薄木制造技术开发及产业化"。

（2）申请专利 4 项，授权发明专利 3 项。

（3）参与制定国家标准：《重组装饰材》GB/T 28998—2012、《重组装饰单板》GB/T 28999—2012。

4）山东凯源木业有限公司

山东凯源木业有限公司始建于 1998 年 8 月，公司拥有总资产 5000 多万元，建筑面积 10 万 m^2，在职员工 600 余人。拥有国内先进的单板生产流水线 4 条，重组装饰材生产流水线 8 条，年加工单板 15000m^3，重组装饰材木方 13000m^3，重组装饰材刨切薄板 12000m^3，重组装饰材刨切片 3000m^3，年产值达 1.8 亿元。在技术创新和新产品开发方面取得了显著的成果。

（1）承担市级以上项目 18 个，其中国家级 2 个，省级 4 个；鉴定成果 2 项。

（2）申请专利 10 项，其中发明专利 1 项，实用新型专利 9 项；授权发明专利 1 项，授权实用新型专利 9 项。

5. 标准与质量

目前，国际上尚无重组装饰材、重组装饰单板同类产品的国际标准，少数国家也仅有企业标准，产品质量参差不齐。为了规范重组装饰材的生产，促进重组装饰材的生产技术进步和产品的推广应用，保证产品质量，维护消费者的利益，维护市场公平竞争，提高重组装饰材国际市场竞争力，我国在《重组装饰材》LY 1655—2006、《重组装饰单板》LY/T 1654—2006 行业标准基础上，制定了《重组装饰材》GB/T 28998—2012、《重组装饰单板》GB/T 28999—2012 国家标准。

《重组装饰材》GB/T 28998—2012 和《重组装饰单板》GB/T 28999—2012 建立了包括仿真性、色差、甲醛释放限量及规格尺寸等产品质量检验评价系统。然而重组装饰材产品质量仍存在一些问题。

6. 重组装饰材产品的应用

重组装饰材产品的开发利用，为速生和普通树种木材的利用开辟了新途径，有效地解决了高档装潢珍贵木材这一稀缺资源的供需矛盾，发挥了木材可再生资源的优势，丰富了木质装饰材料的主流品种。目前重组装饰材产品应用状况如下。

1）饰面应用

（1）人造板贴面装饰

重组装饰材产品可以用于所有的贴面装饰，赋予人造板天然木材的装饰性能，而且重组装饰材幅面尺寸大，规格统一，无须修剪缺陷，便于人造板表面装饰的流水线和机械化作业，大大提高了生产效率和生产利用率。

（2）重组装饰材薄木饰面高压装饰板

重组装饰材薄木经阻燃处理后，覆贴在三聚氰胺浸渍纸基板上面，再经过表面处理制成的薄木饰面高压装饰板，其耐火等级可达到国家 B_1、B_2 级标准。产品既具有天然木材的装饰性能，又具有阻燃功能，广泛用于车船内舱、博物馆、图书馆、高层建筑等的室内装饰。

（3）木墙布、成卷薄木

木墙布是将重组装饰薄木贴在具有一定韧性和强度的纸或布上面制造而成。它具有较高的柔韧性和强度，可以直接用于墙面装饰，也可以粘贴在其他基板上面使用，减少了薄木运输和使用过程中的破损，方便施工。将重组装饰材薄木拼接好贴在纸或布上面制成的连续带状的成卷薄木，可以用于机械化人造板封边使用。

2）重组装饰材锯材应用

重组装饰材可以像天然锯材一样使用。与天然木材相比，重组装饰材具有强度高、尺寸稳定性好、拼接少、利用率高等优点。目前已广泛用于地板、家具、门窗、木线等制造，其切割成的厚木片还用于制造实木复合地板。

3）其他应用

利用重组装饰材色泽多样、纹理美观、不易变形等优点雕刻成的木雕塑、木版画等工艺品深受国内外市场的欢迎，目前还用于笔杆、乒乓球拍等产品的制造，随着人们对重组装饰材认识的深入，其用途必将拓展到更为广阔的领域。

7. 产品市场

重组装饰材的市场遍布世界各地，国外市场销售情况因企业而异，产品国内外销售比例是国内：国外为 6∶4～3∶7。国外市场分布在北美洲（加拿大、美国）；南美洲（哥伦比亚、阿根廷、智利、巴西、哥斯达黎加）；欧洲（意大利、西班牙、土耳其、捷克、荷兰）；亚洲（马来西亚、新加坡、印度尼西亚、日本、泰国、菲律宾、印度、韩国）；俄罗斯；澳大利亚；中东地区（阿联酋、卡塔尔、以色列）；非洲（埃及、南非）等。

8. 目前重组装饰材产业存在的主要问题

1）重组装饰材的工艺理论缺乏深入系统的研究，生产技术基础相对薄弱

重组装饰材制备的关键技术是木材单板染色和单板复合重组。虽然我国科技工作者开展了大量研究，但是在木材染色的基础理论和染色方法等方面缺乏深入系统的研究，包括木材染色机理，即木材成分的染色性、木材构造组织染色性、染料水溶液的渗透性及染色木材的耐光性；在单板重组木方的复合机制，包括花纹仿真原理与设计，木方胶合及养护工艺方面，生产技术基础相对薄弱。

2）重组装饰材生产原料树种单一，缺乏木材染色专用染料及化学助剂

目前我国重组装饰材生产用木材主要依赖进口材非洲白梧桐和东南亚的白贝壳杉，而国产材椴木、杨木虽有利用，但椴木资源已枯竭，杨木资源虽然丰富，但其性质很难满足档次较高的重组装饰材生产要求。木材和单板着色绝大多数采用纺织印染行业及皮革行业的通用染料及助剂，几乎没有木材染色专用染料及化学助剂，加之浸染工艺问题，染料上染率低，染色均匀性较差，同时也影响产品的耐光性。

3）重组装饰材生产的关键技术和装备有待提升

重组装饰材生产的关键技术，如染料计算机配色技术，花纹图案仿真与模具的计算机辅助设计，染液循环利用和废水处理技术，以及低毒脲醛树脂胶黏剂的研发等，尚未解决或者技术水平不高；生产用专用设备有待开发。

4）产品质量参差不齐，环保性能尚须改进

企业的技术和生产管理水平参差不齐，质量控制与管理体系尚不完善，特别是产品的颜色控制与管理缺乏完整的标准化体系。产品的质量良莠不齐，某些指标偏低。

目前，我国木材染色没有专用染料，多为纺织印染或皮革染色用染料，而且染料生产质量良莠不齐，产品材色的均匀性和耐光色牢度难以控制。着色的均匀性和耐光性产品的耐光色牢度偏低。产品的耐光色牢度取决于组成单元单板的耐光色牢度，单板的耐光色牢度与染料品种和染色工艺有关。

有些企业的产品甲醛释放量超标。重组装饰材生产常用的胶黏剂是脲醛树脂（UF）和聚乙酸乙烯乳液（PVAc）混合胶黏剂，由于脲醛树脂的价格低于聚乙酸乙烯乳液，一些企业为了降低生产成本，常以脲醛树脂为主体添加少量的聚乙酸乙烯乳液调制成胶黏剂，所以胶黏剂中甲醛含量高，产品的甲醛释放量超标。

有些企业的单板浸染过程的染液循环利用和废水处理技术不完善，易造成染色废水排放超标。

5）产品应用途径有限、市场开发尚不充分

虽然重组装饰材产品的应用途径有限，但随着人们对于环保、健康生活方式的追求不断增加，其在室内空间设计、家具制作及装饰装修中的应用也逐渐受到关注。除了传统的建筑装饰领域，重组装饰材产品还可以在家居装饰、商业空间设计、公共设施等多个领域得到应用。例如，在家居装修中，可将其用于墙面板材、地板铺设以及家具制作等方面；而在商业空间设计中，则可以通过创意橱窗陈列和店铺内部布置来体现其独特的艺术效果。

市场开发尚不充分是因为消费者对于重组装饰材认知度不高，并且存在一定程度上的误解和顾虑。因此，在推广过程中需要加强宣传力度，提高消费者对于重组装饰材的了解和信任。同时，与相关行业进行合作也是一个有效的手段，比如与建筑设计师、室内设计师以及房地产开发商合作，在项目实践中展示重组装

饰材产品所能带来的优势和价值。

为了推动重组装饰材产品的市场普及与推广，我们仍需持续努力，拓展更多应用领域，促进重组装饰材产品与其他行业之间更深入广泛的合作交流。

9. 重组装饰材发展趋势

1）重组装饰材将逐渐成为珍贵木材的替代材料

由于世界天然珍贵树种木材资源日趋枯竭，造成原料匮乏、价格上涨、供应不足的困难，无法满足市场的强劲需求。而重组装饰材以普通树种包括速生材为原材料，避免了对森林资源特别是珍稀树种的消耗。所以重组装饰材将逐渐成为珍贵木材的替代材料，不仅可弥补天然珍贵树种木材的短缺，而且利于环境保护，符合可持续发展战略。

2）产业创新能力持续增强、生产技术水平和产品质量不断提高

重组装饰材生产企业的创新能力不断提高，生产技术条件不断改善，经过多年的奋发努力，我国重组装饰材生产已处于世界领先水平。新产品研发加快，向多样化、功能化和个性化方向发展。重组装饰材产业的发展，正在改变我国木材加工生产企业规模小，产品科技含量低、产品附加值低，品种单一，缺乏自主品牌的现状，促进了木材加工企业的转型升级，提高了产品核心竞争力和企业经济效益。

3）重组装饰材生产量和出口量持续增长

重组装饰材和重组装饰单板的大量生产与出口已成为一种趋势，也是木材加工业可持续发展的必然道路。目前我国重组装饰材生产产量世界第一，产品垄断着世界市场。产业竞争性和垄断性逐步增强。

4）产品应用途径日趋拓展，用途日趋广泛

重组装饰材丰富了木质装饰材料的主流品种。目前，重组装饰材已用于高档家具和木制品生产，重组装饰单板及重组装饰单板贴面人造板已广泛应用于室内装饰装修。重组装饰材锯材具有强度高、尺寸稳定性好、拼接少、利用率高等优点，可以像天然锯材一样使用，除家具生产外，可用于地板、门窗、木线等制造。也可利用重组装饰材色泽多样、纹理美观、不易变形等优点雕刻成木雕塑、木版画等工艺品。

随着我国对森林的禁伐措施不断加强，各种珍贵木材日渐匮乏，同时人民生活水平不断提高，对高档次装饰材料的要求不断提高，重组装饰材有着十分广阔的发展前景。

1.3.3　国内外木材染色的研究现状和发展趋势

染色始于纺织业，19 世纪 50 年代英国等西方工业国家纺织业兴起，染料需求量加大。W. H. Perkin 利用焦油、苯胺、重铬酸钾合成有机染料苯胺紫，并投入生产。此后合成染料纷纷出现，20 世纪初第一支稠环还原染料问世，20 世纪

中叶活性染料快速崛起。近 20 年来，合成纤维的迅猛发展为有机染料的应用拓宽了新领地。木材工业用有机染料源于 1913 年苯胺紫的立木染色。日本西田博太郎报道了直接染料、酸性染料、碱性染料对不同树材的染色。大川勇尝试差温染色法，将加热木材浸到冷染液中，通过木材内部的负压并利用高频加热使染料顺利地渗透到木材内部。布村等研究了木材中染料的渗透，发现主要发生在木材的纵向，在横向几乎不发生。尽管木材纹孔的直径以微米计量，而染料分子的为 0.1nm 范畴，但木材中的染料渗透很复杂，染色时间与温度、染液浓度等都对渗透有影响。横田德郎研究了化学药剂在木材中的渗透机理，认为渗透的横向通道为壁间纹孔构成的系统，以及瞬间空隙沟通的渠道。相泽正介绍了适宜木材用染料和颜料的种类。

20 世纪 70 年代初期，日本学者基太村洋子、堀池清等对木材染色性能做了系统研究，包括：①木材化学组分和木材构造组织的染色性能；②染料在木材组织内的渗透和扩散及染料的选择；③混合染料的成分分析和配色的研究；④木材和染色木材的耐光性等。龟井益祯归纳了木材适用染料。

20 世纪 80 年代始，峰村伸哉、井泽利运治、中岛俊研究了化学药剂的木材着色性能和木材变色。矢田茂树等对染色进行了显微观测，研究了染液在木材中的渗透性及木材表面自由能的影响。平林靖彦研究了壳聚糖对木材表面性能的改良，并做了耐光性研究。松浦力介绍了染色木材的性能评价方法，对染色力及影响因子进行了研究。添野丰介绍了木材浸渍染色用染料的种类和条件。饭田生穗用 21 种染料，含直接染料、酸性染料、碱性染料和活性染料，对立木进行染色。武井生等用木材对光吸收和散射系数之比（k/s）作为主要参数建立染料吸收速度方程，用测色仪进行了验证。Singh A. P. 研究了染液的渗透性。樱川智史对木材漂白、染色、染色材光变色防止等技术进行了系列研究。

20 世纪 80 年代，我国的科研单位和高等院校陆续开展了木材染色的研究工作。1988 年孟宪树等介绍了木材染色的情况。陈云英等对加拿大杨、椴木和柳桉单板染色工艺进行了系列研究，探讨了染液浓度、温度、pH 值、染色时间以及助剂对单板染色的影响。张翔等给出了木材材色的定量表征。路秀芝等研究了木材内部染色的影响因子。鲍甫成等研究了木材流体的渗透性。李坚等报道了木材染色领域的研究成果；冷兆统研究了稀土对染色的影响。赵广杰对染料分子在木材中的染着机构做了分析，给出了模型并对渗入量进行了数学推导，通过在恒定压力差作用下染料水溶液在木材中的渗入流量和溢出流量随时间的变化关系，对染液的渗透过程进行了分析，发现渗入流量随时间而减少是由于染料分子的三角形吸附，使有效流动面积越来越小。

刘元详细介绍了木材漂白和染色的情况。刘一星等对我国 110 个树种木材的材色、光泽度的数字表征量进行了统计分析。左晓秋等就酸性染料对杨木、桦木单板的浸染性及染色后木材的耐光性进行了研究。徐剑莹等研究了木材纹理仿真。段新芳研究了人工林杉木和毛白杨化学组分的染色性能及壳聚糖前处理木材表面的染色技术。于志明等比较了毛白杨、兰考泡桐与针叶树材红松、马尾松等实体木材的染色性能。陈玉和等系统研究了泡桐木材的染色，内容包括染料对木材的润湿和渗透性能，对泡桐木材的上染性能，染色因素对泡桐单板上染的影响，重点探讨了表面活性剂在木材染色时的作用机理。

综上所述，今后发展趋势大概分为以下几个方面：①不同染料对木材染色机理的深入研究；②木材染色专用染料的研究与开发；③木材的匀染性和助剂的应用；④计算机配色技术研究；⑤木材与染色材的光变色机理和耐光性研究。

2 木材单板对染料的吸着

2.1 木材的吸附

2.1.1 吸附与扩散

当两相组成一个体系时，其组成在两相界面与相内部是不同的，在两相界面处的成分产生了积蓄，这种现象称为吸附。已被吸附的原子或分子返回到液相或气相中，称为解吸。原子或分子从一个相大体均匀地进入另一个相的内部，称为吸收。吸附与吸收同时进行称为吸着。在两相界面处，被吸附的物质称为吸附质，吸附相称为吸附剂。由于吸附剂与吸附质之间的吸附力不同，吸附可分为物理吸附和化学吸附。前者是由分子间的弥散作用及静电作用等引起，后者则是由化学键作用所引起的。

稀溶液吸附等温线大致分为 4 类，分类的依据是等温线起始部分的斜率和随后的变化情况。

(1)"S"形等温线：等温线起始部分斜率小，并凸向浓度轴。当溶剂有强烈的竞争吸附，且溶质以单一端基近似垂直定向地吸附于固体表面时可出现这类等温线。当平衡浓度增大时等温线有一较快上升阶段，这是被吸附的溶质分子对液相中溶质吸引的结果。

(2)"L"形等温线：这种类型表示在稀溶液中溶质比溶剂更容易被吸附，即溶剂在表面上没有强烈的竞争吸附能力。溶质是线性或平面分子，且以其长轴或平面平行于表面的吸附常为这种类型。

(3)"H"形等温线：溶质在极低浓度时就有很大的吸附量，表示溶质与吸附剂间有强烈的亲和力，类似于发生化学吸附。

(4)"C"形等温线：等温线起始段为一直线，表示溶质在吸附剂表面相和溶液中的分配是恒定的。某些物质在纺织物及由晶化区和无定形区构成的聚合物上的吸附有时出现这类等温线。

2.1.2 木材的吸附性与木材染色用染料

木材是一种毛细多孔有限膨胀胶体，是由不同形状和大小、组织比量各异的永久管状单元（大毛细管）和瞬时管状单元（微毛细管）相互串联起来的一种复合毛细管系统。有以下 3 条串联毛细管结构：细胞腔与纹孔串联毛细管结构；细胞腔与非连续细胞瞬时毛细管串联结构；连续细胞壁瞬时毛细管结构。这 3 条串联毛细管结构又相互并联起来，成为一个统一的并联串联毛细管状体系，构成了木材内流体的渗透路径。

大多数纺织用染料都可以用来染色木材，酸性染料对纤维素纤维的直接性很低，但对木材的木质素上染。酸性染料色谱齐全、色泽鲜艳。其湿牢度和日晒牢度随品种不同而有很大差异，例如结构较简单、含磺酸基较多的酸性染料湿牢度就差些。按结构分主要有偶氮、蒽醌、三芳甲烷、杂环等类别。

活性染料不但具有优良的湿牢度和匀染性能，而且色泽鲜艳，使用方便，色谱齐全，成本低廉，已成为纤维素纤维纺织物染色和印花的一类十分重要的染料。活性染料的结构有别于其他类染料。它们的结构可用式（2-1）中的通式来表示：

$$W\text{-}D\text{-}B\text{-}R_e \qquad\qquad (2\text{-}1)$$

式中　W——水溶性基团；

　　　D——发色体或母体染料；

　　　B——活性基与发色体的联接基；

　　　R_e——活性基。

活性染料虽然也可按母体染料的发色体系分类，但一般都按活性基来分类。母体染料主要是偶氮、蒽醌、酞菁等结构的染料，其中以偶氮类，特别是单偶氮类的居多。使用最多的是卤代均三嗪、卤代嘧啶以及乙烯砜等几类。

纤维的染色过程是染料离开介质而向纤维转移并透入纤维内部的过程。纤维上染料数量占投入的染料总量的百分率称为上染百分率。在一定温度下，某浓度的染液，随着时间的推移，纤维上的染料浓度逐渐增高而介质中的染料浓度相应的下降。上染百分率对时间作图，得上染速率曲线。同一时间下，某温度的不同浓度染液的上染百分率对浓度作图，得等温吸附线。某一浓度下，同一时间不同温度的染液的上染百分率对温度作图，得等时吸附线。

2.1.3　本章研究目的和意义

木材染色过程是染料在木材内部的渗透过程，应着重考虑染料进入木材内部的深度，使染料渗透到木材结构之中，木材的结构膨胀可以达到渗透目的。如果染料具有改良木材的潜在可能性，但不能使木材结构溶胀，则应使用助剂。

本章以 I-214 杨木单板为原料，经过漂白等处理后，用 4 种主要染料在设定条件下进行单板染色，通过探讨染料在单板上的吸着量与染液浓度、染色温度及时间的关系，为确定木材染色工艺条件，染料的适染温度和时间的范围提供理论依据。

2.2　材料与试验方法

2.2.1　材料与仪器

1. 材料

原木采自辽宁省新民林场，8 年生人工林杨木（I-214），直径 43cm，高 12m。染料选用市场销售的纺织用酸性和活性染料，见表 2-1。漂白用双氧水（30％），助剂有硫酸（98％）及渗透剂等。

表 2-1　试验用染料

染料名称	国际代号	《染料索引》（Colour Index）结构编号	产地
酸性大红 GR	C. I. Acid Red 73	C. I. 27290	天津
弱酸深蓝 5R	C. I. Acid Blue 113	C. I. 26360	天津
活性艳红 X-3B	C. I. Reactive Red 2	—	天津
活性艳蓝 KN-R	C. I. Reactive Blue 19	C. I. 61200	天津

2. 仪器

紫外分光光度计。

2.2.2　试验方法

1. 试件制作

从根部 0.50m 处截取 2.0m 长木段，刨切成厚 0.70mm 的单板，再裁成规格为长 100.0mm×宽 65.0mm×厚 0.70mm 的试件。共选出 550 片，心材和边材各一半，用双氧水漂白后水洗，干燥到含水率 12％。

2. 染液配制

以蒸馏水为溶剂，将 4 种染料分别配制为浓度 0.005％、0.01％、0.05％、0.10％和 0.20％的水溶液，加入适量助剂，并根据染料性质调节染液的 pH 值。

3. 单板染色

每次试验取素材和漂白单板各 4 片，放入 500mL 烧杯中，注入上述浓度的染液，按照设定温度 40℃、60℃、80℃、90℃和 100℃，染色时间 1h、2h、3h、5h 和 8h 的工艺条件，在恒温水浴中进行染色试验，染色过程中维持浴比，直至染色结束。取出染色单板后，在残液中加入适量的蒸馏水至 500mL，从中取少量染液，使用紫外分光光度计测其吸光度，在标准曲线上查得残液浓度。

2.3　结果与讨论

　　酸性大红 GR 和活性艳蓝 KN-R 等染料配制的 5 种浓度的染液，在 5 个温度和 5 个时间条件下浸染杨木单板的染着量（吸着量）变化显著。酸性大红 GR 和活性艳蓝 KN-R 染色单板的染着量随浓度变化见图 2-1 和图 2-2；酸性大红 GR 和活性艳蓝 KN-R 染色单板的染着量与染色时间的关系见图 2-3 和图 2-4；酸性大红 GR 和活性艳蓝 KN-R 染色单板上的染着量与染色温度的关系见图 2-5 和图 2-6。

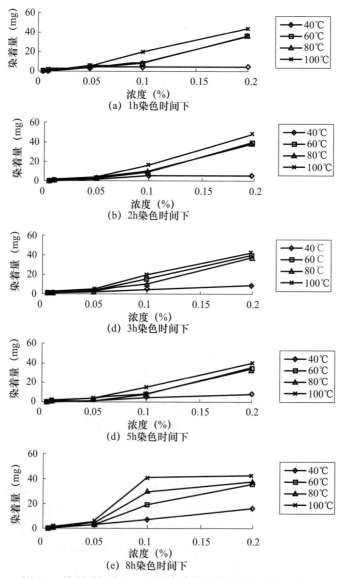

图 2-1　染料酸性大红 GR 浸染单板时染着量与浓度的关系

2.3.1　单板染着量与染液浓度的关系

从图 2-1 可知，染料酸性大红 GR 染色单板，除 8h 染色单板外，在染液浓度 0.005%～0.20%的范围内随着浓度的提高，染色单板的染着量仅在 40℃下变化较小，其余在达到 0.1%浓度后均上升，到 0.2%浓度时上升较大。8h 染色的单板在 0.05%浓度以下变化不明显，此后随着浓度的提高染着量逐渐增加，到 0.1%～0.2%时上升较快，近乎饱和。

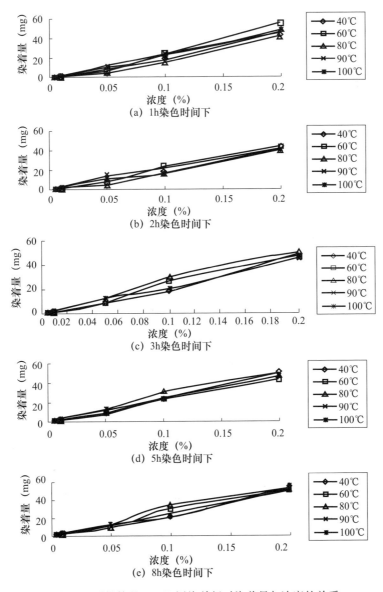

图 2-2　活性艳蓝 KN-R 浸染单板时染着量与浓度的关系

从图 2-2 可知，在染液浓度 0.005%～0.20% 的范围内随着浓度的提高，单板的染着量均显著上升，即染着量与染液浓度成正比关系。

木材是一种多孔性有机物质，含有纤维素、半纤维素和木素等，染液在木材表面及其内部会有不同程度的吸附和扩散行为。木材细胞具有空隙表面，除细胞腔具有较大的表面以外，细胞壁含有许多大小不同的具有一定空隙表面的毛细管。细胞腔和毛细管构成木材的空隙系统，具有相当大的表面积。木材孔隙的内表面和外表面称为纤维的外表面。除细胞腔大毛细管外，木材细胞壁层内分布着微纤丝。在各层之间和微纤丝之间，甚至一些大分子之间均有大量的尺寸不同的毛细管。大、小毛细管贯穿于细胞壁形成毛细管网络。毛细管内壁形成纤维的内表面即细胞壁微孔的表面积。纤维的内表面和外表面总称为纤维的总比表面。由于木材的多孔性，木材内部形成两种毛细管系统，影响木材理化特性和产生理化作用，从而有利于液体的渗透和流动，促使染液浸注。

通常在恒定温度下，上染达到平衡时，纤维上的染料浓度和染液中的染料浓度的关系线称为吸附等温线。本试验结果表明，酸性大红 GR 和活性艳蓝 KN-R 对 I-214 杨木单板的染色，在上染达到平衡时，木材纤维上的染料浓度和溶液中的染料浓度成正比，随着溶液浓度的增高而增高，直到饱和为止（注：本试验所取染液浓度最大值为 0.2%，故未达到饱和）。因此活性艳蓝 KN-R 染色单板的吸附类型属于 "C" 形等温线，表示染料在木材表面和溶液中的分配是恒定的。其机理可能是染料最初吸附在木材无定形区较大的孔内，由于吸附的作用使其他部分发生膨胀形成新的吸附位，从而可继续发生吸附，直至不能穿越结晶区，吸附作用不再进行。

绝大多数酸性染料是以磺酸钠盐的形式存在的，极少数以羧酸钠盐的形式存在。由于最初出现的这类染料都需要在酸性染浴中染色，所以习惯上称这类染料为酸性染料。从酸性大红 GR 和活性艳蓝 KN-R 染色单板的染着量比较来看，在相同染色温度和相应染液浓度条件下，活性艳蓝 KN-R 的染着量均高于酸性大红 GR，这是由于木材三种主要化学成分在细胞壁中所占的质量比和这两种染料所染着的对象不同引起的。从木材细胞壁的化学组成来看，在细胞壁的总干重中纤维素占近 50%，半纤维素占 20%～35%，木质素占 15%～35%。基太村洋子的研究表明，酸性染料对木质素有良好的着色性能，而对纤维素和半纤维素等碳水化合物均不能着色。

使染料分子和纤维建立共价键来获得优良的色泽湿牢度，是染料生产和应用人员长期以来梦寐以求的事情。远在 20 世纪末，人们就曾将纤维素溶液处理制成所谓"碱纤维素"，然后用苯甲酰氯和它反应，制成纤维素苯甲酯，再经过硝化、还原、重氮化，并和适当的偶合组分偶合，得到了和纤维素共价结合的染料。1925 年有人发现某些酸酐结构的偶氮染料在碳酸钠的存在下，加热能和纤维素生成共价键结合。在碱性介质中活性染料与纤维素纤维发生共价键结合，因此活性染料对纤维素纤维的木材同样具有很好的染色性能。由此可知，染料活性艳蓝 KN-R 染着的纤维素和半纤维素在木材细胞壁干质量远大于酸性染料染着的木质素，所以在相同染色温度和相等染液浓度下，活性艳蓝 KN-R 的染着量均大于酸性大红 GR。

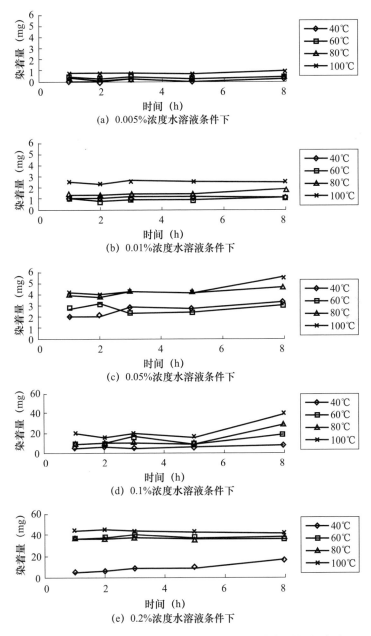

图 2-3　染料酸性大红 GR 浸染单板染着量与染色时间的关系

2.3.2 单板染着量与染色时间的关系

从图 2-3 可知，染料酸性大红 GR 在不同染色温度条件下，尽管不同染液浓度的染着量各不相同，但是随着染色时间的延长，各种浓度染液在单板上的染着量几乎没有变化，说明染色 1h 染料上染就达到了平衡。

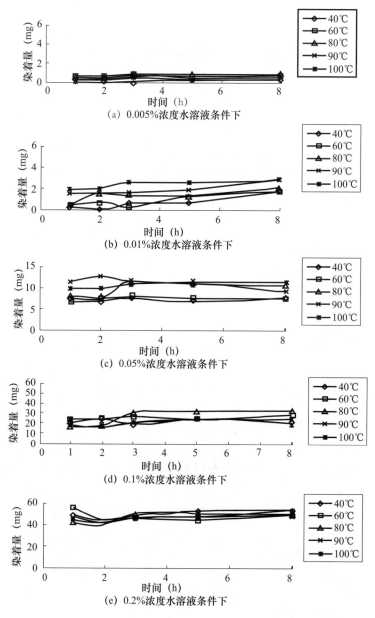

图 2-4　染料活性艳蓝 KN-R 对单板染着量与染色时间的关系

从图 2-4 可知，和酸性大红 GR 染色单板一样，活性艳蓝 KN-R 在不同染色温度条件下，随着染色时间的延长，各种浓度染液在单板上的染着量几乎没有变化，说明染色 1h 染料上染就达到了平衡。

木材染色时，染料随着染液的流动到达扩散边界层以后，依靠分子运动通过扩散边界层，在木材外表面吸附，继而沿着复杂的曲折的通道扩散至木材内空隙，吸附在内壁表面，然后扩散进入壁内各组分。不同组分的染色性能大相径庭。在一定的温度条件下，染料逐渐向纤维转移。随着时间的推移，纤维上的染料浓度逐渐增高而染液里的染料浓度相应地下降，上染时，染料首先在纤维表面上发生吸附，染在纤维表面，随后逐渐进入纤维内部把纤维染透。从纤维结构的研究可知，纤维构造是不均一的，有结晶区和无定形区，因此纤维染透的过程是把吸附推向纤维内部无定形区的过程。吸附的逆过程叫解吸。在上染过程中，吸附与解吸同时存在，在上染初始阶段，吸附占压倒优势，最后两者速率相等，达到平衡，染着量不再增高。

本试验使用的试件是长 100.0mm×宽 65.0mm×厚 0.7mm 的尺寸小而薄的单板，同时单板加工过程中木材表面的构造（导管和木纤维）被破坏，形成了大量染液进入的通道。试验表明上染过程在 1h 内就已经完成，所以随着染色时间的延长，各种浓度的染液在单板上的染着量无明显变化。

2.3.3 单板染着量与染色温度的关系

从图 2-5 可知，酸性大红 GR 染色单板的染着量，在染色温度 60℃ 以前随着温度的上升，染着量明显提高，而 60℃ 以后染着量变化不大，即酸性大红 GR 到 60℃ 才能实现染料在单板上着色量的平衡。

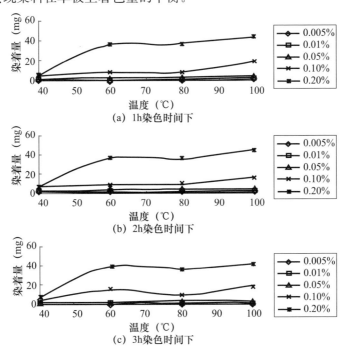

(a) 1h染色时间下

(b) 2h染色时间下

(c) 3h染色时间下

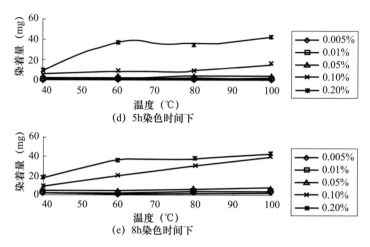

图 2-5　染料酸性大红 GR 浸染单板染着量与温度的关系

从图 2-6 可知，在染色时间 5h 条件下，染料活性艳蓝 KN-R 染色的单板，虽然各种染液浓度的染着量各不相同，但是染色温度从 40～100℃ 范围内，随着温度的上升，整体看各种浓度染液在单板上的染着量变化不显著，说明从 40℃ 起染色 5h 染料在单板上的染着量就已经达到平衡。而酸性大红 GR 染色单板的染着量，在染色温度 60℃ 以前随着温度的上升，染着量明显提高，而 60℃ 以后染着量变化不大，即酸性大红 GR 到 60℃ 才能实现染料在单板上着色量的平衡。

酸性染料上染速率太低固然使生产效率降低，但上染速率太高，则容易使产品发生染色不匀、不透明的现象。在大浴比和染浴度比较低的条件下上染，染液的充分均匀流动是十分重要的。上染速率决定于染料在纤维上的扩散速率。酸性染料对木材纤维的上染速率主要是通过调节染浴 pH 值、温度和使用助剂等手段来控制的。常用的缓染剂是一些表面活性剂，主要有阴离子、非离子和阳离子三类。阴离子表面活性剂是一些含脂肪长链的磺酸或硫酸酯化合物。它们在酸性介质中对纤维有一定的亲和力。和染料阴离子一起对纤维发生竞染作用，它们对纤维的亲和力比染料阴离子的低，但扩散速率则比染料阴离子的快。它们先于染料阴离子上染纤维，随后又逐渐被染料阴离子取代，从而延缓染料的上染过程。这种竞染作用还会降低染料的平衡吸附量。降低的程度取决于它们的扩散速率，和它们对纤维的亲和力大小以及浓度的高低。阳离子表面活性剂的缓染作用主要是通过在染浴中和染料阴离子发生松弛的结合，染料阻离子逐渐释放出来，直到上染达到平衡为止。非离子表面活性剂本身也可作缓染剂。它们在染浴中通过疏水组成部分和染料阴离子结合，在上染过程中渐渐释放出染料阴离子而起缓染作用。

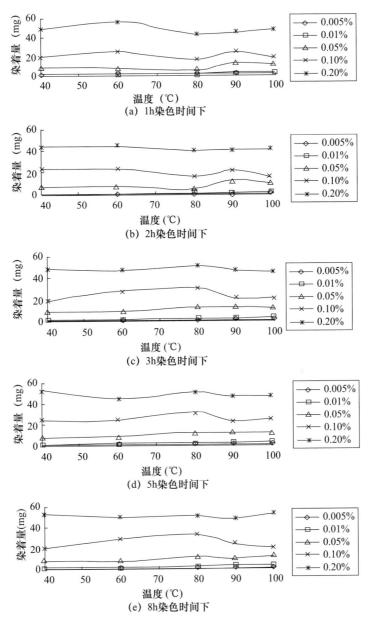

图 2-6 染料活性艳蓝 KN-R 对单板染着量与染色温度的关系

活性染料最基本的染色方法，按照染料类别即活性基团反应性强弱的类别，分成高温、中温和低温 3 种染色方法。本试验使用的活性艳蓝 KN-R 为 KN 型，宜采用中温 40～60℃染色。而酸性染料通常采用高温染色，所以在染色温度 40～100℃范围内，对活性艳蓝 KN-R 在单板上的染着量没有影响，而对酸性大红 GR 在单板上的染着量，60℃以下存在一定的影响。

2.4 小 结

（1）在 5 个染色温度条件下，酸性大红 GR 和活性艳蓝 KN-R 染色的 I-214 杨木漂白单板，随着染液浓度的提高染着量均上升，即染着量与染液浓度成正比关系，活性艳蓝 KN-R 对单板的染着量均高于酸性大红 GR 的染着量，这是由于酸性染料只能染着木材细胞壁化学组成占 15%～35%的木质素所引起的。

（2）在 5 个染色温度条件下，酸性大红 GR 和活性艳蓝 KN-R 的染色单板，从 1h 到 8h 随着时间的延长，染着量几乎没有变化，说明染色 1h 染料的上染就达到了平衡。

（3）在 5 个染色时间条件下，活性艳蓝 KN-R 的染色单板，从 40～100℃随着温度的上升，整体看染着量变化不显著；酸性大红 GR 的染色单板，染着量在60℃以前随温度上升明显提高，60℃以后随温度上升变化不大。KN 型活性染料宜采用 40～60℃中温染色，而酸性染料宜采用高温浸染。

3 浸染工艺因子与单板表面着色度的关系

3.1 木材与染料的颜色

3.1.1 色彩学基础及颜色表征系统

色彩是通过光源、物体及视觉之间相互作用表现出来的。光现象是一种电磁现象，光波是一种频率很高的电磁波，可见光的波长为 $380\sim780nm$。其中 $400\sim500nm$ 为蓝光范围，$500\sim600nm$ 为绿光范围，$600\sim700nm$ 为红光范围，自然界各种物体的色彩都是由一定比例的三原色光组合而成的。

当照射光源的光谱成分固定时，物体反射或透射的光线及由此形成的色彩仅仅取决于物体对照射光线的吸收特性。从物体的吸收特性可以看出，能够反射或透射两种原色光的物体，只吸收一种原色光。即黄色物体吸收蓝光，反射绿光和红光；品色物体吸收绿光，反射蓝光和红光；青色物体吸收红光，反射蓝光和绿光。根据这个规律，用黄、品、青三种染料的定比组合来表现由物体不吸收的光线形成的色彩，称为色光滤减。人眼的生理特性结合物色的作用形成错综复杂的视觉关系，赋予人感受各种各样色彩的能力。一定环境中的物体色彩受光源改变的影响很大，尤其在自然光源及变幻彩灯的照射下，往往使物体色彩瞬息万变。色彩的基本特征可用色调、明度、纯度来表示。色调表现色彩的种类；明度表现色彩的深浅，是用反光率表示的颜色知觉属性；纯度表现色彩的浓淡，是用饱和度表示的颜色心理属性。同一色调的色彩是指组成彩色成分的三原色光组合比例相同的一系列色彩，色调相同的色彩组合时给人一种和谐的感觉。

色度学是研究颜色度量和评价方法的一门科学，是颜色科学领域里的一个重要组成部分。颜色感觉涉及光学、光化学、视觉生理、视觉心理等各方面的问题，进行色感觉的度量是很复杂的。经过科学家的不断努力，在大量科学试验基础上，建立了现代色度学体系，并形成了许多色度学表色系统，分为混色系和显色系两大类。前者包括如常用的国际照明委员会（简称 CIE）表色系统，后者包括如孟塞尔表色系统、奥斯特瓦尔德表色系统等。

混色系统基于"每一种颜色都能用三原色适当地混合来组成"原理，通过三刺激值（数字量）来描述颜色，使得颜色能够被测量和计算，混色系统应用心理物理学的方法，在特定条件下以量化的方式表示颜色；而显色系统是基于"以人的色知觉来感知颜色"的原理，把不同颜料混合，制成许多尺寸相同的小卡片，按照一定的原则依次排列起来，冠以相应的字符和数码，就可通过卡片的字符和数码传递颜色信息。二者的区别见表 3-1。

表 3-1　混色系统和显色系统的比较

项目	混色系统	显色系统
颜色区别	心理物理色	知觉色
区别的标准	心理物理学的概念	心理学的概念
表色基础	色感觉	色知觉
表色原理	三原色的混合求算	物体色标准
表示对象	光的颜色	物体的色彩
代表系统	CIE 表色系	孟塞尔表色系
表示的量及其符号	三刺激值	明度和知觉色度
表示过程	（1）光源光的颜色 （2）测定物体光的三刺激值等有关参数，然后换算成心理物理量	物体表面的反射光传达到视觉中枢心理量（色的心理属性），变换成用物体色标准及视感等来表示
空间坐标系	用三刺激值及其变换参数构成色空间坐标系	用知觉色空间构成的坐标系

色彩标志系统把一定种类和数量的色彩有规律地排列起来，并附加某种标记或数字系统。典型的有 CIE 标准色度学系统，孟塞尔颜色系统，染料三基色系统等。

1. CIE（1931）标准色度系统

1931 年在英国剑桥举行的 CIE 第 8 次会议上，统一了许多科学家所做的"标准色度观察者光谱三刺激值"试验结果，提出了最早的主要推荐文件——CIE 标准色度观察者和色品坐标系统，并规定了 3 种标准光源（A，B，C），还将测量反射面的照明观测条件标准化。最初被推荐的是 CIE1931-RGB 系统，但该系统计算时会出现负值，用起来很不方便。因此 1931 年 CIE 推荐了一个新的国际通用色度系统，即 CIE1931-XYZ 色度系统，该系统在 RGB 系统的基础上改用假想的原色 X、Y、Z，将它们匹配为等能光谱的三刺激值，命名为"CIE（1931）标准色度观察者光谱三刺激值"，也称为"CIE（1931）标准色度系统"或"2°视场 XYZ 色度系统"。

2. CIE（1964）补充标准色度系统

有关研究表明，人眼用小视场观察颜色时，辨别颜色差异的能力较低。当观察视场从 2°增加到 10°时，颜色匹配的精度也随之提高。为了适应 10°大视场的测量，CIE 在 1964 年另规定了一组"CIE（1964）补充标准色度观察者光谱三刺激值（颜色匹配函数）"和相应的色度图，称为"CIE（1964）补充标准色度系统"。当前国内外生产和使用的测色色差计以采用10°视场者为多数。

3. CIE（1976）$L^* a^* b^*$ 均匀色空间

色度学研究表明，CIE（1931）和 CIE（1964）表色系的色度图不是最理想的色度图，其色度空间在视觉上是不均匀的，因此在比较颜色的变化和差别时，不能准确地反映颜色的视觉效果。CIE（1976）$L^* a^* b^*$ 均匀色空间（CIE LAB 颜色空间）是在 CIE（1931）颜色空间的基础上几经修改得到的一个简化的均匀颜色空间。它在三维色空间的各个坐标轴方向上均具有视觉生态学的等距性，而且细分了明度指数和色品指数的级差，更适合较小色差情况下的颜色测量、比较和讨论。因此 CIE（1976）$L^* a^* b^*$ 均匀色空间越来越受到各行业的广泛重视和应用。

4. 孟塞尔表色系统

美国美术家孟塞尔在20世纪初建立了一种表色系统，用一个三维空间的模型将各种颜色表面的三种视觉特性——明度、色调、饱和度（彩度）全部表示出来。对每一种颜色都按照色调、明度、彩度的次序给出了颜色标号，用一种着色物体（如纸片）制成颜色卡片，按序排列汇编成颜色图册，用于颜色测量。该系统的优点是可以直接得到颜色三属性测量值，颜色结果的心理量明确；缺点是色调没有达到完全的数字化，且不能用仪器直接测量。

孟塞尔表色系统比较直观，而 CIE 表色系统不受人眼主观影响。本研究中木材和染色后木材颜色使用色差计测定。光源为 D_{65} 标准光源，相关色温为 6504K。照明和观测几何条件为 o/d（垂直照明/漫反射），10°大视野，测量范围为 $\phi 30mm$，对每块试样均取4个点进行测试，取平均值作为试样的测量值。测色参数计算步骤如下。

XYZ 表色系 CIE（1964）参数由以下方法进行计算。

三刺激值 X、Y、Z 已由仪器测得，其中 Y 为亮度值（在 o/d 条件下可称为表面光反射率）。按式3-1、式3-2可求得色品坐标值 x_{10}、y_{10}（以下简称为 x，y）。

$$x = X/(X+Y+Z) \tag{3-1}$$
$$y = Y/(X+Y+Z) \tag{3-2}$$

CIE（1976）$L^* a^* b^*$ 表色系参数按式（3-3）、式（3-4）、式（3-5）计算。

$$L^* = 116 (Y/Y_n)^{1/3} - 16 \qquad 当 (Y/Y_n > 0.008856) \tag{3-3}$$
$$a^* = 500 [(X/X_n)^{1/3} - (Y/Y_n)^{1/3}] \qquad 当 (X/X_n > 0.008856) \tag{3-4}$$
$$b^* = 200 [(Y/Y_n)^{1/3} - (Z/Z_n)^{1/3}] \qquad 当 (Z/Z_n > 0.008856) \tag{3-5}$$

$$\Delta L^* = L^* - L_s^*, \ \Delta a^* = a^* - a_s^*, \ \Delta b^* = b^* - b_s^*$$
$$\Delta E^* = [(\Delta L^*)^2 + (\Delta a^*)^2 + (\Delta b^*)^2]^{1/2} \tag{3-6}$$

式中　X_n、Y_n、Z_n——CIE 标准照明体照射在完全漫反射体上，再经过漫反射体到观察者眼中的白色刺激的三刺激值；

L_s^*、a_s^*、b_s^*——参比样品 L^*、a^*、b^* 值；

L^*——明度，完全白的物体视为 100，完全黑的物体视为 0；

a^*——红绿轴色品指数（米制红绿轴色品指数），正值越大表示颜色越偏向红色，负值越大表示颜色越偏向绿色；

b^*——黄蓝轴色品指数（米制黄蓝轴色品指数），正值越大表示颜色越偏向黄色，负值越大表示颜色越偏向蓝色；

ΔL^*——明度差，正值表示较对照样明亮，负值表示较对照样暗；

Δa^*——a^* 的变化值，正值越大表示颜色越偏向红色，负值越大表示颜色越偏向绿色；

Δb^*——b^* 的变化值，正值越大表示颜色越偏向黄色，负值越大表示颜色越偏向蓝色；

ΔE^*——色差，又称总体色差，数值越大表示被测物和对照样色差越大。

色差是表示标准色和试样色的色空间的一种关系指标，相当于色的几何学的距离，用数字来表示。色差单位较为常用的是美国标准局制定的 NBS 单位。当 $\Delta E^* = 1$ 时称为 1 个 NBS 单位。色差值与人的视觉感觉值关系如表 3-2 所示。

表 3-2　色差值与人的视觉感觉值关系

色差单位（NBS）	人的视觉感觉
0～0.5	痕迹
0.5～1.5	轻微
1.5～3.0	可察觉
3.0～6.0	可识别
6.0～12.0	大
12.0 以上	非常大

5. 染料三基色系统

染料三基色系统是以物理光学为基础，结合视觉生理及心理规律研究设计的一种新型色彩标志系统，能够用分别吸收蓝、绿、红三原色光的黄（Y）、品（M）、青（C）三种染料定比组合的颜色样品通过染料三基色数式（Y/M-C）的分级标志方式展示具有理想反射特性的色彩。该系统客观地表现了光源、物体与色彩的关系，能够通过数式的比较与计算，分析判断物体在一定条件下显现的色彩。

色彩科学理论和色彩应用实践证明，自然界中人眼能够分辨的色彩都是由一定比例的蓝、绿、红三原色光组合形成的，而黄、品、青三种染料又能够分别吸收蓝、绿、红光，控制三原色光的比例。染料三基色数式是将三基色染料按照黄（Y）、品（M）、青（C）的顺序设定的一种标记形式，即Y/M-C。足以吸收相应色光的染料浓度称为染料三基色数式的最高色单位，色品与三基色的关系见表3-3。色彩类别属于消色的有黑色、白色和灰色；属于彩色的有纯色、浊色、洁色和彩灰色。消色是等量组合，黑色的三种染料均为最高色单位，白色均为零，灰色含有三种染料但未达到最高色单位。彩色是非等量组合，纯色既有零又有最高色单位，浊色含有三种染料且有的为最高色单位，洁色既有零又无最高色单位，彩灰色含有三种染料但无最高色单位。

表3-3 色品与三基色的关系

基色	色品											
	黄色	橙色	红色	粉色	品色	紫色	蓝色	天蓝	青色	翠绿	绿色	草绿
Y	8	8	8	4	0	0	0	0	0	4	8	8
M	0	4	8	8	8	8	8	4	0	0	0	0
C	0	0	0	0	0	8	8	8	8	8	8	4

3.1.2 染料颜色与结构

染料是能将纤维或其他基质染成一定颜色的有色物质，他们在水（或其他介质）溶液中染入纤维，直接或通过媒介物质同纤维发生物理化学的结合而染着在纤维上，通常按应用性质和结构分类。目前来讲，依照染料分子共轭体系结构的特点，与木材染色相关的染料有以下几种。

（1）偶氮染料，由偶氮基（—N=N—）连接芳环成为一个共轭体系，如酸性大红GR，活性嫩黄KR等。其品种最多，产量也最大。

（2）蒽醌染料，包括蒽醌和具有稠芳环结构的醌类染料，如酸性蓝B。仅次于偶氮染料。

（3）靛类染料，包括靛蓝和硫靛两种类型的染料。

（4）硫化染料，是由某些芳胺、酚等有机化合物和硫、硫化钠加热制得，在硫化钠溶液中染色的染料。

染料的颜色一般指染料的稀溶液吸收特性，即染料为分子分散状态时的吸收特性在人们视觉上产生的反应。同一染料由于聚集状态或晶体结构的不同，颜色也会有差异。

染料的理想溶液对单色光的吸收强度和溶液浓度、液层厚度间的关系服从朗伯比尔（Lambert-Beer）定律。由于染料对光的选择吸收，染料的摩尔吸光系数随波长不同会有很大变化。以摩尔吸光系数为纵坐标，可以把染料的吸收特性绘成吸收光谱曲线。光波的能量和波长成正比，和频率成反比，以 λ^{-1} 为横坐标作图，称电子吸收光谱。在电子吸收光谱图里，一个吸收带反映一种电子运动状态的变化。

染料对可见光的吸收特性主要由他们分子中 π 电子运动状态所决定的，一般是由共轭双键系统和在一定位置上的供电子共轭基构成，有时还具有吸电子基团。染料吸收光谱的分子轨道理论与染料发色的价键理论为描述染料结构和颜色间的关系提供了有效手段。前者着眼于处理电子在整个分子中的运动状态和能量关系，后者则着眼于处理两个相邻原子间相互作用时它们之间形成化学键的电子运动状态和能量关系。

3.1.3　木材材色与结构

木材树种不同，材色各异。过去认为木材的颜色是由于木材中存在着具有色素的物质或其他物质，经空气氧化使木材产生颜色。Styan 认为美国加州铁杉和美国加州黄杉木材的颜色分别是缩聚单宁和黄烷酮的氧化结果。虽然美国加州铁杉和美国加州黄杉木材含有相当数量的缩聚单宁和黄烷酮，不过它们对材色的影响程度到底如何还值得研究。有人研究云杉木材，认为在木素结构中缔合有发色结构物质。因此，木材的颜色不能完全认为是木材内含有带色物质所致，至少有少数木材的颜色与木素有关。

3.1.4　本章研究目的和意义

本章使用多光源分光测色计分别测定素材单板、漂白单板与染色单板的表面材色，用 CIE（1976）$L^* a^* b^*$ 表色系统对素材单板、漂白单板与染色单板材色进行颜色表征，系统研究了不同染液浓度、染色温度和浸染时间等工艺因子与单板表面材色变化及着色度的关系，为单板染色工艺因素的选择和单板着色量的控制提供理论依据。

3.2　材料与试验方法

3.2.1　材料与仪器

1. 材料

原木采自辽宁省新民林场，8 年生人工林杨木（I-214），直径 43cm，高12m。染料选用市场销售的纺织用酸性和活性染料，见表 3-4。漂白用双氧水（30%），助剂有硫酸（98%）及渗透剂等。

表 3-4　试验用染料

染料名称	国际代号	《染料索引》(Colour Index) 结构编号	产地
酸性大红 GR	C. I. Acid Red 73	C. I. 27290	天津
弱酸深蓝 5R	C. I. Acid Blue 113	C. I. 26360	天津
活性艳红 X-3B	C. I. Reactive Red 2	—	天津
活性艳蓝 KN-R	C. I. Reactive Blue 19	C. I. 61200	天津

2. 仪器

MSC-P 多光源分光测色计。

3.2.2　试验方法

1. 试件制作

按长 100.0mm×宽 65.0mm×厚 0.70mm 规格制作选取试件 550 片，经漂白、水洗和干燥，含水率控制在 12％左右。

2. 染液配制

使用酸性大红 GR 等四种染料，蒸馏水为溶剂，分别配制浓度为 0.005％、0.010％、0.050％、0.10％和 0.20％的水溶液，加入适量助剂，并根据染料性质用 10％的硫酸溶液分别调节染料的 pH 值。

3. 单板染色

分别取上述浓度的染液 300mL，每次试验取漂白单板 4 片，按照设定染液温度 40℃、60℃、80℃、90℃和 100℃，染色时间 1h、2h、3h、5h 和 8h 的工艺条件在恒温水浴中进行单板染色试验，染色结束后取出用自来水冲洗，并在干燥箱干燥至含水率 12％左右。

4. 单板测色和表征

用多光源分光测色计分别测定素材单板、漂白单板与染色单板的材色，对于每块试件，采用定点测量，取平均值作为试件的测量值，然后分别取每组试件的平均值作为材色的测量值。用 CIE (1976) $L^* a^* b^*$ 表色系统对素材单板、漂白单板与染色单板材色进行颜色表征。

3.3　结果与讨论

3.3.1　I-214 杨木素材单板与漂白单板的材色

I-214 杨木素材单板与漂白单板试件材色指数和组内色差 $\Delta E^* ab$ 见表 3-5。

表 3-5　I-214 杨木素材单板和漂白单板试件材色指数和组内色差

参数	L^*	a^*	b^*	ΔL^*	Δa^*	Δb^*	$\Delta E^* ab$
	88.39	2.01	15.26	0	0	0	0
	84.23	1.81	14.54	−4.16	−0.2	−0.72	4.23
	87.33	0.94	14.58	−1.06	−1.07	−0.68	1.65
素材单板	79.84	2.45	16.97	−8.55	0.44	1.71	8.73
	80.15	2.71	17.22	−8.24	0.7	1.96	8.5
	81.42	3.14	17.36	−6.97	1.13	2.1	7.37
	86.91	−0.39	15.43	−1.48	−2.4	0.17	2.82
	81.78	3.63	12.89	−6.61	1.62	−2.37	7.21
	93.58	−1.22	10.39	0	0	0	0
	94.17	−1.17	9.55	0.59	0.05	−0.84	1.03
	92.89	−1.31	11.97	−0.69	−0.09	1.58	1.73
漂白单板	94.16	−0.88	8.79	0.58	0.34	−1.6	1.74
	93.65	−1.22	11.27	0.07	0	0.88	0.88
	93.58	−1.65	11.6	0	−0.43	1.21	1.28
	93.8	−1.58	8.86	0.22	−0.36	−1.53	1.59
	92.23	−1.24	11.53	−1.35	−0.02	1.14	1.77

　　从表 3-5 可知，素材单板的明度指数 L^* 为 79.84～88.39，色品指数 a^* 为 −0.39～3.63，色品指数 b^* 为 12.89～17.36，着色度 $\Delta E^* ab$ 为 0～8.73。由此可见，I-214 杨木素材单板是一种明度较高且色差明显的淡黄色木材。经漂白的单板，L^* 提高到 92.23～94.17，a^* 在中心轴附近由正值一侧偏向 −0.88～−1.65 的负值一侧，b^* 降低到 8.79～11.97，$\Delta E^* ab$ 为 0～1.77。由此可见，I-214 杨木单板漂白后，成为明度很高、颜色稍带淡黄且材色一致的单板。

3.3.2　染料酸性大红 GR 染色的 I-214 杨木单板

　　使用酸性大红 GR 配制 0.005％～0.20％等 5 种浓度染液，在 40～100℃等 5 种染色温度和 1h、2h、3h、5h、8h 5 个浸染时间条件下，染色单板表面材色指数和着色度（$\Delta E^* ab$）计算值见附表 A-1；材色在 CIE（1976）$L^* a^* b^*$ 均匀色空间的立体图见图 3-1。

　　在染色温度 90℃的条件下，酸性大红 GR 染色单板的材色指数 L^*、a^* 和 b^* 及着色度 $\Delta E^* ab$ 与染液浓度的关系见图 3-2～图 3-4；与染色时间的关系见图 3-5～图 3-7。在染色 5h 的条件下酸性大红 GR 染色单板的材色指数 L^*，a^* 和 b^* 及着色度 $\Delta E^* ab$ 与染液温度的关系见图 3-8～图 3-10。

　　1. 染色单板材色在 CIE（1976）L* a* b* 均匀色空间中的分布

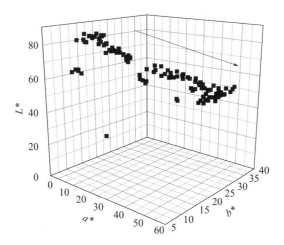

图 3-1　染料酸性大红 GR 染色 I-214 杨木单板材色指数值总分布图（箭头方向表示工艺因子量增大）

从图 3-1 可以看出，酸性大红 GR 染色 I-214 杨木单板表面材色分布随着染液浓度的提高、染色温度的上升和时间的延长（图中箭头方向），其中主要是染液浓度的提高，单板表面材色指数的总体变化趋势是明度指数 L^* 显著下降，红绿轴色品指数 a^* 在 60 以内逐渐增大，黄蓝轴色品指数 b^* 在 40 以内逐渐增大，由此可见经酸性大红 GR 染色单板表面材色呈稍带绿光的红色。

2. 单板表面材色和着色度与染液浓度的关系

由附表 A-1 和图 3-2～图 3-4 可以看出，在同一种染色温度 90℃ 的条件下，染料酸性大红 GR 染色不同时间的漂白单板的表面材色明度 L^* 值随染液浓度的提高，直到 0.10% 均显著下降，而染液浓度由 0.10% 提高到 0.20% 时，L^* 值几乎没有变化；单板表面色品指数随染液浓度的提高，a^* 值逐渐大幅度增大，b^* 值也逐渐增大。单板表面的着色度 $\Delta E^* ab$ 随染液浓度的提高而不断提高，染液浓度达 0.20% 时达到最大区间 66.71～71.52。单板表面颜色由低浓度染色的高明度淡橙色逐渐加深到 0.20% 浓度染色的具有黄光的红色。

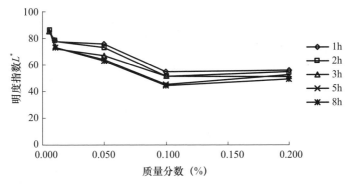

图 3-2　90℃ 条件下染料酸性大红 GR 染色 I-214 杨木单板明度（L^*）值和浓度的关系

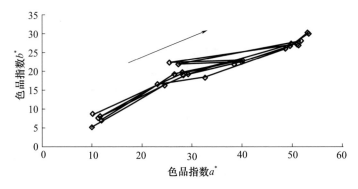

图 3-3　90℃条件下染料酸性大红 GR 染色 I-214 杨木单板色品值与浓度的关系
（箭头方向表示浓度增大）

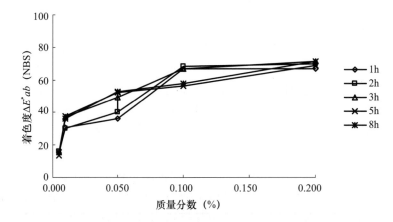

图 3-4　90℃条件下染料酸性大红 GR 染色 I-214 杨木单板着色度与浓度的关系

另一方面，酸性大红 GR 染色单板着色度 $\Delta E^* ab$ 随染液浓度的提高而不断提高的变化规律，在第 2 章中酸性大红 GR 染色单板随浓度提高单板对染料的吸附量而不断提高的规律是一致的，也就是说，染液浓度的提高使得单板上染料吸附量增大，所以单板着色度提高。

3. 单板表面材色和着色度与染色时间的关系

由附表 A-1 和图 3-5～图 3-7 可以看出，在同一种染色温度 90℃的条件下，染料酸性大红 GR 染色不同浓度的漂白单板，表面材色明度 L^* 值随染色时间的延长，除了染液浓度 0.005％的维持在 85 左右的高明度以外，其余染液浓度的均有所下降；单板表面的色度指数随染色时间的延长，各种染液浓度的染色单板 a^* 值和 b^* 值在各自的变化范围内有所增加。单板表面的着色度 $\Delta E^* ab$ 随染色时间的延长而不断提高，染液浓度达 0.005％的维持在低着色度 15 左右，染液浓度 0.01％和 0.05％的有所提高，染液浓度 0.1％的有所下降，染液浓度 0.2％的变化不大且保持 65～70 的高着色度。

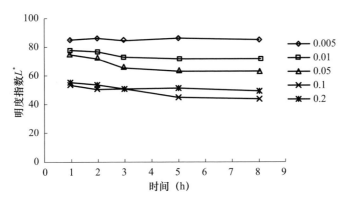

图 3-5　90℃条件下染料酸性大红 GR 染色 I-214 杨木单板明度与时间的关系

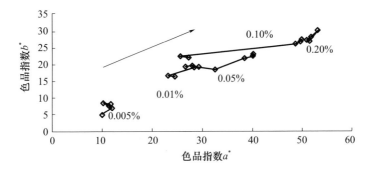

图 3-6　90℃条件下染料酸性大红 GR 染色 I-214 杨木单板色品与时间的关系
（箭头方向表示时间增大）

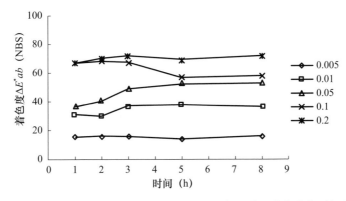

图 3-7　90℃条件下染料酸性大红 GR 染色 I-214 杨木单板着色度与时间的关系

由于木材表面和染料分子有很强的亲和力，同时染液浓度不同染料分子与单板表面接触机会不同，浓度低的接触机会少，浓度高的接触机会多，大量的染料分子被木材吸附，在较短的时间内就能达到饱和，所以在染色时间 1～8h 内，时间对着色度影响不大。

酸性大红 GR 染色单板着色度 $\Delta E^* ab$ 随着时间的延长有所提高或变化不大，与第 2 章中酸性大红 GR 染色单板随时间的延长单板对染料的吸附量有所提高或几乎没有变化的结果一致，也就是说，单板对染料的吸附在较短的时间就达到平衡，所以在染色时间 1～8h 内，染色时间对着色度影响不大。

4. 单板表面材色和着色度与染色温度的关系

由附表 A-1 和图 3-8～图 3-10 可知，在相同的染色时间 5h 条件下，酸性大红 GR 不同浓度染色的 I-214 杨木漂白单板，表面材色明度 L^* 值随染色温度的上升，由 40℃到 80℃的变化不明显，80℃以后显著下降；单板表面色品指数随染色温度的上升，各种染液浓度的染色单板 a^* 值和 b^* 值在各自的变化范围内变化，a^* 值增值较大，b^* 值增值较小。单板表面的着色度 $\Delta E^* ab$ 随染色温度上升，染液浓度达 0.005%～0.05%的呈现波动增大，染液浓度 0.1%和 0.2%的保持高着色度，但在 80℃以上有所下降。

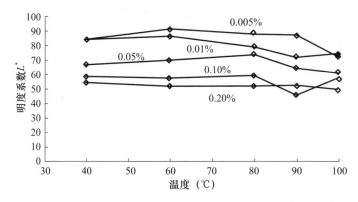

图 3-8　5h 下染料酸性大红 GR 染色 I-214 杨木单板明度与温度的关系

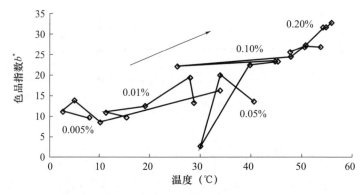

图 3-9　5h 下染料酸性大红 GR 染色 I-214 杨木单板色品与温度关系
（箭头方向表示温度增高）

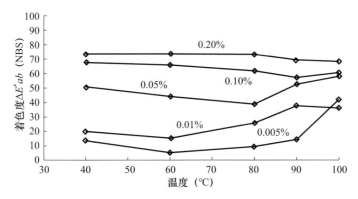

图 3-10　5h 下染料酸性大红 GR 染色 I-214 杨木单板着色度与温度的关系

由于单板的表面染色不同于单板断面的整体染色，单板整体染色主要是依靠染料在木材构造组织中的渗透，染色温度上升有利于染液在木材断面上的渗透，而单板表面染色主要是染液对木材的湿润，染料分子与单板表面接触就发生吸附，染色温度的影响相对较小。当然单板表面的着色度如前所述随着染液浓度的提高而提高，所以尽管染色温度变化相同，但染液浓度高的着色度也高。

酸性大红 GR 染色 I-214 杨木单板表面着色度 $\Delta E^* ab$ 随染液温度的上升波动增大，与第 2 章中酸性大红 GR 染色单板随温度上 I-214 杨木单板对染料的吸附量呈波动增加的趋势是一致的。同样说明单板表面对染料的吸附不同于单板整体染色，染色温度对木材表面的染料吸附和着色度影响相对较小。

3.3.3　染料活性艳蓝 KN-R 染色的 I-214 杨木单板

使用染料活性艳蓝 KN-R 配制 0.005%～0.2% 等 5 种染液浓度的染液，在 40～100℃ 等 5 种染色温度和 1h、2h、3h、5h、8h 5 种浸染时间的条件下，I-214 杨木染色单板表面材色测定值和着色度计算值见附表 A-2。材色在 CIE（1976）$L^* a^* b^*$ 均匀色空间的立体图见图 3-11。

在染色温度 90℃ 的条件下，活性艳蓝 KN-R 染色 I-214 杨木单板的材色指数 L^*、a^* 和 b^* 及着色度 $\Delta E^* ab$ 与染液浓度的关系见图 3-12～图 3-14；与染色时间的关系见图 3-15～图 3-17。在染色时间 5h 的条件下活性艳蓝 KN-R 染色 I-214 杨木单板的材色指数 L^*、a^* 和 b^* 及着色度 $\Delta E^* ab$ 与染液温度的关系见图 3-18～图 3-20。

1. 染色单板材色在 CIE（1976）$L^* a^* b^*$ 均匀色空间中的分布

从图 3-11 可以看出，活性艳蓝 KN-R 染色 I-214 杨木单板表面材色分布随着染液浓度的提高，染色温度的上升和时间的延长，其中主要是染液浓度的提高，单板表面材色指数的总体变化趋势是明度指数 L^* 显著下降，红绿轴色品指数 a^* 在 60 以内逐渐增大，黄蓝轴色品指数 b^* 在 40 以内逐渐增大，由此可见经活性艳蓝 KN-R 染色单板表面材色呈稍带绿光的红色。

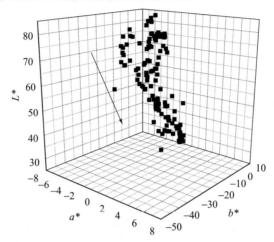

图 3-11　染料活性艳蓝 KN-R 染色 I-214 杨木单板材色指数值总分布图
（箭头方向表示工艺因子量增大）

2. 单板表面材色和着色度与染液浓度的关系

由附表 A-2 和图 3-12～图 3-14 可以看出，在同一种染色温度 90℃ 的条件下，活性艳蓝 KN-R 染色不同时间的 I-214 杨木漂白单板的表面材色明度 L^* 值随染液浓度的提高，直到 0.10% 均显著下降，而染液浓度由 0.10% 提高到 0.20%，L^* 值下降平缓；单板表面色品指数随染液浓度的提高，a^* 值逐渐增大，b^* 逐渐减小。单板表面的着色度 $\Delta E^* ab$ 随染液浓度的提高而不断提高，染液浓度达 0.20% 时达到最大区间 66.71～71.52。单板表面颜色由低浓度染色的高明度淡蓝色逐渐加深到 0.20% 浓度染色的蓝色。

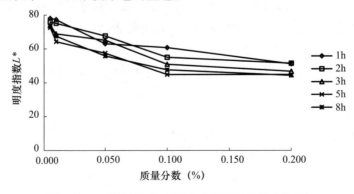

图 3-12　90℃ 条件下染料活性艳蓝 KN-R 染色 I-214
杨木单板明度值和浓度的关系

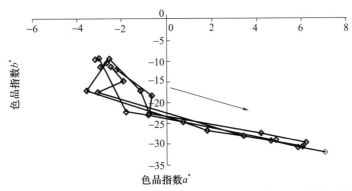

图 3-13 90℃条件下染料活性艳蓝 KN-R 染色 I-214 杨木单板色品值和浓度的关系
（箭头方向表示浓度增大）

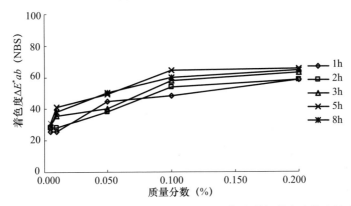

图 3-14 90℃条件下染料活性艳蓝 KN-R 染色 I-214 杨木单板着色度值和浓度的关系

　　另一方面，活性艳蓝 KN-R 染色 I-214 杨木单板着色度 $\Delta E^* ab$ 随染液浓度的提高而不断提高的变化规律，在第 2 章中活性艳蓝 KN-R 染色单板随浓度提高 I-214 杨木单板对染料的吸附量而不断提高的规律完全一致，也就是说，染液浓度提高，单板上染料吸附量增大，所以单板着色度也就提高。

　　3. 单板表面材色和着色度与染色时间的关系

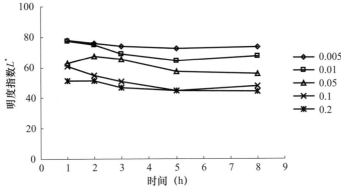

图 3-15 90℃条件下染料活性艳蓝 KN-R 染色 I-214 杨木单板明度值和时间的关系

由附表 A-2 和图 3-15～图 3-17 可以看出，在同一种染色温度 90℃的条件下，活性艳蓝 KN-R 不同浓度染色的 I-214 杨木漂白单板，表面材色明度 L^* 值随染色时间的延长均有所下降，但幅度不大，由 1h 到 8h 的染色，浓度 0.005％的染色单板 L^* 由 64.71 下降到 56.36，浓度 0.2％的 L^* 由 26.24 下降到 26.06，但幅度不大；单板表面的色品指数随染色时间的延长，各种染液浓度的染色单板 a^* 值和 b^* 值在各自的范围内变化，随着染色时间的延长，a^* 值在小范围有所增加，而 b^* 值则显著下降。单板表面的着色度 $\Delta E^* ab$ 随染色时间的延长，在 1～5h 内均逐渐增加，由 5h 到 8h 大部分染液浓度的单板表面着色度均稍有下降，染液浓度 0.005％的着色度为 27 左右，而 0.2％的着色度达 60 左右。

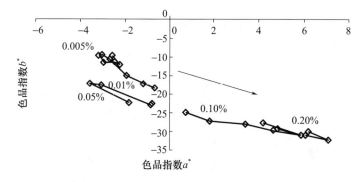

图 3-16　90℃下染料活性艳蓝 KN-R 染色 I-214 杨木单板色品值和时间的关系
（箭头方向表示时间增大）

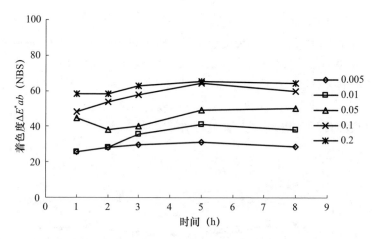

图 3-17　90℃下染料活性艳蓝 KN-R 染色 I-214 杨木单板着色度值和时间的关系

同样，由于木材表面和染料分子有很强的亲和力，同时染液浓度不同染料分子与单板表面接触机会不同，浓度低的接触机会就少，浓度高的接触机会就多，大量的染料分子被木材吸附，在较短的时间内就能达到饱和，所以着色度在染色时间 1～8h 内影响不大。此结果与第 2 章中活性艳蓝 KN-R 染色单板随时间的延长 I-214 杨木单板对染料的吸附量有所提高或几乎没有变化的结果一致，也就是说，单板对染料的吸附在较短的时间就达到平衡，所以在 1～8h 内染色时间对着色度影响不大。

4. 单板表面材色和着色度与染色温度的关系

由附表 A-2 和图 3-18～图 3-20 可以看出，在相同的染色时间 5h 条件下，活性艳蓝 KN-R 不同浓度染色的 I-214 杨木漂白单板，表面材色明度 L^* 值随染色温度的上升，除了染液浓度 0.05％的逐渐下降，0.2％的变化不显著外，其余浓度的则在波动变化中有所下降；单板表面色品指数随染色温度的上升，各种染液浓度的染色单板 a^* 值和 b^* 值在各自的变化范围内变化，a^* 值在小范围内有所增大，b^* 值下降显著。单板表面的着色度 $\Delta E^* ab$ 随染色温度上升，染液浓度 0.05％的逐渐增大，0.2％的保持 60 左右的高着色度，其余浓度的呈波动变化。

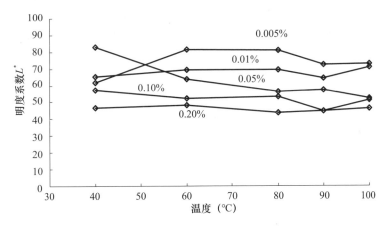

图 3-18　5h 条件下染料活性艳蓝 KN-R 染色 I-214 杨木单板明度值和温度的关系

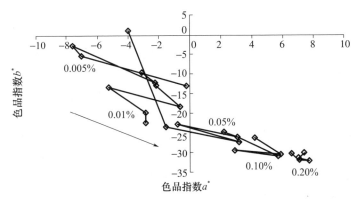

图 3-19　5h 下染料活性艳蓝 KN-R 染色 I-214 杨木单板色品值和温度的关系
（箭头方向表示温度增高）

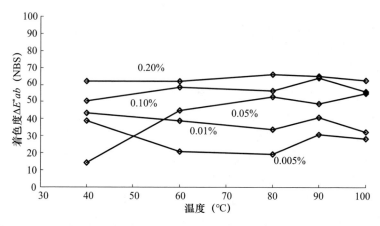

图 3-20　5h 下染料活性艳蓝 KN-R 染色 I-214 杨木单板着色度值和温度的关系

由于单板的表面染色不同于单板断面的整体染色，单板整体染色主要是依靠染料在木材构造组织中的渗透，染色温度上升有利于染液在木材断面上的渗透，而单板表面染色主要是染液对木材的湿润，染料分子与单板表面接触吸附，染色温度的影响相对较小。当然单板表面的着色度如前所述随着染液浓度的提高而提高，所以尽管染色温度变化相同，但染液浓度高的着色度也就高。

染料活性艳蓝 KN-R 染色 I-214 杨木单板表面着色度 $\Delta E^* ab$ 随染液温度的上升而变化的情况与第 2 章中活性艳蓝 KN-R 染色单板随温度上 I-214 杨木单板对染料的吸附量在 0.005％～0.05％低浓度范围逐渐增大，在 0.1％至 0.2％较高浓度时持高吸附量的趋势基本一致。

染料弱酸深蓝 5R 和活性艳红 X-3B 有类似的规律，见附表 A-3 和附表 A-4。

3.4　小　结

（1）I-214 杨木素材单板是一种明度较高且色差明显的淡黄色木材，经漂白后成为明度很高、颜色稍带淡黄且材色一致的单板。

（2）I-214 杨木漂白单板使用酸性大红 GR 等四种染料，配制 0.005％～0.20％等 5 种染液浓度，在 40～100℃等 5 种染色温度和 1～8h 等 5 个染色时间条件下进行染色，单板表面材色在 CIE（1976）$L^* a^* b^*$ 均匀色空间中的分布，随着浓度的提高，温度的上升和时间的延长，单板表面材色指数变化的趋势是明度指数 L^* 显著下降。

（3）酸性大红 GR 和活性艳蓝 KN-R 染色单板的着色度 $\Delta E^* ab$ 随染液浓度提高而不断提高的变化规律，与单板对染料的吸附量随染液浓度提高而不断增加的规律完全一致，即染液浓度提高，单板吸附量增大，着色度提高。

（4）在染色温度 90℃ 的条件下，酸性大红 GR 和活性艳蓝 KN-R 染色的 I-214 杨木漂白单板，随着染液浓度的提高，表面材色明度 L^* 值在浓度达到 0.1% 之前均显著下降，此后趋于平缓；表面色品指数酸性大红 GR 的 a^* 值大幅度逐渐增大，b^* 值也逐渐增大，活性艳蓝 KN-R 的 a^* 值在小范围内逐渐增大，b^* 值大幅度减小；表面着色度 $\Delta E^* ab$ 均不断提高，表面颜色酸大性红 GR 由高明度的浅橙色逐渐加深到带黄光的红色，活性艳蓝 KN-R 的由高明度和淡蓝色逐渐加深到蓝色。

（5）在染色温度 90℃ 的条件下，酸性大红 GR 和活性艳蓝 KN-R 各种浓度的染色 I-214 杨木漂白单板，随着染色时间的延长，表面材色明度 L^* 值均有所下降；色品指数在各自的范围有一定的增减，表面着色度 $\Delta E^* ab$ 因浓度不同有所增加或无明显变化。说明单板表面对染料的吸附在较短时间内就能达到平衡，新的染色时间在 1～8h 内对单板表面染色虽然有所影响，但是影响不大。

（6）在染色时间 5h 条件下，酸性大红 GR 和活性艳蓝 KN-R 各种浓度的染色 I-214 杨木漂白单板，随着染色温度的上升，表面材色明度 L^* 值在低浓度时有所下降，高浓度时保持较低的数值且无明显变化；色品指数在各自的范围有一定增减，表面着色度在低浓度时有一定的增加，而高浓度时保持较高的数值但变化不大，说明单板表面对染料的吸附不同于单板整体染色，染色温度对表面染色影响较小。

4 抽提处理单板与高含水率单板的染色性能

4.1 木材内的抽提物与木材的颜色

木材的抽提物是指木材中除构成细胞壁的纤维素、半纤维素和木素以外，经中性溶液如水、乙醇、苯、乙醚或氯仿、水蒸气或稀碱稀酸溶液抽提出来的物质的总称。其中包括除细胞壁以外，存在于细胞腔中或细胞间隙的淀粉粒、草酸钙等。这里所指的抽提物是广义的，除组成细胞壁的结构物质以外，木材中所有的内含物均包括在内。木材抽提物包含多种类型的有机化合物，其中最常见的是多酚类。此外，还有萜类、树脂酸类、脂类和碳水化合物等。不同种属木材中的抽提成分和含量显著不同，这种差异是不同树种木材具有不同颜色和耐久性等材性的重要原因。大量木材抽提物是在边材转变为心材的过程中形成的，心材形成时，分子小的抽提物浸入细胞壁并沉积在微毛细管中。

木材抽提物的含量少者约为 1%，多者高达 40% 以上。例如，有些桉树心材中，多元酚类抽提物的含量可以达到 30% 以上。抽提物的含量随树种、树龄、树干位置以及树木生长的立地条件不同而有差异。一般心材含量高于边材，而心材外层又高于心材内层。

木材中的硅化合物，随树种而异。单宁并不是化学均一性的物质，而是由许多结构相似、化学性质相近的聚合物所组成的复杂混合物。通过研究，发现各种不同的单宁都含有数个带有酚羟基的苯核，所以说单宁都是多元酚的衍生物。各种单宁均含有苯核，但联结也不相同，从而造成单宁化学组成和结构的复杂性。它们除了有共同的特性外，不同单宁还具有不同的化学性质。单宁不仅影响木材的材性，例如材色较深，多具耐久性等，而且妨碍油漆的干固。在制浆工业上，含单宁多的木材不宜采用硫酸氢盐法，适合采用碱法制浆。单宁味苦涩，具收敛性。壳斗科栎属木材之所以味苦涩，具收敛性，就是由于含有单宁物质所致。

单宁在水中具有无限溶解的特性（能无限制地溶于热水，而难溶于冷水），这说明单宁是具有无定形结构的胶体物质，同时也证明单宁并非是化学均一性的物质，而是由许多结构相似，化学性质相近的聚合物所组成的复杂混合物。单宁具有无限溶解于水的特性，这主要是由于单宁分子含有酚羧基和羧基，能与水分子的氢原子形成氢键，所以单宁具有亲水性。正因为单宁能溶解于水，所以采用水抽提把单宁从木材中抽提出来。单宁在水溶液中具有一定的离解度，分子中的酚羟基和羧基解离后，离解氢离子使溶液呈弱酸性，本身微粒带负电荷。单宁能部分地溶于丙酮、乙酸乙酯、甲醇、己醇等有机溶剂，不溶合于无水乙醚、石油醚、氯仿、苯等溶剂。单宁极易氧化，由于单宁分子中苯环上有些酚羟基较活泼，当受到日光照射时，氧化成酮基，从而使单宁颜色变深。单宁与金属离子作用发生以下两种反应，一是颜色反应，遇铁盐发生颜色反应，例如单宁水溶液中，加三氯化铁溶液则发生蓝黑色或蓝绿色反应；二是沉淀反应，单宁与钙离子、锌离子、汞离子等金属离子形成多核络合物沉淀。由于单宁与金属离子有上述一些作用，当木材中含有单宁时，将使木材变色并影响木材染色。单宁易溶于水，遇到铁和铬等金属盐类发生化学反应，变为带色的有机盐类。木材内含有单宁时，用高锰酸钾溶液（3%～4%）能将木材染成棕色，重铬酸钾溶液能染成黄色，绿矾溶液能染成灰色等。但是木材内单宁含量不均，用上述药剂染色时，得不到均匀颜色，或者需要染成某种颜色时，单宁则变成障碍，因此在染色前应先将木材内的单宁浸除。其法是把木材放在水中蒸煮，使单宁溶于水。

木材之所以具有不同的颜色，有两种原因，一与木素有关，二与抽提物有关。木材的颜色受沉积于细胞腔和细胞壁内抽提物的影响。树种不同，材色各异。木材构造组织因种类不同染色性能存在显著的差异，染色性能不同的原因之一是受木材中抽提物成分的影响。抽提物在木材中的部位虽然不太清楚，但通常木材内导管较多，其分布也不均匀。Harvey D. Erikson 认为有机溶剂抽提可提高渗透性，但由于抽提物种类非常多，特别是疏水性的抽提物，又可能阻碍染液的渗透和染着。

本章以 I-214 杨木单板作为试材，用各种溶剂进行处理，并对处理后的单板用几种染料进行染色，探讨木材中抽提物对 I-214 杨木单板染色的影响。

4.2　材料与试验方法

4.2.1　材料与仪器

1. 材料
(1) I-214 杨木。
(2) 苯醇混合液 2∶1——量取 67 份分析纯苯醇及 33 份分析醇（95%乙醇），混合均匀备用。
(3) 染料弱酸艳红 B，酸性艳蓝 RAWL，活性艳红 X-3B，活性艳蓝 KN-R。
2. 仪器
抽提装置，真空吸滤装置，色彩色差计，显微镜。

4.2.2　试验方法

选取直径为 400mm 的原木段刨切和干燥制成厚度为 1.2mm 的单板（单板含水率为 8%～12%），再裁成长 100.0mm×宽 65.0mm×厚 1.2mm 规格的试样，共 100 片。

1. 单板抽提处理和材色测定

1）冷水抽提

（1）取试样 10 片放入 1000mL 烧杯中，加入蒸馏水 900mL；

（2）放入恒温水浴中，保持温度为（23±2）℃，适时搅动，加盖放置 48h；

（3）过滤，洗涤和干燥，试样含水率控制在 8%～12%；

（4）用色彩色差计测色，以 CIE（1976）$L^* a^* b^*$ 表色系统表色并计算其色差。

2）热水抽提

（1）试样 10 片分次放入抽提器中，加入 95～100℃蒸馏水，装上冷凝器；

（2）置沸水浴中经常搅动，煮沸 3h；

（3）过滤，洗涤和干燥，试样含水率控制在 8%～12%；

（4）用色彩色差计测色，以 CIE（1976）$L^* a^* b^*$ 表色系统表色并计算其色差。

3）苯醇抽提

（1）试样 10 片分次放入抽提器中，加入苯醇混合液，装上冷凝器；

（2）置水浴上加热保持底瓶中苯醇剧烈沸腾，循环不少于 4 次/h；

（3）过滤，洗涤和干燥，试样含水率控制在 8%～12%；

（4）用色彩色差计测色，以 CIE（1976）$L^* a^* b^*$ 表色系统表色并计算其色差。

2. 抽提处理的单板染色试验

采用染料弱酸艳蓝 RAWL、弱酸艳红 B、活性艳蓝 KN-R、活性艳红 X-3B，分别配制成 1% 浓度的染液，取素板和经冷水、热水、苯醇抽提后的 I-214 杨木单板各 4 组，每组 3 片，分别按下述相同的工艺条件进行浸染试验。即将单板试件放入 25℃染液中，在 25min 内升温至 90℃，保温 45min，取出试件水洗 2min，然后除去表面水分，经热风干燥后制成试件。利用色彩色差计测定试件表面的材色并计算与其染色前的色差。从切口断面观测抽提物对木材染色的影响，与抽提处理后的单板比较。

3. 高含水率（饱水）单板中的染料扩散

采用弱酸艳蓝 RAWL、弱酸艳红 B、活性艳蓝 KN-R 和活性艳红 X-3B，分别配制成 1% 浓度的染液，取素材单板 5 组，每组 3 片，其中 4 组分别按下述相同的工艺条件进行浸染试验。即将分组后的单板分别在 0.09MPa 负压下处理

30min 后，倒入 250mL 的水，放置 2h 充分吸水达到饱和后，再分别放入 250mL 的 1％浓度的染液，另一组素材单板未经减压吸水，直接放入浓度为 0.5％的 500mL 染液中，同时在室温下浸渍 3、7、14 日，取出干燥后用显微镜从试样单板断面切口观测染料分布状态。

4.3 结果与讨论

4.3.1 抽提处理单板的染色性能

冷水、热水、苯醇抽提处理的单板及其染色单板表面材色检测与色差计算结果见表 4-1，用显微镜从切口断面观测不同抽提方法的染色单板，其染色渗透深度和匀染性见表 4-2，木材构造组织的染色性能见表 4-3。

1. 单板抽提处理后表面材色变化

抽提处理的单板与素材单板相比，材色发生了一定的变化。材色指数中明度 L^* 值变化不大，其中冷水和热水抽提后明度有所下降，而苯醇抽提后的明度略有提高；红绿轴色品指数 a^* 值在中心轴附近由正值偏向负值一侧；黄蓝轴色品指数 b^* 值均有增加，其中热水抽提后增值较大。从 3 种方法抽提后的单板与未处理的单板相比，总色差 $\Delta E^* ab$ 均大于 5，达到了肉眼可识别的程度，表明了抽提物的存在对单板表面材色有影响。

表 4-1 I-214 杨木单板抽提及其染色的材色指数与色差变化

染色状态	处理方法	L^*	a^*	b^*	ΔL^*	Δa^*	Δb^*	$\Delta E^* ab$
未染色	素板	83.76	2.04	15.53	0	0	0	0
	冷水	82.06	−1.86	19.59	−1.7	−3.9	4.06	5.88
	热水	81.67	−0.96	22.02	−2.09	−2.99	6.48	7.44
	苯醇	85.07	−2.7	20.34	1.31	−4.73	4.8	6.87
弱酸艳蓝 RAWL 染色	素板	47.2	0.37	−20.76	0	0	0	0
	冷水	43.74	1.05	−21.14	−3.46	0.68	−0.38	3.54
	热水	37.16	5.27	−26.39	−10.05	4.9	−5.63	12.51
	苯醇	55.83	−4.25	−11.11	8.63	−4.62	9.65	13.74
弱酸艳红 B 染色	素板	53.81	40.09	8.43	0	0	0	0
	冷水	52.59	39.75	7.78	−1.22	−0.34	−0.65	1.43
	热水	49	43.26	8.95	−4.82	3.17	0.52	5.79
	苯醇	60.13	39.77	8.42	6.31	−0.33	−0.01	6.32

续表

染色状态	处理方法	L^*	a^*	b^*	ΔL^*	Δa^*	Δb^*	$\Delta E^* ab$
活性艳蓝 KN-R 染色	素板	46.37	−0.12	−25.24	0	0	0	0
	冷水	45.02	−1.13	−23.5	−1.35	−1.01	1.74	2.42
	热水	39.54	3.68	−30.15	−6.83	3.8	−4.91	9.23
	苯醇	53.28	−2.47	−16.69	6.91	−2.35	8.55	11.24
活性艳红 X-3B 染色	素板	52.3	50.39	8.92	0	0	0	0
	冷水	52.93	46.6	8.7	0.63	−3.79	−0.22	3.85
	热水	46.75	54.78	11.85	−5.55	4.39	2.93	7.65
	苯醇	56.85	38.42	8.17	4.56	−11.97	−0.75	12.83

从表 4-1 可以看出，用酸性艳蓝 RAWL 等 4 种染料染色的素材单板和冷水、热水及苯醇抽提处理的单板，虽然它们的表面材色指数和色差各不相同，然而它们有着相同的特点和趋势。就同一种染料染色的抽提单板与素材单板色差 ΔL^*、Δa^* 和 Δb^* 及总色差 $\Delta E^* ab$ 而言，冷水抽提的与素材染色单板的各项差值均较小，特别是它们的总色差 $\Delta E^* ab$ 均小于 5，是肉眼不易识别的程度。热水和苯醇抽提的与素材染色单板各项差值，除了个别情况外，各项差值均较明显，特别是各种染料染色的热水和苯醇抽提单板与素材单板的总色差 $\Delta E^* ab$ 均大于 5，用酸性艳蓝 RAWL 染色的热水和苯醇抽提单板与相同染料染色的素材单板的总色差高达 12.51 和 13.74，在视觉的表现上达到了显著甚至非常大的程度。

2. 抽提处理对单板染色性能的影响

表 4-2 是不同抽提剂处理方法对单板染色染料渗透性和匀染性的影响，其中冷水抽提单板与素材单板的染料染色渗透深度和均匀性相近，热水抽提和苯醇抽提单板的染色渗透深度和匀染性能好于前者，不同品种染料的渗透性和匀染性也存在一定的差异，酸性艳蓝 RAWL 和活性艳蓝 KN-R 比酸性艳红 B 和活性艳红 X-3B 好。

表 4-2　I-214 杨木不同抽提处理后的染料渗透性能

处理方法	酸性艳蓝 RAWL	酸性艳红 B	活性艳蓝 KN-R	活性艳红 X-3B
素材单板	−	−	−	−
冷水抽提	−	−	−	−
热水抽提	+	+	+	+
苯醇抽提	++	+	++	+

注：“−”代表染色不明显，“+”代表染色明显，“++”代表染色显著。

染液的渗透与木材超微结构、木材化学特性、木材物理特性、木材生物特性等因素有关，其中超微结构及木材的复合毛细管结构对染液渗透的影响最大，化学角度看，抽提物是主要的影响因素，Harvey D. Erikson 认为有机溶剂抽提可提高渗透性，木材中抽提物被抽提的量和成分与抽提方法有关；根据 Huang Luo-hua 等的研究数据，I-214 杨木材的冷水抽提物含量为 2.74%～2.79%，热水抽提物含量为 3.31%～3.65%，苯醇抽提物含量为 1.70%～2.12%；其中冷水抽提物最少，热水抽提物量最大，而苯醇抽提去除了木材中的树脂、蜡、脂肪以及一些乙醚不溶物，如单宁及色素等。许多试验皆证明采用抽提方法可以改善木材的渗透性，抽提过程可以从纹孔膜移走抽提物，从而有效地增大纹孔的孔径。同时木材经过抽提处理可以提高其润湿性能。

　　根据抽提单板的染色效果，即表面材色和色差变化，单板内部的渗透和匀染性，结合木材抽提物研究抽提处理对染色的影响，试验表明由于冷水抽提物量少，因此与素材单板相比，I-214 杨木单板表面材色和色差变化不大，内部渗透和匀染没有改善；而热水抽提物量大，苯醇抽提去除了木材中的树脂、蜡、脂肪以及一些乙醚不溶物如单宁及色素等，提高了 I-214 杨木的润湿性，改善了木材的渗透性能。与素材相比，染色单板的表面材色和色差明显，单板内部的渗透和匀染性得到明显改善。由此可见，抽提物及其成分对 I-214 杨木单板染色性能存在显著影响。

　　3. 抽提处理对木材构造染色的影响

　　I-214 杨木作为阔叶树材，木材构造按照其细胞组成，分为导管、木纤维、薄壁组织和木射线等。因构造细胞和染料不同，其染色性能也不相同。

　　表 4-3 是本试验设定条件下的 I-214 杨木单板素材和抽提处理后，木材构造的染色效果。图表显示素板和抽提处理单板木材构造染色效果是不一样的，冷水抽提单板与素材单板的染色效果相同，木材的导管、木纤维、木射线和薄壁组织的染着不明显或较明显；热水抽提后 4 种染料在木纤维和木射线上、酸性艳蓝 RAWL 与活性艳红 X-3B 在导管上均有较明显染着，苯醇抽提后 4 种染料在木纤维、木射线和导管壁上均有明显染着，浸染后切片观察参见图 4-1 和图 4-2。由于木材抽提物多存在于木材组织的细胞腔内，但也常沉积在细胞壁和纹孔口上，因而阻碍了木材的渗透性。本试验结果也验证了"抽提可以从纹孔膜移走抽提物，从而有效地增大纹孔和孔径，抽提方法可以改善木材的渗透性"，木材经过抽提，特别是热水和苯醇等抽提可以改善木材构造的染色性能。

表 4-3　抽提处理后 I-214 杨木不同组织构造的染色性能

处理方法	木材组织	酸性艳蓝 RAWL	酸性艳红 B	活性艳蓝 KN-R	活性艳红 X-3B
素材单板	导管	－	－	－	－
	木纤维	－	－	－	＋
	木射线	－	－	－	＋
	薄壁组织	－	－	－	－

续表

处理方法	木材组织	酸性艳蓝 RAWL	酸性艳红 B	活性艳蓝 KN-R	活性艳红 X-3B
冷水抽提	导管	−	−	+	−
	木纤维	−	−	−	−
	木射线	−	−	−	−
	薄壁组织	−	−	−	−
热水抽提	导管	+	−	−	+
	木纤维	+	+	+	+
	木射线	+	+	+	+
	薄壁组织	−	−	−	−
苯醇抽提	导管	+	+	+	+
	木纤维	+	+	+	++
	木射线	+	+	+	++
	薄壁组织	−	−	−	+

注:"−"代表染色不明显,"+"代表染色较明显,"++"代表染色明显。

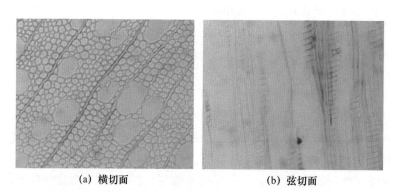

(a) 横切面　　　　　　　　　　(b) 弦切面

图 4-1　素材单板经活性艳红 X-3B 浸染后显微镜下的切片观察图(10×40 显微镜下)

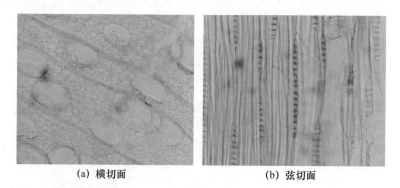

(a) 横切面　　　　　　　　　　(b) 弦切面

图 4-2　苯醇处理单板经活性艳红 X-3B 浸染后显微镜下的切片观察图(10×40 显微镜下)

4.3.2 高含水率（饱水）单板中染料的扩散

减压吸水的高含水率和未处理的素材 I-214 杨木单板在室温和不同浸染时间下的染料扩散和木材组织构造的染色性能见表 4-4、表 4-5 及图 4-3、图 4-4。

表 4-4 I-214 杨木单板减压处理后的染色性能

浸染时间	处理方法	酸性艳蓝 RAWL	酸性艳红 B	活性艳蓝 KN-R	活性艳红 X-3B
3 天	素板	－	－	－	－
	高含水率	－	＋	－	＋
7 天	素板	－	－	－	－
	高含水率	＋＋	＋	＋＋	＋＋
14 天	素板	－	－	＋	＋
	高含水率	＋＋	＋	＋＋	＋＋

注："－"代表染色不明显，"＋"代表染色较明显，"＋＋"代表染色明显。

从表 4-4 可以看出，经减压充分吸水的高含水率单板，室温下随着浸泡时间的延长，染料浸透和染色效果越加显著，经过 7～14 日的浸泡，4 种染料在单板内部渗透和染色效果均达到了较明显和明显的程度。而未经吸水处理的低含水率素材单板在室温下短时间浸泡染色效果不明显，直到浸泡 14 日，活性染料的染色方获得较明显效果。

染料在纤维素纤维类亲水性纤维中的扩散可以用孔道模型来说明。孔道模型如下。

浸在水里，很快发生溶胀。这些溶胀的纤维里存在着许许多多曲折而互相连通的小孔道。孔道模型认为水存满了这些孔道。染料分子（或离子）是在水中通过这许多曲折的互相连通的孔道扩散到纤维内部去的。在扩散过程中，染料分子（或离子）会不断发生吸附和解吸。孔道里游离状态的染料和吸附状态的染料呈动态平衡状态。在孔道中，吸附了的染料虽然会解吸并循着孔道扩散，但就整体而言，是个很缓慢的过程。木材染色时，即使在木材内部，染液中的染料多在孔隙入口附近上染，这是因为这些染料对木材吸附力大而产生选择性吸附。对染料向木材内部的渗透性和染色过程终了时单板的含水率进行测定表明，无论是渗透性好的染料，还是渗透性差的染料，或是仅用水进行处理，染色完成后单板的含水率几乎都是相同的，都是水先进入木材内部。木材和染料分子之间具有很大的亲和力，但是有些染料能在木材表面很好地吸附而不一定能渗透到木材内部。基太村洋子的研究表明，即使渗透性不良的染料，只要保持长时间的浸泡也可以获得良好的染色效果。

本试验中经过减压充分吸水的高含水率单板为染料分子在木材内部的扩散创造了条件，因此，随着浸泡时间的延长，依靠染料分子的扩散运动，可以实现单板内部和木材组织构造的着色。

从表 4-5 可以看出，经减压充分吸水的含水率单板在室温下随着浸泡时间的延长，木材组织构造的染色效果越来越明显。浸泡 3 日后，4 种染料在木纤维和木射线上均已有较明显着色；浸泡 7 日后，木纤维着色明显，木射线和薄壁组织着色较明显；浸泡 14 日后，导管壁和薄壁组织着色较明显，而木纤维和木射线达到了明显的着色程度。而未经吸水处理的素材单板在室温下浸泡 3 日和 7 日后，木材组织构造和染色效果尚不明显；直到浸泡 14 日，木纤维、薄壁组织和木射线才得到较明显的着色。

表 4-5　高含水率 I-214 杨木单板在染液中浸泡后木材组织构造的染色性能

浸染时间	木材组织	处理方法	酸性艳蓝 RAWL	酸性艳红 B	活性艳蓝 KN-R	活性艳红 X-3B
3 日	导管	素板	−	−	−	−
		高含水率	−	−	−	−
	木纤维	素板	+	−	+	−
		高含水率	+	+	+	+
	木射线	素板	−	−	−	−
		高含水率		+	+	
	薄壁组织	素板	−	−	−	−
		高含水率				
7 日	导管	素板	−	−	−	−
		高含水率	−	−	−	−
	木纤维	素板	+	−	+	+
		高含水率	++	+	++	++
	木射线	素板	−	−	−	−
		高含水率				
	薄壁组织	素板	−	−	−	−
		高含水率				
14 日	导管	素板				+
		高含水率		+	+	+
	木纤维	素板	+	+	+	
		高含水率	++	++	+	++
	木射线	素板	+		−	
		高含水率	++		++	++
	薄壁组织	素板	+		+	+
		高含水率	+		+	+

注："−"代表染色不明显，"＋"代表染色明显，"＋＋"代表染色很明显。

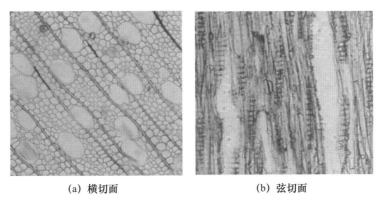

| (a) 横切面 | (b) 弦切面 |

图 4-3　素材单板经染料活性艳红 X-3B 浸染 14d 显微镜下的切片观察图（10×40 显微镜下）

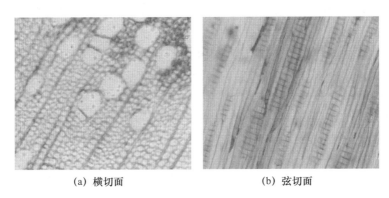

| (a) 横切面 | (b) 弦切面 |

图 4-4　高含水率单板经染料活性艳红 X-3B 浸染 14d 显微镜下的切片观察（10×40 显微镜下）

4.4　小　结

（1）冷水、热水和苯醇抽提的 I-214 杨木单板与未处理的单板表面总色差 $\Delta E^* ab$ 均不小于 5，达到了视觉可识别的程度，表明了抽提物的存在对单板材色的影响。

（2）I-214 杨木单板经热水和苯醇抽提处理并用 4 种染料染色后，与素材和冷水抽提并按相同条件染色的 I-214 杨木染色单板相比，单板表面材色和色差区别明显，单板内部渗透和匀性得到明显改善，表明热水和苯醇抽提提高了单板的润湿性，改善了木材的渗透性能。

（3）高含水率 I-214 杨木单板在室温的染液中浸泡，随着浸泡时间的延长，依靠染料分子的扩散，可以实现 1.2mm 厚的 I-214 杨木单板内部和木材组织构造均匀而良好地着色。

5 木材及其染色材的光变色现象

5.1 木材与染料的光变色

　　木材是一种三维的聚合物复合体，主要由纤维素、半纤维素和木质素组成。这些聚合物构成细胞壁，决定着木材的主要物理和化学性质。暴露于室外的木材，由于紫外线照射引起光化降解，被改变颜色。木材的颜色因树种不同而异，有些树种木材的颜色非常美观，深受人们的喜爱。木材的颜色来自于木材的有色抽提物和木质素。木材的表层变色是一个复杂的光化学作用，是一种光化作用变色，这种变色既有吸收光的辐射作用，又有氧化作用。

　　由表 5-1、表 5-2 可以看出，紫外线（300nm）的光能量达 94.8kcal/mol（1cal≈4.2J，下同），足以切断木材组分的分子链，或者引发其发生光氧化反应。说明太阳光中的紫外线对木材起了重要的作用。木材是复杂、不均匀、多相、具有吸光性的大分子复合体，其各组分的吸光性不一致，纤维素吸收紫外光是在波长 200nm 以下；木质素与多元酚物质在波长 280nm 有一强吸收峰。

表 5-1　波长与光能量的关系

波长（nm）	200	254	300	380	400	500	600	700
光能量（kcal/mol）	142.3	112.5	94.8	75.2	71.1	57	47.4	40.5

表 5-2　部分常见化学键的键能

键型	键能（kcal/mol）	键型	键能（kcal/mol）	键型	键能（kcal/mol）
C—C	81	C—N	68	C—F	119
C—O	87	C—S	66	O—H	110
C—H	99	C—Cl	78	N—H	84
				S—H	87

　　从木材纤维素、半纤维素的分子结构来看，其在可见光区不会产生吸收光峰，应呈现白色，但是木素结构单元中的松柏醛基，或者是木素中的愈疮木基在脱甲基后氧化产生醌类化合物，导致显色。也有人认为木材在光照下产生颜色是由于光的直接作用，其深度可达 200nm，而在更深处由于副反应的作用，会产生

有色基因。

材色的变化是光化学作用的结果，而这种作用的发生常常包括自由基的产生。自由基的产生可导致有色基因中间产物的形成。

在光的作用下，分子吸收光子而成激化态，后者发生化学变化就构成一个光化学反应。染料分子（D）吸收光子被激化发生光化学变化就构成一个光化学反应。

$$D \longrightarrow 反应产物$$

在光化学变化过程中，染料分子的发色体系发生变化或遭到破坏，就会发生变色或褪色现象。木材上染料的光照褪色是一个很复杂的过程。有染料和纤维的因素，光源的光谱组成、试样周围的大气成分和温度等外界条件都会影响试样的褪色速率。

不同光源在不同波长上的强度分布不同，如太阳光、氙气灯光、炭弧灯光、高压汞灯光在各波段上的光通量分布均存在差异。氙气灯光和太阳光的光通量分布较为接近，炭弧灯光在紫色波段的相对光通量最大，在其他波段上的光通量都较小，和太阳光的能量分布有显著不同。不同波长的光波对染料发生不同的激化，产生不同的激化态，使染料发生不同的反应。

染色木材的光变色是一个复杂的光化学反应过程，影响因素包括木材组分、木材抽提物成分和含量、木材调色处理方法、使用环境等。其中木材组分和抽提物成分及含量是由树种和树木生长的立地条件决定的；不同的调色处理方法改变了木材的颜色，同时也使木材的变色规律发生变化；木材使用的环境条件如光照强度等是影响木材颜色变化的重要因素。

本章通过对 I-214 杨木素材单板、抽提处理单板、漂白单板和在不同染料、不同染色条件下染色单板进行模拟照射，选用与太阳光光谱能量最为接近的氙光作为照射光源，考察光照时间对不同处理的 I-214 杨木试材变色度的影响。

5.2　材料与试验方法

5.2.1　材料

1. 材料

I-214 杨木试材。

2. 仪器

（1）X25F 氙衰减仪。

（2）多光源分光测色计。

5.2.2　试验方法

1. 素材单板、抽提单板和漂白单板的氙光照射试验

氙光照射试验条件：照度 42W/m²，温度 50～60℃，湿度 60%。

取待试单板 3 片，置于氙衰减仪内的试样架上，进行 100h 光照试验，分别于照射 0h、1h、10h、30h、60h、100h 后用多光源分光测色计进行材色测定，以 CIE（1976）$L^* a^* b^*$ 表色系统表色，计算光照前后的总色差 $\Delta E^* ab$，即为不同光照时间的变色度。

2. 染色单板的氙光照射试验

试验条件同上。

取待试染色单板 3 片，置于氙衰减仪内的试样架上，进行 110h 氙光照射试验，分别于照射 0h、2h、5h、10h、20h、40h、70h、110h 后用多光源分光测色计进行材色测定，以 CIE（1976）$L^* a^* b^*$ 表色系统表色，计算照射前后的总色差 $\Delta E^* ab$，即为不同光照时间的变色度。

5.3　结果与讨论

5.3.1　素材单板、抽提单板和漂白单板氙光照射试验

素材单板、抽提单板和漂白单板经氙光照射 1h、10h、30h、60h 和 100h 的材色指数 L^*、a^*、b^* 值和变色品 $\Delta E^* ab$ 计算结果见表 5-3，材色指数的分布见图 5-1，明度 L^*、色度 $a^* - b^*$ 和变色度 $\Delta E^* ab$ 随氙光照射时间的变化分别见图 5-2～图 5-4。

表 5-3　不同处理单板光照后的材色指数和色差计算结果

材料	时间（h）	L^*	a^*	b^*	$\Delta E^* ab$
	0	83.76	2.04	15.53	0
	1	80.38	2.54	17.67	4.03
	10	79.86	3.34	21.96	7.63
素材单板	30	78.9	4.08	26.75	12.39
	60	78.06	4.9	29.11	15
	100	77.37	5.42	29.95	16.13

续表

材料	时间（h）	L^*	a^*	b^*	$\Delta E^* ab$
热水浸提单板	0	81.67	−0.96	22.02	0
	1	77.88	4.18	18.11	7.49
	10	83.31	3.07	24.14	4.84
	30	81.32	4.44	29.31	9.07
	60	80.24	5.69	31.86	11.96
	100	78.47	6.34	31.31	12.24
苯醇浸提单板	0	85.07	−2.7	20.34	0
	1	80.71	3.15	17.91	7.68
	10	82.82	2.75	22.35	6.23
	30	80.73	4.16	27.17	10.6
	60	78.07	5.56	30.04	14.54
	100	79.24	5.67	31.03	14.78
漂白单板	0	93.51	−1.28	10.5	0
	1	91.82	−1.97	12.33	2.58
	10	86.28	0.71	19.9	12.03
	30	81.9	2.57	26.29	19.98
	60	80.06	4.48	28.92	23.53
	100	77.64	5.74	30.81	26.72

表 5-3 显示，经氙光照射 100h 后的素材单板、热水浸提单板、苯醇浸提单板明度 L^* 由 80 左右降到 77 左右，漂白单板明度 L^* 则从 93.51 降到 77.64，a^* 在 −2.7~6 以内逐渐增大，b^* 在 10.50~30.50 以内逐渐增大，整体讲 4 种处理单板氙光衰减后材色由浅黄向深黄转变。

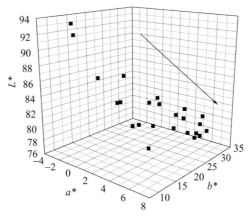

图 5-1 不同处理单板光照后材色指数分布（箭头方向表示时间增大）

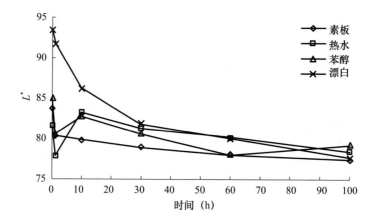

图 5-2 不同处理单板光照后明度 L^* 变化

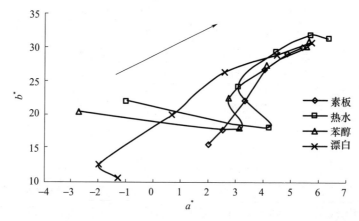

图 5-3 不同处理单板光照后色品 a^*、b^* 变化（箭头方向表示时间增大）

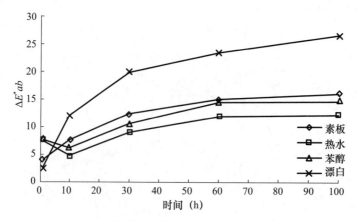

图 5-4 不同处理单板光照后变色度 $\Delta E^* ab$ 变化

从图 5-2 可看出，随着光照时间的延长，4 种处理单板的明度值均呈降低的趋势，光照的前 30h 变化较大，之后趋于平缓。尤其漂白单板的降幅最大，到 100h 时 ΔL^* 达 15.87。比较 4 种处理单板的明度值，最大差异从光照前的 11.84 减小到光照 100h 后的 1.47，明度值非常接近。

从图 5-3 可看出，随着光照时间的延长，单板的色品指数 a^*、b^* 值均呈增加的趋势，总体讲色相从弱黄—弱绿（素材单板从弱黄—弱红）向黄—弱红方向变化。a^* 值的变化（光照前后 Δa^*）素材单板最小为 3.38，苯醇抽提单板最大为 8.37；b^* 值的变化（光照前后 Δb^*）热水抽提单板最小为 9.29，漂白单板最大为 20.31；4 种单板之间的 Δa^* 和 Δb^* 最大值光照前分别为 4.74 和 11.42，100h 光照后分别为 0.92 和 1.36，色相非常接近。

从图 5-4 可看出，在 100h 光照过程中，单板的变色在持续增加，所有单板光照 100h 后，变色明显。不同处理单板的变色度 $\Delta E^* ab$，漂白单板最大为 26.72，热水抽提单板最小为 12.24。光照时间与变色度的关系，光照前期 10h 内变色显著（除热水抽提单板外）达到了肉眼可辨或明显的程度，单位时间内的变色度为 0.484～1.203/h；光照中期 10～60h，单位时间内的变色度为 0.142～0.230/h；光照后期 60～100h 单位时间内的变色度为 0.006～0.08/h，变色度增加缓慢。

5.3.2 弱酸深蓝 5R 染料染色单板氙光照射试验

在温度 90℃、时间 3h、浓度 0.005% 和 0.05% 的染色条件下，染料弱酸深蓝 5R 染色的素材和漂白单板氙光照射试验后材色测定结果和色差计算值见附表 A-5，材色指数（$L^* a^* b^*$）分布状况见图 5-5，色差 $\Delta E^* ab$ 变化情况分别见图 5-6 和图 5-7。在温度 90℃、时间 3h、浓度 0.005% 和 0.05% 的染色条件下染色单板经 110h 氙光照射明度指数 L^*、色品指数 a^*、b^* 和变色度 $\Delta E^* ab$ 的变化情况分别见图 5-8～图 5-10。

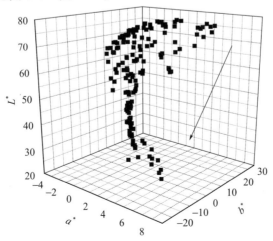

图 5-5　染料弱酸深蓝 5R 染色单板光照后材色分布（箭头方向表示时间增大）

图 5-5 显示（参见附表 A-5），经氙光照射 110h 后 0.005％酸性深蓝 5R 染液在 5 个时间下染色素材单板明度 L^* 由 65 左右升到 75 左右，色度 a^* 在 $-2.93\sim4.82$ 以内逐渐增大，b^* 在 $-5.83\sim30.52$ 以内逐渐增大，染色漂白单板 L^* 则从 55 左右升到 75 左右，a^* 在 $-3.26\sim4.43$ 以内逐渐增大，b^* 在 $-14.26\sim30.53$ 以内逐渐增大。0.05％酸性深蓝 5R 染液染色素材单板明度 L^* 由 36 左右升到 65 左右，a^* 在 $-1.68\sim6.62$ 以内逐渐减小，b^* 在 $-17.86\sim20.66$ 以内逐渐增大，染色漂白单板 L^* 则从 35 左右升到 70 左右，a^* 在 $-1.12\sim7.65$ 以内逐渐减小，b^* 在 $-18.91\sim24.84$ 以内逐渐增大。整体看 2 个浓度染液染色单板氙光衰减后材色由浅蓝或蓝向深黄转变。

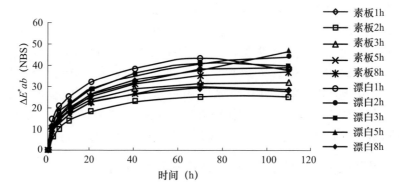

图 5-6　用浓度 0.005％弱酸深蓝 5R 染液染色单板光照后 ΔE^*ab 变化

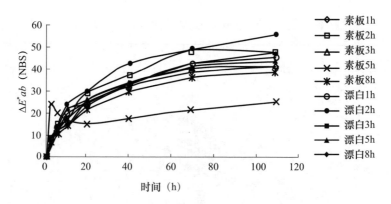

图 5-7　用浓度 0.05％弱酸深蓝 5R 染液染色单板 ΔE^*ab 变化

图 5-6 和图 5-7 显示，弱酸深蓝 5R 染料染色单板光照，经 110h 光照试验变色明显。总体趋势是从光照前的蓝色向棕色变化；光照前期的变色度大于光照后期的变色度；高浓度染色单板的变色度明显高于低浓度染色单板，低浓度染色单板光照在 70～110h 时段材色变化趋于停止，高浓度染色单板光照至 110h 时变色度仍呈增加的趋势。染色时间与单板变色度之间无明显规律。

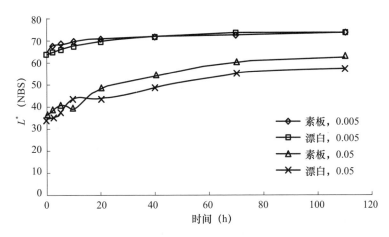

图 5-8 染料弱酸深蓝 5R 染色单板光照后明度 L^* 变化

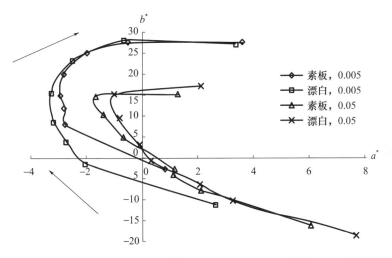

图 5-9 染料弱酸深蓝 5R 染色单板光照后色度 a^*、b^* 变化（箭头方向表示时间增大）

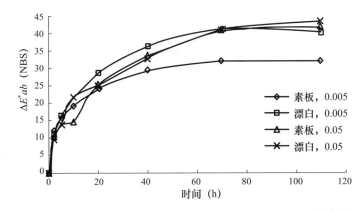

图 5-10 染料弱酸深蓝 5R 染色单板光照后变色度 $\Delta E^* ab$ 的变化

图 5-8 显示，随着光照时间的延长，弱酸深蓝 5R 染料染色单板的明度指数呈提高的趋势。明度变化与单板染色前是否漂白关系不大，与单板染色时染液浓度的高低有明显关系。在其他条件相同的情况下，单板染色时染液浓度的高低，决定了进入木材内部染料分子的多少，即高浓度时单板的得色率（或称染料的上染率）高，染色后单板的材色指数受基材材色的影响较小，在光照试验过程中，材色指数的变化主要反映的是染料分子在光化学反应过程中的褪变色程度；反之，低浓度染色时，单板的得色率低，材色指数受基材颜色影响大。

图 5-9 显示，弱酸深蓝 5R 染料染色单板的色品指数，在光照过程中基本呈相同的变化规律，即从蓝—红色相区域穿过无色彩区域（ab 轴的交点附近）变化到黄—绿色相区域，最终停止在黄—红色相区域。推测是由于弱酸深蓝 5R 染料分子发生光氧化还原反应，生成芳伯胺和含氮杂环化合物，使材色从带红光的蓝色向带红光的黄色转变。在整个光照过程中，高浓度染色单板从光照前的色度值高于（色相相同，距离无色彩区域远）低浓度染色单板，到光照结束时低于低浓度染色单板。

图 5-10 显示，弱酸深蓝 5R 染料染色单板经 110h 光照后变色非常明显（$\Delta E^* ab=31.88\sim43.13$）。在整个光照过程中单板的变色度，光照前期 0～20h 时段变化显著，其后变化趋缓；光照 70～110h 时段，高浓度染色单板仍缓慢增加，低浓度染色单板则呈持平或降低的趋势。

5.3.3　酸性大红 GR 染料的染色单板氙光照射试验

在温度 90℃、时间 3h、浓度 0.005％和 0.05％的染色条件下，染料酸性大红 GR 染色的素材和漂白单板氙光照射试验后材色测定结果和色差计算值见表 6，材色指数（$L^* a^* b^*$）分布状况见图 5-11，色差 $\Delta E^* ab$ 变化情况分别见图 5-12、图 5-13。在温度 90℃、时间 3h、浓度 0.005％和 0.05％的染色条件下染色单板经 110h 氙光照射明度指数 L^*、色品指数 a^*、b^* 和总色差 $\Delta E^* ab$ 的变化情况分别见图 5-14～图 5-16。

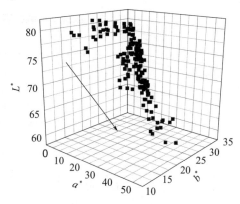

图 5-11　染料酸性大红 GR 染色单板光照后材色分布（箭头方向表示光照时间增大）

图 5-11 显示（参见附表 A-5），经氙光照射 110h 后 0.005％浓度的酸性大红 GR 染液在 5 个时间下染色素材单板明度 L^* 由 80 左右降到 77.5 左右，色品 a^* 在 2.08～15.32 以内逐渐减小，b^* 在 12.23～32.81 以内逐渐增大，染色漂白单板 L^* 在增大，但不明显，a^* 在 9.08～34.50 以内逐渐减小，b^* 在 13.68～32.21 以内逐渐增大。0.05％浓度的酸性大红 GR 染液染色素材单板明度 L^* 由 65 左右升到 75 左右，a^* 在 12.85～44.15 以内逐渐减小，b^* 在 18.86～30.09 以内逐渐增大，染色漂白单板 L^* 则从 60 左右升到 74 左右，a^* 在 14.08～47 以内逐渐减小，b^* 在 20.65～30.38 以内逐渐增大。整体 2 个浓度染液染色单板氙光衰减后材色由红向深黄转变。

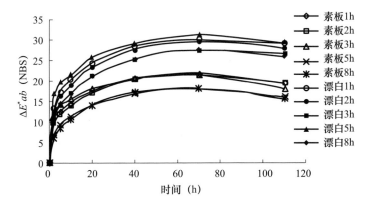

图 5-12 用浓度为 0.005％酸性大红 GR 染液染色单板光照后 $\Delta E^* ab$ 变化
注：素板－素材单板，下同；漂白－漂白单板，下同。

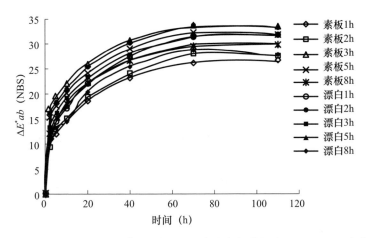

图 5-13 用浓度为 0.05％酸性大红 GR 染液染色单板光照后 $\Delta E^* ab$ 变化

从图 5-12 和图 5-13 可看出，酸性大红 GR 染料染色单板，经 110h 光照试验变色明显。所有单板呈现相同的色差变化规律，光照开始至 70h 时单板的变色度逐渐提高，光照 70h 至 110h 过程中变色度逐渐降低。光照初期单板的变色显著，随着光照时间的延长变色渐缓；所有高浓度染色单板最大变色度在 26.38～33.60 之间，大于低浓度染色单板的最大变色度在 18.23～31.16 之间；漂白单板染色单板的平均变色度为高浓度 30.76，低浓度 27.68，高于素材单板染色单板的平均变色度为高浓度 30.19，低浓度 17.75；染色时间与单板变色度之间无明显规律。

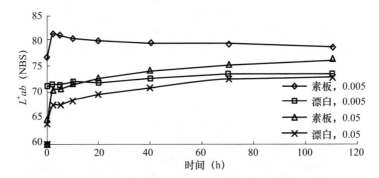

图 5-14　染料酸性大红 GR 染色单板光照后明度指数 L^* 变化

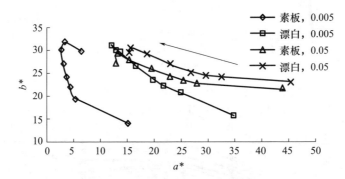

图 5-15　染料酸性大红 GR 染色单板光照后色品指数 a^*、b^* 变化
（箭头方向表示光照时间增大）

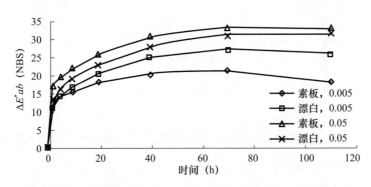

图 5-16　染料酸性大红 GR 染色单板光照后变色度 $\Delta E^* ab$ 变化

图 5-14 显示，酸性大红 GR 染料的高浓度染色单板，随着光照时间的延长明度呈提高趋势，素材染色单板的提高幅度大于漂白染色单板；低浓度染色单板的明度变化不同，在光照初期的 2h 内明度提高，其后漂白单板染色单板随着光照时间的延长明度值呈波动状缓慢提高趋势，素材单板染色单板随光照时间的延长呈逐渐降低趋势。这是由于酸性大红 GR 染料的上染率较低，低浓度染色时染色后单板的材色受基材材色的影响较大，同时素材单板染色前材色比漂白单板深，木材内的抽提物含量高于漂白单板，是单板在光照过程中明度降低的主要原因。

图 5-15 显示，酸性大红 GR 染料的染色单板在光照过程中，色品指数呈现 a^* 值降低、b^* 值增高的趋势，变化始终在红—黄色相区域内。光照初期（2h 内）a^* 值降低和低浓度染色单板 b^* 值提高的速率最高；低浓度染色单板的 b^* 值增加幅度大于高浓度染色单板的，高浓度染色单板的 a^* 值降低幅度大于低浓度染色单板的；染色后的素材和漂白单板在光照过程中变化规律相同，b^* 值差异较小，a^* 值差异较大，尤其是低浓度染色单板。

图 5-16 显示，酸性大红 GR 染料的染色单板，从光照开始至 70h 时变色度呈增加的趋势，70h 至 110h 变色度呈降低趋势，总体上看，经 110h 光照变色明显。高浓度染色单板的变色度高于低浓度染色单板，高浓度的素材染色单板变色度最高，低浓度的素材染色单板变色度最低。

5.3.4 活性艳蓝 KN-R 染料的染色单板氙光照射试验

在温度 90℃、时间 5h、浓度 0.005% 和 0.05% 的染色条件下，染料活性艳蓝 KN-R 染色的素材和漂白单板氙光照射试验后材色测定结果和色差计算值见附表 A-6，材色指数（$L^* a^* b^*$）分布状况见图 5-17，色差 $\Delta E^* ab$ 变化情况分别见图 5-18、图 5-19。在温度 90℃、时间 5h、浓度 0.005% 和 0.05% 的染色条件下染色单板经 110h 氙光照射明度指数 L^*、色品指数 a^*、b^* 和总色差 $\Delta E^* ab$ 的变化情况分别见图 5-20~图 5-22。

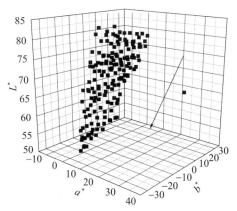

图 5-17 染料活性艳蓝 KN-R 染色单板光照后材色分布（箭头方向表示光照时间增大）

图 5-17 显示（参见附表 A-6），经氙光照射 110h 后 0.005％活性艳蓝 KN-R 染液在 5 个时间下染色素材单板明度 L^* 变化不明显，色品指数 a^* 在 -6.86～3.42 以内变化，b^* 在 -7.68～30.30 以内逐渐增大，染色漂白单板则 L^* 从 80 左右降到 70，a^* 在 -7.24～2.63 以内逐渐增大，b^* 在 -10.06～29.35 以内逐渐增大。0.05％活性艳蓝 KN-R 染液染色素材单板明度 L^* 由 51.50 左右升到 66.80 左右，a^* 在 -6.63～6.62 以内逐渐减小，b^* 在 -22.17～21.31 以内逐渐增大，染色漂白单板 L^* 变化不明显，a^* 减小，b^* 在 -25.67～22.92 以内逐渐增大。整体看，两个浓度染液染色单板氙光衰减后材色由浅蓝或蓝向深黄转变。

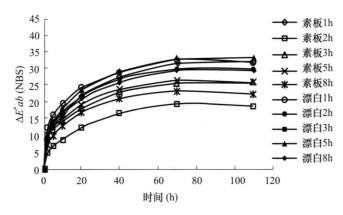

图 5-18　用浓度为 0.005％活性艳蓝 KN-R 染液染色单板光照后 $\Delta E^* ab$ 变化

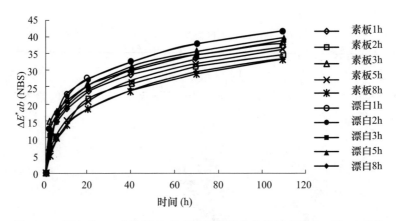

图 5-19　用浓度 0.05％活性艳蓝 KN-R 染液染色单板光照后 $\Delta E^* ab$ 变化

图 5-18 和图 5-19 显示，活性艳蓝 KN-R 染料染色单板，经 110h 光照试验变色明显。低浓度染色单板和高浓度染色单板色差 $\Delta E^* ab$ 变化规律不同，低浓度染色单板在光照的前 70h 内随光照时间的延长色差呈增加的趋势，光照后期 70～110h 时段，10 组单板中 4 组单板的色差增加、6 组单板的色差降低，即此时段为色差变化的临界段；高浓度染色单板的色差变化规律相同，从光照开始至结

束色差呈持续增加的趋势；高浓度染色单板的变色度均高于相应的低浓度染色单板；全部 20 组单板中，漂白单板染色单板的色差值均高于相同染色条件的素材单板染色单板。

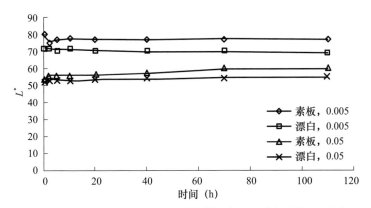

图 5-20　染料活性艳蓝 KN-R 染色单板光照后明度指数 L^* 变化

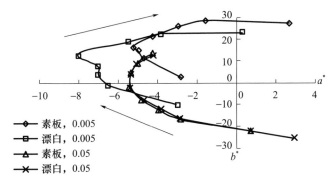

图 5-21　染料活性艳蓝 KN-R 染色单板光照后 a^*、b^* 变化（箭头方向表示光照时间增大）

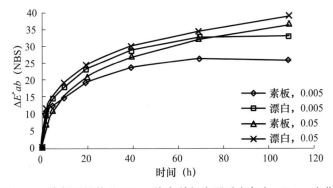

图 5-22　染料活性艳蓝 KN-R 染色单板光照后变色度 $\Delta E^* ab$ 变化

图 5-20 显示，活性艳蓝 KN-R 染料的低浓度染色单板，随着光照时间的延长呈现波动降低的趋势，但降低幅度很小，分别为 2.92 和 2.71；高浓度染色单板，随着光照时间的延长呈现波动升高的趋势，但升高幅度不大，分别为 6.11

和 2.80；素材单板和染色单板光照过程中的明度值高于漂白单板染色单板。

图 5-21 显示，活性艳蓝 KN-R 染料高浓度染色单板，在光照过程中色品指数 a^*、b^*，从光照前的蓝—红色相区域变化到蓝—绿色相区域，光照结束时停止在黄—绿色相区域，素材和漂白单板染色单板不仅变化规律相同且光照 2h 后 a^* 和 b^* 值差异很小；低浓度染色的素材和漂白单板，在光照过程中变化曲线形状相似，但偏移较大，漂白单板染色单板光照开始后从蓝—绿色相区域向黄—绿色相区域变化，最终停止在黄—红色相区域，素材单板染色单板光照的前 70h 一直在黄—绿色相区域内变化，至 110h 时到达黄—红色相区域。本组试验中的低浓度素材单板染色单板的 b^* 值（正值为黄色，负值为蓝色），从光照前直至光照结束的整个过程中均为正值，说明低浓度素材单板染色单板在光照试验过程中的色品指数变化受基材材色影响很大。

图 5-22 显示，活性艳蓝 KN-R 染料高浓度和低浓度染色单板，色差 $\Delta E^* ab$ 在光照过程中呈不同的变化规律，高浓度染色单板光照开始后色差一直呈增加的趋势，至 110h 光照结束时仍未见停止增加或降低的迹象；低浓度染色单板在光照的前 70h 时段内色差呈增加的趋势，70～110h 时段呈现色差停止增加或降低的趋势；素材单板染色单板的色差变化低于漂白单板染色单板的色差变化。

5.3.5　活性艳红 X-3B 染料染色单板的氙光照射试验

在温度 90℃、时间 5h、浓度 0.005% 和 0.05% 的染色条件下，染料活性艳红 X-3B 染色的素材和漂白单板氙光照射试验后材色测定结果和色差计算值见附表 A-6，材色指数（$L^* a^* b^*$）分布状况见图 5-23，色差 $\Delta E^* ab$ 变化情况分别见图 5-24、图 5-25。在温度 90℃、时间 5h、浓度 0.005% 和 0.05% 的染色条件下染色单板经 110h 氙光照射明度指数 L^*、色品指数 a^*、b^* 和总色差 $\Delta E^* ab$ 的变化情况分别见图 5-26～图 5-28。

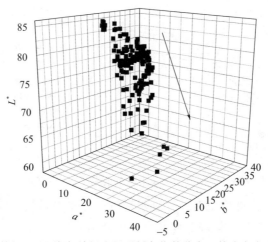

图 5-23　染料活性艳红 X-3B 染色单板光照后材色指数分布（箭头方向表示光照时间增大）

图 5-23 显示（参见附表 A-6），经氙光照射 110h 后 0.005％活性艳红 X-3B 染液在 5 个时间下染色素材单板明度 L^* 变化不明显，色品指数 a^* 在 14.31～2.44 以内逐渐减小，b^* 在 9.01～35.35 以内逐渐增大，染色漂白单板 L^* 在降低，a^* 在 0.64～16.88 以内逐渐减小，b^* 在 5.09～36.11 以内逐渐增大。0.05％活性艳红 X-3B 染液染色素材单板明度 L^* 由 59 左右升到 75 左右，a^* 在 8.40～39.84 以内逐渐减小，b^* 在 3.02～33.28 以内逐渐增大，染色漂白单板 L^* 则从 70 左右升到 78 左右，a^* 在 5.53～30.26 以内逐渐减小，b^* 在 0.17～33.78 以内逐渐增大。整体两个浓度染液染色单板氙光衰减后材色由红向深黄转变。

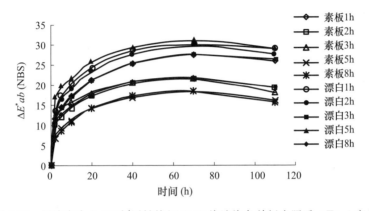

图 5-24　用浓度为 0.005％活性艳红 X-3B 染液染色单板光照后 $\Delta E^* ab$ 变化

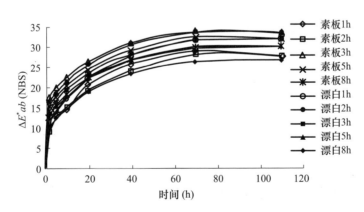

图 5-25　用浓度为 0.05％活性艳红 X-3B 染液染色单板光照后 $\Delta E^* ab$ 变化

图 5-24 和图 5-25 显示，活性艳红 X-3B 染料染色单板，经 110h 光照试验变色明显。所有单板的色差 $\Delta E^* ab$ 变化规律在光照的前 70h 内基本相同，随光照时间的延长色差呈增加的趋势；光照后期 70～110h 时段，低浓度染色单板呈色差降低的趋势，高浓度染色单板中漂白单板染色单板呈增加的趋势、素材单板染色单板呈降低的趋势。高浓度染色单板的变色度均高于相应的低浓度染色单板；

低浓度漂白后染色单板的色差值均高于相同染色条件的素材染色单板。

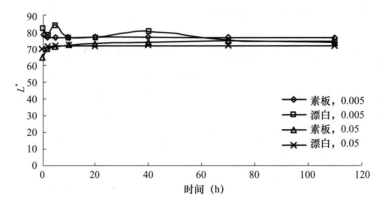

图 5-26　活性艳红 X-3B 染料染色单板光照后明度指数 L^* 变化

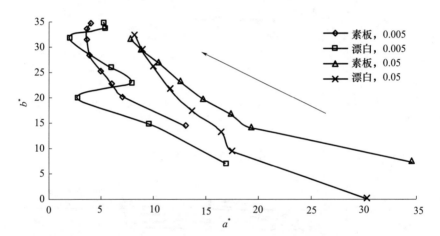

图 5-27　活性艳红 X-3B 染料染色单板光照后 a^*、b^* 变化（箭头方向表示光照时间增大）

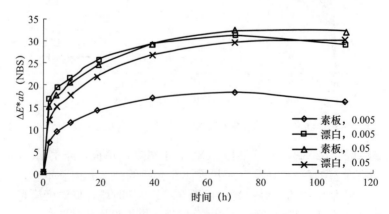

图 5-28　活性艳红 X-3B 染料染色单板光照后总色差 $\Delta E^* ab$ 变化

图 5-26 显示，活性艳红 X-3B 染料的低浓度染色单板，随着光照时间的延长，明度指数呈现波动降低的趋势，漂白单板染色单板的降低幅度 7.80 大于素材单板染色单板的 1.87；高浓度染色单板，随着光照时间的延长呈缓慢升高的趋势，素材单板染色单板的升高幅度 8.96 大于漂白单板染色单板的 2.10；低浓度染色单板的明度值大于高浓度染色单板的明度值。

图 5-27 显示，活性艳红 X-3B 染料染色单板，在光照过程中呈在红—黄色相区域内从右下向左上变化的趋势，即 a^* 值逐渐降低、b^* 值逐渐提高的趋势，材色从红—弱黄向黄—弱红变化。光照的前 2h 色品指数急剧变化，随光照时间的延长色度值变化逐渐减缓。色品指数变化幅度，高浓度染色单板大于低浓度染色单板，漂白单板染色单板大于素材单板染色单板。

图 5-28 显示，活性艳红 X-3B 染料染色单板，经 110h 光照试验后变色明显。在光照过程中总体呈相同的变化规律，在光照的前 70h 内变色度逐渐增加，70~110h 时段呈降低的趋势。低浓度漂白单板和素材单板染色单板的变色度比较，前者高于后者；高浓度漂白单板和素材单板染色单板的变色度比较，后者高于前者。

5.4 小 结

（1）木材单板和漂白、抽提、染色等处理后的单板经 100h 或 110h 氙光照射试验后变色明显或显著，原因是木材组分、木材内的抽提物和染料在光的作用下发生光化学反应使材色发生变化。

（2）在光照过程中，单位时间的变色度（$\Delta E^* ab/h$）规律为随着光照时间的增加呈递减的趋势，即光照初期的 $\Delta E^* ab/h$ 远大于光照中、后期。

（3）所有试材的色品指数 b^* 值，光照后大于光照前，即在光照过程中 b^* 值呈提高的趋势。

（4）染色单板光照的变色规律：不同染料染色单板变色方向不同；高浓度染色单板的变色度大于低浓度染色单板；漂白后染色单板的变色度大于素材直接染色单板；染色时间与变色度的关系不明显。

6 木材耐光色牢度评级方法的研究

6.1 木材耐光色牢度评级

耐光色牢度是指材料抵抗由日光或人造光源暴晒而引起其颜色特性发生改变的能力。耐光色牢度越高，材料抵抗变色的能力越强。

一般来说，对于直接用于室外，或作为产品的表面装饰材料，如塑料、涂料、装饰用木材、纺织品、印刷品，无论是考虑到暴晒条件，还是装饰材料自身的视觉要求，耐光色牢度都是一个不可忽视的因素。

目前，塑料、纺织品、印刷品和涂料行业，均有相关的耐光色牢度试验方法标准。其中，纺织行业中的标准体系，不仅有详细的耐光色牢度试验方法，还有具体的评级方法，即蓝色羊毛标样耐光色牢度评级体系，最初用于染料的耐光色牢度评级方法，现在已延伸应用到各种材料领域。

在木材行业，目前尚无相关标准对其耐光色牢度进行评级。实际上，木质产品表面的耐光色牢度，一定程度上可影响家具、地板等产品的整体价值。同时，随着近几年木建筑房屋和景观木材等应用范围的扩大，对木材产品的耐光色牢度有了新的要求。因此，对木材及其制品的耐光色牢度进行测评愈加重要。

作者借鉴纺织品耐人造光色牢度标准，对18种市场上地板和家具常用的木材进行了耐光色牢度评级，同时，分析在此种评级方法中存在的问题，并提出可行的改进建议，旨在为建立木材耐光色牢度的评级方法标准提供参考。

6.2 材料与试验方法

6.2.1 试验材料

1. 材料

（1）18种地板和家具常用材，由国家人造板与木竹制品质量检验中心提供，材种自然干燥至含水率18%，锯切成规格110mm×20mm×2mm（纵向×

径向×弦向）的试件，见表 6-1。

表 6-1　18 种树种名称及其拉丁名

树种中文名	拉丁名
水曲柳	Fraxinus mandshurica
圆盘豆	Cylicodiscus gabunensis
筒状非洲楝	Entandrophragma cylindricum
古夷苏木	Guibourtia copallifera
双雄苏木	Amphimas pterocarpoides
紫心苏木	Peltogyne lecointei
阿摩楝	Amoora rohituka
金丝橡木	Quercus falcata
柚木	Tectona grandis
印度紫檀	Dalbergia latifolia
金檀	Apuleia leiocapa
桤木	Alnus cordata
亚花梨	Pterocarpus indicas
番龙眼	Pometia pinnata
槭木	Acer rubrum
胶木	Palaquium gutta
杨木	Populus ussuriensis
桦木	Betula platyphylla

（2）蓝色羊毛标样，欧洲研制和生产，符合《纺织品　色牢度试验　蓝色羊毛标样（1～7）级的品质控制》GB/T 730—2008 要求，尺寸均为 40mm×10mm，编号 1～8，耐光色牢度从 1 到 8 依次升高，且相邻 2 个标号中，后者的耐光色牢度较前者约高一倍。此材料购于纺织工业标准化研究所。

（3）灰色样卡，评定变色用，由 9 对灰色卡片组成。根据观感色差分为 5 个整级色牢度档次和 4 个半级档次，共 9 档，见表 6-2。

灰色样卡符合国际标准 ISO 105-A02 1993，美国标准 AATCCEP/1—2020，国家标准 GB/T 250—2008。

表 6-2　灰色样卡各级对应的色差值

牢度等级	CIELAB 色差	容差
5	0	0.2
(4~5)	0.8	±0.2
4	1.7	±0.3
(3~4)	2.5	±0.35
3	3.4	±0.4
(2~3)	4.8	±0.5
2	6.8	±0.6
(1~2)	9.6	±0.7
1	13.6	±1.0

注：括号里的数值仅适用于九档灰色样卡。

（4）不透光窄条，采用锡箔纸制成，尺寸 60mm×20mm。

2. 试验设备

X25F 氙光衰减仪（日本），CM2500/2600 分光光度计，测色仪。

6.2.2　试验方法

参照《纺织品　色牢度试验　耐人造光色牢度：氙弧》GB/T 8427—2019 中的方法 2 进行试验。

（1）本方法适用于大量试样同时测试。特点是通过检查蓝色羊毛标样来控制暴晒周期，只需要一套蓝色羊毛标样对一批具有不同耐光色牢度的试样试验，从而节省蓝色羊毛标样的用量。本方法特别适合染料行业。

本方法中需要遮盖物遮盖试样和蓝色羊毛标样约四分之一、二分之一和四分之三的部分。

（2）按规定排列试样和蓝色羊毛标样，根据需要可使用多个白纸卡。如图 6-1 所示，用遮盖物 ABCD 遮盖试样和蓝色羊毛标样最左边的四分之一的部分。

（3）将装好的试验卡放入试验仓，使其在表 6-2 中选定的条件下暴晒。

（4）不时提起遮盖物（5.2.4）ABCD 检查蓝色羊毛标的暴晒效果。当蓝色羊毛标样 2 的变色达到灰色样卡（5.2.9）3 级（或蓝色羊毛标样 L2 的变色达到灰色样卡 4 级）时，对照在蓝色羊毛标样 12，3 或 L2 上所呈现的变色情况，评定试样的耐光色牢度。这是耐光色牢度的初评，在此阶段注意光致变色的可能性参考《纺织品　色牢度试验　光致变色的检验和评定》GB/T 8431—1998。

（5）将遮盖物（5.2.4）ABCD 重新准确地放在原先位置，继续暴晒，直到蓝色羊毛标样 4 或 L3 的变色达到灰色样卡（5.2.9）4 级时（第一阶段）。

这时再按图 6-1 所示用另外一个遮盖物 AEFD 遮盖试样和蓝色羊毛标样。

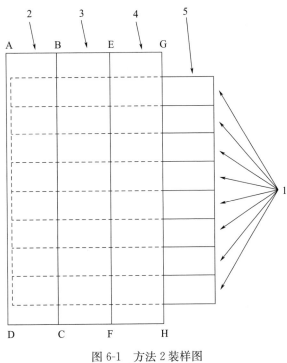

图 6-1　方法 2 装样图

注：1—蓝色毛标样 1～8 或 L2～L9 和/或试样；2—未暴晒；3—第一阶段；4—第二阶段；5—第三阶段。

宜用新遮盖物 AEFD 替换遮盖物 ABCD，以避免漏光产生不良影响。如果增加遮盖物 BEFC，该遮盖物宜足够大并与原有遮盖物重叠，使 BC 边缘上没有漏光。

（6）继续暴晒，直到蓝色羊毛标样 6 或 L5 的暴晒部分 EGHF 与未暴晒部分 ABCD 的色差等于灰色样卡（5.2.9）4 级（第二阶段）。用另外一个遮盖物 AGHD 遮盖试样和蓝色羊毛标样（图 6-1）宜用新遮盖物 AGHD 替换遮盖物 AEFD，以避免光产生不良影响。如果增加遮盖物 EGHF，该遮盖物宜足够大并与原有遮盖物重叠，使 EF 边缘上没有漏光。

（7）继续暴晒，直到下列任意一种情况出现为止（第三阶段）：a 蓝色羊毛标样 7 或 L7 的暴晒与未暴晒部分的色差等于灰色样卡（5.2.9）4 级；最耐光试样暴晒与未暴晒部分的色差等于灰色样卡（5.2.9）3 级；对于白色纺织品（漂白或荧光增白），最耐光试样的暴晒与未暴晒部分的色差等于灰色样卡 c）（5.2.9）4 级。

注：（2）和（3）有可能在 5 或 6 之前发生，这时已达到暴晒终点。

（8）方法 2 改进。

由于木材表面纹理复杂，很难通过目测准确判断出木材试样色差与蓝色羊毛标样哪一级别相近。因此对方法 2 作如下改进。

89

①暴晒时，使用测色仪测量木材表面色差，取代标准中采用与灰卡目测对比获得色差等级的方法，但蓝色羊毛标样暴晒前后，仍使用与灰卡目测对比的方式得出色差等级。

②评级时，不采用暴晒试样和蓝色羊毛标样对比的方式评级，每个暴晒阶段，均用仪器测量的色差值与灰卡的等级进行对比。

用仪器测量取代目测的方法，已在塑料等行业相关标准中实行。

1. 试样准备

首先，对暴晒前的18种试材进行测色，选用分光光度计中的 Lab 模式，选择8mm的测量孔径，在各试材上，分别取4个点进行明度值（L）、彩度值（a、b）和色差（ΔE）的测量与计算，如图6-2所示。

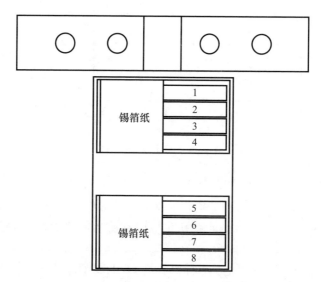

图 6-2　测色点选取与标样的摆放

将18种试样与蓝色羊毛标样，分别固定在氙光衰减仪的固定夹上，同时，用不透光锡箔纸遮盖在蓝色羊毛标样上。设定辐射光源辐照度为 42W/m²（波长在 300～400nm），相对湿度设为58％，黑板温度（BPT）65℃。

2. 试验过程

（1）不时取下蓝色羊毛标样，掀起锡箔纸，检测蓝色羊毛标样的光照效果。当蓝色羊毛标样2的变色程度达到灰卡3级时，记录此时的暴晒时间和辐照量，测出并计算18种试样的 L、a、b 和 ΔE 值（第1次检测）。

（2）继续暴晒，至羊毛标样4的颜色与灰色样卡4级相同时，记录暴晒时间和辐照量，检测18种试样的 L、a、b、ΔE 值（第2次检测）。

（3）暴晒至羊毛标样6达到灰色样卡4级，记录暴晒时间和辐照量，测量18种试材的 L、a、b 和 ΔE 值（第3次检测）。

（4）蓝色羊毛标样 7 的变色等于灰色样卡 4 级时，或最耐光的试样产生的色差达到（3.4＋0.4）范围内时，试验终止。

暴晒的第 1h 内，每隔 10min 检测 1 次；第 2h 内，每隔 20min 检测 1 次，之后每隔 1h 检测 1 次。整个暴晒时间持续 32h。

6.3　结果与讨论

6.3.1　检测结果

暴晒过程中，18 种试样在 3 次检测时的色差变化情况，列于表 6-3。

表 6-3　暴晒过程中 18 种试样的色差变化

试样树种	ΔE 值检测		
	第 1 次	第 2 次	第 3 次
水曲柳	3.47	4.24	6.00
圆盘豆	2.02	3.60	4.25
简状非洲楝	5.16	9.00	9.75
古夷苏木	2.48	4.11	3.73
双雄苏木	3.10	2.17	3.50
紫心苏木	9.19	7.77	4.71
印度紫檀	2.56	3.70	8.03
金檀	3.30	4.98	4.96
恺木	2.71	6.55	9.84
亚花梨	2.18	3.57	3.18
番龙眼	5.80	7.48	7.33
槭木	2.42	3.90	4.23
阿摩楝	4.72	6.34	6.33
金丝橡木	1.41	3.76	7.79
柚木	2.82	1.53	3.55
胶木	3.44	4.84	5.15
杨木	3.19	6.09	10.50
桦木	2.52	3.99	11.40

6.3.2 分析与评级

（1）在蓝色羊毛标样 2 达到灰色样卡 3 级时（2h），色差 ΔE 在 3.0～3.8 之间。在第 1 次检测时，ΔE 在 3.0～3.8 之间的木材试样，被评为 2 级；$\Delta E > 3.8$ 的试样，表明其耐光色牢度＜蓝色羊毛标样 2 级，即被评为 1 级；$\Delta E < 3.0$ 的试样，暂评为 3 级以上。

（2）蓝色羊毛标样 4 变色至灰色样卡 4 级时（8h），在第 1 次检测中暂被评为 3 级以上的试样，以及第 2 次检测时的 ΔE 在 1.4～2.0 之间，被评为 4 级；若试样 $\Delta E > 2.0$，说明试样耐光色牢度＜羊毛标样 4 级，被评为 3 级；$\Delta E < 1.4$，暂被评为 5 级以上。

（3）在蓝色羊毛标样 6 到达灰色样卡 4 级时（32h），暂评为 5 级以上的试样，和第 3 次检测的 ΔE 介于 1.4～2.0 之间的试样，则被评为 6 级；若试样 $\Delta E > 2.0$，被评为 5 级；若 $\Delta E < 1.4$，则被评为 7 级以上。

18 种树种评级结果如表 6-4 所示。

表 6-4   18 种试样的耐光色牢度等级

1 级	2 级	3 级	4 级
筒状非洲棟	水曲柳	圆盘豆	
	双雄苏木	古夷苏木	
紫心苏木		印度紫檀	
	金檀	恺木	柚木
番龙眼		亚花梨	
	胶木	槭木	
阿摩棟	杨木	金丝橡木	
		桦木	

在实际评级过程中，当羊毛标样 4 到达灰色样卡 4 级时，柚木的 ΔE 为 1.53，介于 1.4～2.0 之间，等于灰色样卡 4 级，说明柚木试样最耐光（色差变化最小），耐光色牢度与蓝色羊毛标样 4 级相同，即被评为 4 级。从评级结果也可看出，本试验中的 18 个木材试样的耐光色牢度最高等级为 4 级。

蓝色羊毛中的发色团包括 C=C、S=O、C=N、N=N 等，木材中的主要发色基团存在于木质素和抽提物中，为共轭碳碳双键、共轭羰基、苯醌等结构。虽然两种材料的发色团不同，但皆随光源辐照量的增加而发生色差变化。

因此，通过蓝色羊毛标样来控制暴晒时间，可以形成光辐照量梯度，进而考察每种木材试样在不同辐照量下的色差变化。

6.4 小 结

（1）通过色差仪对 18 种地板和家具装饰常用材的耐光色牢度进行评级。其中，4 种木材耐光色牢度为 1 级，5 种为 2 级，8 种试材达到 3 级，仅有柚木达到 4 级。

（2）在借鉴纺织品色牢度评价方法的基础上，本研究提出的评级方法，木材耐光色牢度的检测结果准确度提高，更适用于木制品的生产。

（3）在今后的研究中，建议采用更精确的方法，控制试件的暴晒周期。

7　漆酶活化木纤维表面木质素制备
酶法纤维板的研究

7.1　漆酶活化木纤维表面木质素制备酶法纤维板

漆酶（EC 1.10.3.2）是一种氧化还原酶。在氧气存在的条件下，漆酶能催化酚羟基进行单电子氧化反应，产物为酚氧自由基和水。漆酶能催化许多有机化合物和少数无机离子进行反应。能用作漆酶底物的有机物有邻二元酚、对二元酚、多酚、木素、氨基苯酚、多胺、芳基二胺等。

人造板的生产过程中会加入对人体有害且污染环境的胶黏剂（通常包括脲醛树脂胶、酚醛树脂胶等），开发不含有毒胶黏剂的人造板一直是研究的热点。漆酶通过自由基反应使木素合成和降解，在自然界的木素合成及降解过程中起着重要的作用。漆酶能够活化木纤维表面的木素使木纤维相互胶合，朱家琪等在一定的热压工艺和处理条件下，得到了密度为 $1.16g/cm^3$，内结合强度为 1.54MPa 的纤维板。A. Kharazipour 等报道，在压制普通中密度纤维板的热压条件下，经漆酶处理的木纤维压制成的纤维板符合德国的中密度纤维板国家标准。Yamaguchi 等人通过漆酶处理香草酸、儿茶酚、含羞草单宁、单宁酸等酚类化合物发生脱氢聚合反应并沉积于热磨机械浆木纤维表面，从而使木纤维制造纸板的强度大大提高，原因是木纤维间可接触的胶合面积扩大、漆酶催化作用降解活化了木质素的三维网状结构。Kharazipour 等人应用漆酶 25℃处理木纤维 2 至 7 天，采用湿法或干法工艺制造无胶黏剂添加的无胶纤维板，漆酶处理纤维所压制板材的物理力学强度指标显著高于对照纤维板，并获得了漆酶胶合体系生产纤维板的美国专利。Kharazipour 等人报道，诺维信公司提供的彩绒革盖菌产漆酶处理后的欧洲水青冈与云杉及松木混合木纤维，在普通纤维板热压条件下压制所得中密度纤维板达到德国中密度纤维板国家标准。Felby 等人采用诺维信提供 Myceliophtera thermophila 菌株所产漆酶氧化欧洲水青冈木材纤维进行酶法纤维板干法热压工艺中试生产，所得板材物理力学性能指标与脲醛胶纤维板类似，唯独尺寸稳定性略差。向漆酶纤维板中添加石蜡以提高板材尺寸稳定性，但由于石蜡与酶活化处理发生冲突，削弱了板材的力学性能指标。

周冠武硕士研究生期间所在的研究小组也开展了漆酶酶液活化处理木材纤维

表面木质素制造纤维板的研究，分析了反应体系 pH 值、处理温度、酶用量、处理时间及树种等因子对漆酶活化木材产生胶合力的作用，并对酶法制备纤维板的湿法工艺进行了初步探讨；曹永建与同事采用漆酶活化木纤维后的湿法工艺制造酶法纤维板，板材强度指标符合当时的国家标准《中密度纤维板》GB/T 11718—1999，但板材吸水厚度膨胀率未达标。周冠武在开始博士阶段研究前已经做了一定的前期研究工作，尤其是针对木质素漆酶活化的反应机理和湿法工艺制造酶法纤维板，由于湿法工艺所占比例很小，绝大多数企业应用干法生产工艺，所以周冠武在硕士研究生期间所做研究的基础上，进一步探讨干法生产工艺，以期对实际生产提供理论指导，本章研究是周冠武在硕士研究阶段木材漆酶活化自由基反应影响因素及压制酶法纤维板工作的进一步深化。

本章在研究杨树木材木质素含量建模预测和定性评价的基础上，分别从漆酶施用量、热压过程中板坯芯层温度等方面深入探究干法工艺制备酶法纤维板的热压工艺曲线参数，比较不同密度板材的理化性能，考察纤维板密度对酶法纤维板胶合性能的影响，尝试采用铜离子作为漆酶激活剂考察铜离子对漆酶纤维板结合强度的影响，为后期的漆酶活化木纤维生产纤维板的工作提供理论依据，进一步加速这项技术的工业化进程。

7.2 材料与方法

7.2.1 干法工艺酶法纤维板热压曲线确定及其制备的材料与方法

思茅松木纤维为云南景谷林业股份有限公司提供，磨浆方法为热磨机械法，用于本试验的纤维含水率约为 9%，毛白杨、杉木、枫香木纤维磨浆方法为热磨机械法，用于本试验的纤维含水率约为 9%。漆酶酶液自诺维信（中国）生物技术有限公司购买。测定漆酶活性时使用的底物为丁香醛连氮的乙醇溶液。一个酶活单位（U）指一定反应条件下每分钟催化 $1\mu mol$ 丁香醛连氮转化为产物所需要的酶量。所用仪器为 HITACHI U-2010 紫外可见分光光度计，测定波长为 525nm，测定温度为 30℃，反应体系 pH 值为 5，乙醇占总反应体系的 10%（v/v），比色杯光程为 1cm。测得本试验所用漆酶酶液的比活性为 1.97U/mL。磷酸氢二钠、柠檬酸等试剂均为国产分析纯。新协力万能试验压机，型号：BY602×2/2 150T；加热方式：电加热；压板幅面尺寸：500mm×500mm；数字温度计：K 型热偶探头。参照湿法中密度纤维板热压曲线，应用热电偶检测板坯芯层温度，确定湿法漆酶纤维板的热压工艺参数。

漆酶酶液与配制好的磷酸氢二钠-柠檬酸缓冲液（pH4）混合，本试验漆酶用量为 0.93U/g 绝干木纤维，称取杨树木纤维 220g，含水率约 9%，然后用电动拌胶机将漆酶-木纤维充分搅拌混匀，漆酶液施用量为 2.5%（w/w）。烘箱中恒温处理 150min，处理温度 50℃。将处理完成的漆酶-木纤维混合物倒入成型框中，手工压成 150mm×150mm 的板坯。板坯经冷压机预压成型，然后经热压机热压成板。采用 9mm 厚度规，热压时间 4.5min，热压压力 4MPa，热压温度 190℃。参考前人干法中密度纤维板热压工艺，并进行适当调整，采用干法纤维板二段热压工艺，成品纤维板预期厚度 8mm。按当时的国家标准《人造板及饰面人造板理化性能试验方法》GB/T 17657—1999 测定漆酶纤维板内结合强度，评价漆酶活化木纤维的胶合性能。漆酶活化木纤维制备酶法纤维板试验共进行了三种不同的处理：对照——不加漆酶处理，以自来水代替酶液；漆酶用量为 0.93U/g 绝干木纤维和漆酶用量为 5.58U/g 绝干木纤维，每个处理重复 5 次。将试验结果进行方差分析，$P < 0.05$ 为差异显著。使用的统计软件为 OriginPro 8.0。

7.2.2 干法工艺酶法纤维板密度与其内结合强度的关系的材料与方法

毛白杨木纤维磨浆方法为热磨机械法，用于本试验的纤维含水率约为 9%。漆酶酶液自诺维信（中国）生物技术有限公司（以下简称"诺维信公司"）购买。测定漆酶活性时使用的底物为丁香醛连氮的乙醇溶液。一个酶活单位（U）指一定反应条件下每分钟催化 1μmol 丁香醛连氮转化为产物所需要的酶量。所用仪器为 HITACHI U-2010 紫外可见分光光度计，测定波长为 525nm，测定温度为 30℃，反应体系 pH 值为 5，乙醇占总反应体系的 10%（v/v），比色杯光程为 1cm。测得本试验所用漆酶酶液的比活性为 1.97U/mL。磷酸氢二钠、柠檬酸等试剂均为国产分析纯。新协力万能试验压机，型号，BY602×2/2 150T；加热方式，电加热；压板幅面尺寸，500mm×500mm。

漆酶酶液与配制好的磷酸氢二钠-柠檬酸缓冲液（pH4）混合，本试验漆酶用量为 0.93U/g 绝干木纤维，称取杨树木纤维 220g，含水率约 9%，然后用电动拌胶机将漆酶-木纤维充分搅拌混匀，漆酶液施用量为 2.5%（w/w）。烘箱中恒温处理 150min，处理温度 50℃。将处理完成的漆酶-木纤维混合物倒入成型框中，手工压成 150mm×150mm 的板坯。板坯经冷压机预压成型，然后经热压机热压成板。采用 9mm 厚度规，热压时间 4.5min，热压压力 4MPa，热压温度 190℃。参考前人干法中密度纤维板热压工艺，并进行适当调整，采用干法纤维板二段热压工艺，成品纤维板预期厚度 8mm。按当时的国家标准《人造板及饰面人造板理化性能试验方法》GB/T 17657—2022 测定漆酶纤维板内结合强度，评价漆酶活化木纤维的胶合性能。不同密度酶法纤维板的内结合强度试验的试验因子为纤维板密度，共有 5 个水平（0.76g/cm³、0.81g/cm³、0.83g/cm³、0.87g/cm³、0.93g/cm³），每个处理重复 5 次。将试验结果进行方差分析，$P < 0.05$ 为差异显著。使用的统计软件为 OriginPro 8.0。

7.2.3 铜离子激活剂与乙二胺四乙酸对干法工艺酶法纤维板强度的影响的材料与方法

毛白杨木纤维磨浆方法为热磨机械法，用于本试验的纤维含水率约为9%。漆酶酶液自诺维信中国有限公司购买。测定漆酶活性时使用的底物为丁香醛连氮的乙醇溶液。一个酶活单位（U）指一定反应条件下每分钟催化1μmol丁香醛连氮转化为产物所需要的酶量。所用仪器为HITACHI U-2010紫外可见分光光度计，测定波长为525nm，测定温度为30℃，反应体系pH值为5，乙醇占总反应体系的10%（v/v），比色杯光程为1cm。测得本试验所用漆酶酶液的比活性为1.97U/mL。酶激活剂硫酸铜、金属离子螯合剂乙二胺四乙酸、磷酸氢二钠、柠檬酸等试剂均为国产分析纯。新协力万能试验压机，型号：BY602×2/2 150T；加热方式，电加热；压板幅面尺寸，500mm×500mm。

漆酶酶液与配制好的磷酸氢二钠-柠檬酸缓冲液（pH4）、一定量的硫酸铜（铜离子的终浓度为5mmol/L）或金属离子螯合剂乙二胺四乙酸（终浓度为1.25mmol/L）混合，本试验漆酶用量为0.93U/g绝干木纤维，称取杨树木纤维220g，含水率约9%，然后用电动拌胶机将漆酶-木纤维充分搅拌混匀，漆酶液施用量为2.5%（w/w）。烘箱中恒温处理150min，处理温度50℃。将处理完成的漆酶-木纤维混合物倒入成型框中，手工压成150mm×150mm的板坯。板坯经冷压机预压成型，然后经热压机热压成板。采用9mm厚度规，热压时间4.5min，热压压力4MPa，热压温度190℃。参考前人干法中密度纤维板热压工艺，并进行适当调整，采用干法纤维板二段热压工艺，成品纤维板预期厚度8mm。按《人造板及饰面人造板理化性能试验方法》GB/T 17657—2022测定漆酶纤维板内结合强度，评价漆酶活化木纤维的胶合性能。铜离子与乙二胺四乙酸对漆酶纤维板内结合强度影响试验中共有4个处理（对照、加入一定量漆酶、加入一定量漆酶和铜离子、加入一定量漆酶和金属离子螯合剂乙二胺四乙酸），每个处理重复3次。将试验结果进行方差分析，$P<0.05$为差异显著。使用的统计软件为OriginPro 8.0。

7.3 结果与讨论

7.3.1 干法工艺酶法纤维板热压曲线确定及其制备

热压是纤维板生产中最重要、最复杂的工序，对产品的质量和产量起着重要的作用。影响热压过程的因素很多，其中最核心的是热压温度、热压压力和热压时间。热压压力的主要作用是抵消纤维板坯的反弹作用力，排空板坯中多余的空气，提高纤维间的接触面积、扩大木纤维间的交织程度，达到成品厚度和密度的相关标准。在干法工艺纤维板的实际热压过程中，由于板坯最初含水率、成品板坯厚度、幅面大小的差异，所应采用的热压曲线也存在很大差异。通常在板坯含水率较大时，应采用二段以上的热压曲线。本试验压制的酶法纤维板由于不使用胶黏剂，所以热压工艺与脲醛胶或酚醛胶纤维板不同；又因为用厚度规控制纤维板密度，热压曲线与高密度纤维板也不同。高密度纤维板由于不使用厚度规，板材密度一般为 1g/cm³。朱家琪等人采用厚板热压曲线，成品酶法胶合纤维板密度均在 1g/cm³ 以上，不适用于本试验压制的较低密度酶法纤维板。国外学者关于酶法纤维板生产的文献均未指明具体热压曲线，参考前人干法中密度纤维板热压曲线，确定压制酶法纤维板的具体热压工艺参数，成品酶法纤维板预期厚度 8mm。

压机达到最大压力所用时间的控制是提高湿法漆酶纤维板芯层密度的关键，在热压工艺摸索预试验中，压机达到最大压力所用时间为 1min，压制的酶法纤维板表层密度大、芯层为低密度松软层，内结强度很低。最大压力保持时间的长短是影响热压成败的关键，这一阶段主要任务是用热能除去板坯内的水分，使其以蒸汽的形态排出，本研究中采用热电偶测试芯层温度变化的间接方法来确定（图 7-1）。低压塑化段目的是使纤维间的距离缩小，形成氢键结合，使熔融木素及其他结壳物质在纤维间的界面消失，重新熔化、流展形成胶合力，还伴有板坯内各种组分的其他化学反应。此阶段要保证板坯芯层温度达到木素的玻璃态转化点（约 160℃）以上，并保持一段时间，本研究中通过热电偶测试芯层温度（图 7-1）。

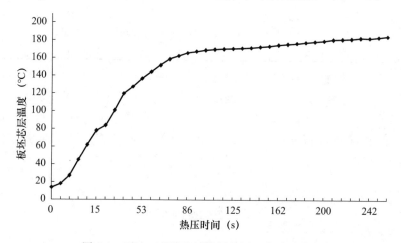

图 7-1　干法工艺漆酶纤维板芯层温度波动曲线

通过热电偶测温试验确定的热压曲线见图 7-2，具体热压工艺参数为：最大压力保持段压力 5MPa，时间 1.5min；低压塑化段压力 3.5MPa，时间 3min。采用此热压工艺压制的干法两面光漆酶纤维板表面无预固化层，板面光滑、无粘痕，但此实验室热压工艺并不一定是最佳工艺，实际生产中还有可能进一步优化。

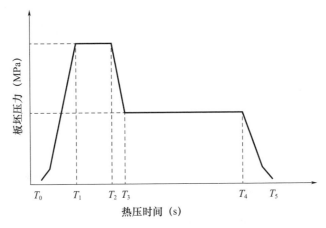

图 7-2　干法漆酶纤维板热压工艺曲线

以所得干法纤维板的内结合强度为响应指标，衡量漆酶活化杨树木纤维对木材自胶合的效果，首先考察了漆酶处理是否能提高木纤维的自身胶合能力，研究结果见表 7-1。对照以自来水代替酶液外，其余处理与酶法纤维板没有差别。漆酶活化木纤维压制纤维板的内结合强度是对照板的两倍多。酶用量提高后，纤维板的内结合强度也有显著增大，由表 7-2 可知，方差分析表明，漆酶处理显著提高了杨树人工林木材纤维板的内结合强度，进一步使用 Tukey 检验对酶处理纤维板和对照纤维板的内结合强度进行多重比较（表 7-1），结果表明在 0.05 显著性水平下，对照与两种漆酶处理间的差异均显著。酶用量为 5.58U/g 绝干木纤维时，纤维板的内结合强度最高，酶用量为 0.93U/g 绝干木纤维时，纤维板的内结合强度略低，对照纤维板内结合强度最低。

表 7-1　漆酶处理及对照干法工艺纤维板的内结合强度

不同处理	密度（g/cm³）	内结合强度（MPa）
对照（自来水代替漆酶酶液）	0.93±0.02	0.19±0.04 A
酶用量（0.93U/g 绝干木纤维）	0.93±0.04	0.39±0.03 B
酶用量（5.58U/g 绝干木纤维）	0.93±0.05	0.53±0.06 C

注：每个处理重复 5 次，数据表示为（$\bar{x}\pm s$），使用 Tukey 检验进行多重比较，当两个水平差异显著（$\alpha=0.05$）时，在两者的均值后标以不同字母（如 A、B、C）。

表 7-2　漆酶处理对 8mm 干法纤维板内结合强度影响的方差分析表

变异来源	自由度	离差平方和	均方平方和	F 值	显著性	临界值
处理间	2	0.248	0.124	39.674	*	F_α (0.05，2.24)＝3.62
随机误差	12	0.035	0.002	—	—	—
总计	14	0.276	—	—	—	—

注：* 表示 0.05 水平下差异显著。

从图 7-3 中可以看出，在相同的酶用量（漆酶用量为 0.93U/g 绝干木纤维）和热压条件下，酶法胶合纤维板的内结合强度随着木纤维树种的不同而呈现出一定的差异，且针叶树树种木纤维所得板材的内结合强度略高于阔叶材。从图 7-3 中还可以看到，在本试验条件下，所用四种树种木纤维所得酶法纤维板的最小内结合强度为枫香木材，均值为 0.52MPa，而思茅松木材酶法纤维板的内结合强度最大，平均值为 0.56MPa。考虑到木质素为漆酶活化木材产生胶合作用的底物，不同树种板材内结合强度的差异可能是由于木质素组成基团的差异，比如针叶树木材含愈疮木基丙烷单元较多，而阔叶树材主要为紫丁香基丙烷单元，这两种结构单元可能对漆酶的反应活性有差异，有待进一步的试验验证。由于杨树人工林木材来源丰富，成本较低，而且树中间差异对纤维板内结合强度的影响统计上并不显著，因此后续试验以毛白杨木纤维为主要原料。

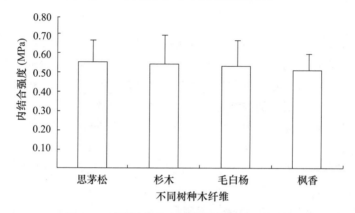

图 7-3   不同树种酶法纤维板内结合强度比较

7.3.2   干法工艺酶法纤维板密度与其内结合强度的关系

中密度纤维板的密度范围为 0.45～0.88g/cm³，具有很多优点，如密度低、强度高、加工性能优良，因此在国内外市场很受消费者和家具生产厂家欢迎。我们进行了酶法中密度纤维板的实验室压制尝试，图 7-4 表明，以人工林杨树木纤维制造干法工艺漆酶纤维板，漆酶用量为 0.93U/g 绝干木纤维时，酶法纤维板的内结合强度随纤维板密度的提高而增加，纤维板密度是纤维板的主要指标之一，影响纤维板的物理力学强度，纤维板密度低于 0.9g/cm³ 时，酶法纤维板的内结合强度很低，最高只有 0.17MPa。可能原因之一是板材芯层纤维空隙大，测试内结合强度时，试件分裂也几乎全部发生在芯层。前人文献也报道无胶湿法中密度纤维板的内结合强度只有 0.16MPa，且很难提高，并在扫描电子显微镜下观察了板材横断面的纤维交织状况，发现板材表层纤维结合致密，芯层纤维间交织松散、具较大空隙，因此板材芯层密度低，是导致中密度酶法纤维板内结合强度低的主要原因。朱家琪等人发现纤维板密度低时酶法纤维板内结合强度很低，纤维板密度提高后，酶法纤维板内结合强度增大到 1.54MPa，认为经酶活化纤维的胶合要求纤维间的距离足够小。

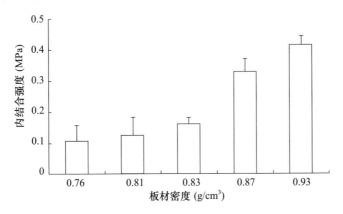

图 7-4　板材密度对酶法纤维板力学强度的影响

7.3.3　铜离子激活剂与乙二胺四乙酸对干法工艺酶法纤维板强度的影响

　　乙二胺四乙酸属于常用金属离子螯合剂的一种，与很多金属离子形成配合物，能螯合有害的重金属离子，提高酶的活性。漆酶属于含 4 个紧密结合铜离子的多铜氧化酶一类，铜离子以配体的形式结合，铜离子是本试验所用漆酶的激活剂之一。我们希望在保证漆酶纤维板内结合强度和尺寸稳定性的前提下，适量加入铜离子，可降低漆酶用量、节约生产成本，从而加速漆酶活化木纤维生产纤维板技术的产业化过程。试验结果表明，添加乙二胺四乙酸（终浓度为 1.25mmol/L）对酶法纤维板的力学性能没有显著提高，将一定量的硫酸铜加入漆酶-木纤维反应体系中，干法工艺压制漆酶纤维板的内结合强度比仅经过漆酶活化的木纤维制成的纤维板强度有显著提高（表 7-3）。由表 7-3 可知，方差分析表明，铜离子的加入显著提高了漆酶纤维板的内结合强度。进一步使用 Tukey 检验对加入铜离子的酶处理纤维板、酶处理纤维板和对照纤维板的内结合强度进行多重比较（表 7-4），可以发现：在 0.05 显著性水平下，三种处理间的差异均在统计上显著，加入铜离子（终浓度 5mmol/L）时，漆酶纤维板的内结合强度最高；酶用量为 0.93U/g 绝干木纤维时，纤维板的内结合强度较低；对照纤维板内结合强度最低。

表 7-3　硫酸铜＋漆酶处理对干法漆酶纤维板内结合强度影响的方差分析表

变异来源	自由度	离差平方和	均方平方和	F 值	显著性	临界值
处理间	2	0.213	0.143	13.654	*	F_α (0.05, 2.4) ＝5.06
随机误差	6	0.061	0.007	—	—	—
总计	8	0.253	—	—	—	—

注：＊表示 0.05 水平下差异显著。

表7-4　硫酸铜＋漆酶处理、漆酶处理及对照干法工艺漆酶纤维板的内结合强度

不同处理	密度（g/cm³）	内结合强度（MPa）
对照（自来水代替漆酶酶液）	0.92±0.03	0.16±0.05 A
酶用量（0.93U/g绝干木纤维）	0.92±0.03	0.38±0.04 B
酶用量（0.93U/g绝干木纤维）＋硫酸铜（5mmol/L）	0.92±0.02	0.59±0.13 C

注：每个处理重复3次。数据表示为（$\bar{x}\pm s$）。使用Tukey检验进行多重比较，当两个水平差异显著（$\alpha=0.05$）时，在两者的均值后标以不同字母。

7.4　小　结

本章研究是对周冠武硕士研究阶段木材漆酶活化自由基反应影响因素及压制酶法纤维板工作的进一步深化，分别从热压过程中板坯芯层温度、漆酶施用量等方面深入探究干法工艺制备酶法纤维板的热压工艺曲线参数，比较不同密度板材的理化性能，考察纤维板密度对酶法纤维板胶合性能的影响，尝试采用铜离子作为漆酶激活剂考察铜离子对漆酶纤维板结合强度的影响，为后期的漆酶活化木纤维生产纤维板的工作提供理论依据，进一步加速这项技术的产业化进程。现将主要结论归纳如下。

（1）参考干法工艺中密度纤维板热压曲线，通过热电偶测定板坯芯层温度，确定干法工艺漆酶纤维板热压工艺的具体参数，具体热压工艺参数为：热压温度190℃，最大压力保持段压力5MPa，时间1.5min；低压塑化段压力3.5MPa，时间3min。在此热压条件下压制干法工艺漆酶纤维板，酶法纤维板的内结合强度显著高于对照板，在同样工艺条件下，纤维板密度为0.95g/cm³，对照纤维板的内结合强度为0.19MPa，酶用量为0.93U/g绝干木纤维漆酶纤维板的内结合强度为0.39MPa，酶用量为5.58U/g绝干木纤维漆酶纤维板的内结合强度为0.53MPa。

（2）纤维板密度对酶法纤维板的内结合强度有很大影响，纤维板密度低于0.9g/cm³时，酶法纤维板的内结合强度很低，只有0.17MPa，纤维板密度达到一定水平才能得到内结合强度较高的酶法纤维板。

（3）硫酸铜溶液和乙二胺四乙酸对漆酶活性影响各异，添加乙二胺四乙酸（终浓度为1.25mmol/L）对酶法纤维板的力学性能没有显著提高，试制酶法纤维板的木纤维酶处理阶段添加一定量的硫酸铜溶液，铜离子可显著提高酶法纤维板的内结合强度，对照酶法纤维板的内结合强度为0.38MPa，加入铜离子后酶法纤维板的内结合强度提高到了0.59MPa，添加铜离子可降低漆酶用量，节约漆酶活化木纤维生产纤维板技术的成本。

8 木质素漆酶活化反应产生反应中间产物的定量及其与木质素关系的研究

8.1 木质素酶活化改性及其应用的研究现状

8.1.1 引言

木质素在木材组分的自胶合过程中扮演重要作用，木材组分的自胶合及热固性树脂胶黏剂的固化是纤维板生产过程中的两大主要贡献因子。木质素在树木自然生长过程中也起着黏合剂的作用，在漆酶、过氧化物酶的催化下通过自由基反应将木质纤维素材料胶合成一体，漆酶、过氧化物酶等氧化还原酶通过自由基反应催化木质素的株内聚合，因此模拟木材的自然生长过程在实验室内实现木质纤维素材料胶合或许可行。传统的纤维板生产方法都涉及向木纤维中施加热固性树脂胶（如脲醛树脂和酚醛树脂），木纤维表面木质素成分的自胶合及热固性树脂胶黏剂的化学黏结过程共同作用，促成木纤维胶合成板材，世界各地的木材科技工作者通过不断研究尝试，在无合成树脂胶黏剂添加的情况下，通过应用漆酶等氧化还原酶实现木纤维的自胶合。

漆酶一般由白腐菌和植物分泌，在白腐菌和植物中普遍存在，在木质素的合成和降解过程中起着重要作用，漆酶也通过自由基反应促成木质素化合物的聚合反应。前人对漆酶催化反应产生自由基反应中间产物的研究主要集中在分离木质素聚合物和木质素模型化合物，Ferm 等人研究发现，漆酶作用于可溶磨木木质素产生酚氧自由基，Felby 等人报道，经漆酶催化氧化，高浓度自由基稳定于榉木纤维木质素聚合物中。活性氧物质包含超氧阴离子和羟基自由基，由多类生化反应产生，普遍认为活性氧介导与生物体系中电子转运链质子漏逸相关的多种代谢过程，一般认为，各种生化反应产生的超氧阴离子自由基和羟基自由基等活性氧物质介导生物体系中与电子传递链质子泄漏有关的多种代谢过程。木质素真菌降解过程中已经检测出活性氧物质。

Milstein 等人应用固相酶作用于工业木质素，认为产生了反应中间产物——超氧阴离子自由基，但此结果仅仅是基于间接的细胞色素 C 分析的方法得出的。Felby 等人比较了细胞色素 C 分析和使用自旋捕集剂 5，5-二甲基-1-吡咯啉-N-氧化物的两种活性氧类物质检测方法，测定漆酶-木纤维反应体系是否产生了活性氧类自由基，但结果没有发现超氧阴离子自由基或羟基自由基信号，结果并未检测出超氧化物或羟基自由基；建议针对氧化还原酶催化氧化木质素的反应体系，细胞色素 C 分析应谨慎使用。因此，漆酶催化氧化木纤维的反应体系室温下是否产生自由基反应中间产物仍是待解决问题。

采用电子自旋共振波谱技术室温下测定漆酶催化氧化木纤维反应中的活性氧类自由基的报道并不多见，亟待解决问题很多，如漆酶催化氧化反应产生了哪些自由基反应中间产物。本章研究有两个目标：一是采用电子自旋共振波谱技术室温下测定并定量漆酶催化氧化杨树木纤维反应中的活性氧类自由基；二是提出漆酶催化氧化杨树木纤维的可能反应机制假说，为降低酶用量及提高酶法杨树人工林木材纤维板物理化学性质提供理论依据。

8.1.2　自由基简介及电子自旋共振波谱技术

木材主要由纤维素、半纤维素、木质素和少量脂溶性和水溶性抽提物组成，纤维素是细胞壁中的骨架物质，占木材干重的 50% 左右，半纤维素与纤维素紧密联结、与木质素分子也有化学键。木质素有强化细胞壁、增加刚度和耐水性的作用，是由苯基丙烷单元为基本结构单元、三维网状结构的无定形芳香族化合物，阔叶树木材木质素中愈疮木基丙烷和紫丁香基丙烷含量比较接近，针叶树木质素中愈疮木基丙烷含量较高。Freudenberg 以松柏醇为木质素前驱物研究了木质素的生物合成过程，发现漆酶能催化松柏醇等酚类化合物脱氢聚合为木质素大分子。漆酶也是白腐菌分泌的三种木质素降解酶之一，氧化还原电势较低，在游离羟基和氧气共同存在时即可催化发生单电子氧化还原反应。

自由基指任何含有一个或多个未成对电子的原子、分子或原子团。依照化学分子结构，自由基一般可分为三个大类：半醌类自由基；活性氧，又称为氧自由基或氧中心自由基，主要包括超氧阴离子自由基、羟基自由基、烷氧类自由基等，在各种生命体系中发挥着重要作用；其他以碳、硫、氮为中心的自由基。木材是多种高聚物的复合体，表面经过机械切削或受到光辐射后，高聚物分子共价键发生断裂产生典型的机械自由基，主要为酚氧自由基。木材自由基的反应机理涉及砂磨提高胶合强度、高压蒸汽热处理对木材表面影响、霉菌和蓝变菌侵染木材所致变色等木材科学研究中的诸多领域。活性氧自由基是一个自由基大类的统称，反应活性大、氧化能力强，包括超氧阴离子自由基、羟基自由基、单线态氧、脂类自由基等，在生物化学反应中很容易出现，但由于活性大、有的自由基寿命短，在水相的极性环境下，很难检测。曹远林及同事提出了同时检测生物体系内活性氧自由基和一氧化氮自由基的捕集检测方法，成本低、效率高，适应大批材料检测筛查工作。

电子自旋共振波谱分析技术（ESR）又常被称为电子顺磁共振波谱分析技

术，是检测和研究自由基化学的最有效、最直接的方法之一。因为自由基存在未成对电子，所以总自旋角动量不等于零、有磁矩并且显示出顺磁性。可以把自由基分子看作一个小磁体，在磁场中小磁体有平行和相逆两种取向，也就是说自由基分子分为低能组与高能组两个组，这两个能组的能量差与磁场的大小成正比。若用辐射的形式传输能量给低能级的电子，这些电子就会吸收这一能量差进而跃迁到较高能级，这就是电子在某一频率处发生了共振。改变磁场强度或辐射形式给予能量频率的大小都能诱发共振，因此通用的电子自旋共振波谱仪一般控制辐射频率不变，调整磁场大小来实现电子共振。电子自旋共振谱图可以给出 g 值、谱峰强度和超精细结构等很多有用的信息，其中最主要的信息为峰强度，由于通过比较计算峰强度可以对自由基进行定量研究。

8.1.3　木纤维表面木质素酶活化改性及其应用

木质素在木材细胞壁各层的含量迥异，初生壁和胞间层木质化程度较高，木质素含量也较纤维素与半纤维素高。纤维分离（又称为木材制浆或解纤）的方法主要有机械磨浆法（又包括盘磨机械法、热磨机械法和化学热磨机械法）和化学磨浆法两大类。制造纤维板用木纤维的解纤方法主要为热磨机械法，热磨温度为170~180℃，木材纤维的分离部位主要位于高度木质化的胞间层，热磨过程结束后，软化的胞间层木质素重新冷却固化、在木纤维的表面形成一层玻璃状的硬壳（图 8-1）。木纤维表层的木质素可经过酚氧化酶（如漆酶、过氧化物酶等）活化实现木材的无胶胶合，Nimz 等人首次发现了酚氧化酶能活化木质素等木材组分进而提高木材胶合性能的现象。适合工业生产用的商品漆酶酶液近年来已开始上市销售，因此漆酶能批量应用于纤维板制造工业和造纸行业。Kühne 与 Dittler 将木刨花与白腐菌及褐腐菌固体培养一定时间发现，热磨解纤时所需的机械能显著减少，而且纤维板拌胶阶段所需胶黏剂的质量也显著降低，以这种白（褐）腐菌发酵处理过的纤维为原料热压制造纤维板，在无胶黏剂添加的情况下制成的板材也有可观的胶合强度，研究表明，木片经过白（褐）腐菌所分泌的酶活化后虽然力学强度有所下降，但所制成板材纤维间的结合力增强了。

图 8-1　生产纤维板用木纤维的表面

（热磨结束后胞间层木素再次塑化，在木纤维表面结壳）

Yamaguchi 等人通过漆酶处理香草酸、儿茶酚、含羞草单宁、单宁酸等酚类化合物发生脱氢聚合反应并沉积于热磨机械浆木纤维表面，从而使木纤维制造纸板的强度大大提高，原因是木纤维间可接触的胶合面积扩大、漆酶催化作用降解活化了木质素的三维网状结构。Kharazipour 等人应用漆酶 25℃处理木纤维 2～7 天，采用湿法或干法工艺制造无胶黏剂添加的无胶纤维板，漆酶处理纤维所压制板材的物理力学强度指标显著高于对照纤维板，并获得了漆酶胶合体系生产纤维板的美国专利。Kharazipour 等人报道，诺维信公司提供的彩绒革盖菌产漆酶处理后的欧洲水青冈与云杉及松木混合木纤维，在普通纤维板热压条件下压制所得中密度纤维板达到德国中密度纤维板国家标准。Felby 等人采用诺维信提供 Myceliophtera thermophila 菌株所产漆酶氧化欧洲水青冈木材纤维进行酶法纤维板干法热压工艺中试生产，所得板材物理力学性能指标与脲醛胶纤维板类似，唯独尺寸稳定性略差。向漆酶纤维板中添加石蜡以提高板材尺寸稳定性，但由于石蜡与酶活化处理发生冲突，削弱了板材的力学性能指标。

朱家琪与史广兴使用液体酶液处理松木纤维，发现漆酶活化增强了木材的自胶合力，酶液中的蛋白质和碳水化合物并不能提高木纤维的自胶合能力。史广兴与魏华丽对三种树种来源木纤维进行漆酶活化处理，发现不同树种来源木纤维胶合性能有差异，可能与木纤维表面木质素的含量与结构有关。姜笑梅等人通过扫描电子显微技术考察漆酶处理对思茅松木质纤维和纤维板微细结构的影响，发现酶处理可完全或部分移除管胞表面存在的木质素结壳状物质，漆酶处理后管胞压制成的纤维板破坏表面起毛、较粗糙，有被拉出和拉断的管胞束。作者硕士研究生期间所在的研究小组也开展了漆酶酶液活化处理木材纤维表面木质素制造纤维板的研究，分析了反应体系 pH 值、处理温度、酶用量、处理时间及树种等因子对漆酶活化木材产生胶合力的作用，并对酶法制备纤维板的湿法工艺进行了初步探讨；曹永建与同事采用漆酶活化木纤维后的湿法工艺制造酶法纤维板，板材强度指标符合国家标准《中密度纤维板》GB/T 11718—2021，但板材吸水厚度膨胀率未达标。

8.1.4　木纤维表面木质素酶活化反应中间产物研究

漆酶用于活化木材产生胶合作用的原理是木材中的木质素经漆酶催化氧化产生了自由基，植物体内木质素的生物合成过程就是由于漆酶的参与而催化的自由基反应，因此漆酶在实验室条件下也有望通过自由基反应活化木纤维表面的木质素，进而产生胶合力。漆酶能催化酚羟基的单电子氧化还原反应（式 8-1），反应的主产物为酚氧自由基，副产物水为过氧化氢或氧气还原的结果，漆酶催化的氧化还原反应类型为两底物、两产物的乒乓反应。

$$4 \bigcirc\!\!-OH + O_2 \xrightarrow{\text{漆酶}} \bigcirc\!\!-O\cdot + 2H_2O \qquad (8\text{-}1)$$

Ferm 等人报道可溶性磨木木质素经过氧化物酶或漆酶催化活化产生酚氧自由基。Kleinert 采用过氧化物酶处理磨木木质素直接观测到了稳定的酚氧自由基，但未能得到翔实的电子自旋共振超精细分裂谱图。前人的研究主要围绕分离木质素和木质素模型化合物，并未对漆酶活化木材产生的自由基开展研究。直到 20 世纪 90 年代末，Felby 等人以欧洲水青冈木纤维为漆酶的底物，检测到高浓度稳定自由基，半衰期大于两周。Milstein 等人与 Felby 及同事的研究表明，漆酶活化处理木材也可能产生了超氧阴离子自由基和羟基自由基等活性氧类自由基。Widsten 在漆酶与欧洲桦木纤维反应体系混合物的上层清液中进行电子自旋共振波谱技术检测，认为生成紫丁香基丙烷型自由基。Felby 等人应用电子自旋共振波谱技术对漆酶催化氧化欧洲水青冈木纤维反应体系的上层清液进行检测，发现了高浓度的稳定性酚氧自由基，并对活化机理进行了初步探讨。作者硕士研究生期间所在的研究小组就酶活化反应中间产物及其反应机理研究方面做了大量的工作，考察了漆酶活化处理木材产生的活性氧类自由基与酶法胶合纤维板的内结合强度的相关关系，研究发现二者存在显著的正相关关系，并应用电子自旋共振波谱技术比较了不同树种木材经漆酶活化后自由基浓度的差异，进一步分析了思茅松边、心材经漆酶催化氧化后产生活性氧类自由基的变化与差异。

8.2　材料与方法

8.2.1　木质素漆酶活化反应产生反应中间产物定量的试验材料

毛白杨木纤维为云南景谷林业股份有限公司提供，磨浆方法为热磨机械法，用于本试验的纤维含水率约为 9%。先将杨树木纤维粉碎研磨，再分选出 60 目至 80 目的木粉，用于以后的漆酶处理和电子自旋共振波谱技术检测。Agaricus bisporus 真菌漆酶自西格玛奥德里奇（上海）贸易有限公司购买，漆酶为深褐色粉末，测定漆酶活性时使用供应方建议的底物儿茶酚，本试验所用漆酶的比活性为 4 个酶活单位 U/mg。

自旋捕集剂 N-叔丁基-α-苯基硝酮购自西格玛奥德里奇（上海）贸易有限公司、过氧化氢水溶液（30%质量比，分析纯）购自北京化工厂，所有其他试剂均为中国产、分析纯。

8.2.2　建立活性氧类自由基标准曲线

用双蒸水将过氧化氢水溶液（30%质量比）现配至 50mmol/L，硫酸亚铁配置成 0.2mol/L 溶液，采用传统芬顿体系生成羟基自由基。将不同浓度（终浓度 20～320 μmol/L）的过氧化氢稀释液加入到硫酸亚铁与自旋捕集剂 N-叔丁基-α-

苯基硝酮（终浓度 4mmol/L）的混合液中。每个试样的总体积为 $500\mu L$。反应终止后，向反应混合液中加入 $300\mu L$ 乙酸乙酯，震荡 1min，离心（10000g）4min。用微量进样器抽取上层有机清液层到直径 2.5mm 石英管中进行活性氧类自由基的电子自旋共振波谱仪检测。

8.2.3 不同有机溶剂对 N-叔丁基-α-苯基硝酮-活性氧类自由基自旋加合物的萃取能力的试验方法

将过氧化氢稀释液（终浓度 $500\mu mol/L$）加入硫酸亚铁与自旋捕集剂 N-叔丁基-α-苯基硝酮（终浓度 4mmol/L）的混合液中，每个试样的总体积为 $500\mu L$，反应终止后，向反应混合液中分别加入 $300\mu L$ 乙酸乙酯、乙酸丁酯、乙酸异戊酯、甘油三乙酸酯、正丁醇。按上文所述方法将反应混合液震荡、离心，抽取萃取有机相并进行电子自旋共振波谱仪检测。

8.2.4 自旋捕集复合物在乙酸乙酯中的稳定性的试验方法

为测定自旋捕集复合物在乙酸乙酯中的稳定性，将 1mmol/L 芬顿反应产生的 N-叔丁基-α-苯基硝酮-羟基自由基复合物萃取到 $300\mu L$ 乙酸乙酯中，然后将 N-叔丁基-α-苯基硝酮-羟基自由基加合物的有机溶液暴露于光照强度为 139 坎德拉的白炽灯光下不同的时间段。光照强度通过光照强度测定仪（型号：Panlux Electronic 2，德国 Gossen 公司）测定，Panlux Electronic 2 光照强度测定仪配备有直径 20mm 的环形光感应器。暴露于光照下一段时间后，提取样品进行电子自旋共振波谱仪检测。为检测溶解于乙酸乙酯中 N-叔丁基-α-苯基硝酮-羟基自由基加合物的稳定性，萃取液在 $0\sim4℃$ 避光条件下保存不同时间段，然后抽取萃取液进行电子自旋共振波谱仪检测。

8.2.5 漆酶处理杨树木纤维的方法

称量 0.045g 木纤维粉末（或称为木纤维的细碎小段，含水率约为 9%），装入 1.5mL 离心管中，然后向离心管中加入 $400\mu L$ 0.2mol/L 的磷酸氢二钠-柠檬酸缓冲液（pH 值为 5）。接着向装有木粉的离心管中加入 40mmol/L 的 N-叔丁基-α-苯基硝酮溶液（终浓度为 4mmol/L）和漆酶溶液，漆酶用量为 10^{-3}U/g 绝干木纤维，悬浮液的总体积为 $500\mu L$。将反应悬浮液充分漩涡混合，然后放入 50℃ 的恒温水浴中培养 120min，反应结束后，向反应体系中加入 $300\mu L$ 乙酸乙酯，振荡 1min，离心 4min（离心机转速为 10000g），用微量进样器抽取上层有机溶剂层到 2.5mm 离心管中于电子自旋共振波谱仪测定活性氧类自由基。

8.2.6 电子自旋共振波谱仪检测活性氧物质的方法

电子自旋共振检测于室温下在 200 DSRC 波谱仪（图 8-2，图 8-3）（德国布鲁克仪器公司产）上进行，25℃下采用 2.5mm 内径的石英管测定有机溶剂层中的 N-叔丁基-α-苯基硝酮-羟基自由基复合物。测量过程中，有机溶剂的有效上样体积为 $60\mu L$，电子自旋共振波谱仪的检测参数如下：X 波段，100kHz 调制幅度，3.2G 振幅；20 毫瓦微波功率；中心磁场为 3385G；400G 扫描宽度；0.3s 时间常数；扫描时间为 4min。如未另加说明，本文中提到的所有电子自旋共振测定均是在上述条件下进行。三线峰超精细结构的总峰高，即电子自旋共振波谱图中三个峰高的总和，记为活性氧类自由基信号的相对强度，每个试样至少有三个重复。

图 8-2　电子自旋共振波谱仪磁共振系统

图 8-3　电子自旋共振波谱仪操作系统

8.3　结果与讨论

8.3.1　活性氧类自由基标准曲线

当前实验所测定范围内，三线峰超精细结构的总峰高随过氧化氢浓度线性增加。线性回归分析表明，两个变量正线性相关的决定系数为 0.9799（参见图 8-4）。根据芬顿体系中羟基自由基浓度与电子自旋共振波谱技术信号强度的回归方程，电子自旋共振波谱信号强度与羟基自由基的水平（即未配对自旋数）定量对应。N-叔丁基-α-苯基硝酮-羟基自由基加合物和 N-叔丁基-α-苯基硝酮-活性氧类自由基加合物两种加合物的电子自旋共振波谱图具有同样的超精细结构和线宽，因此通过我们的检测方法测定的 N-叔丁基-α-苯基硝酮-活性氧类自由基加合物的量可定量转化为未配对的自旋数。芬顿反应建立的标准曲线使活性氧类定量检测成为可能。

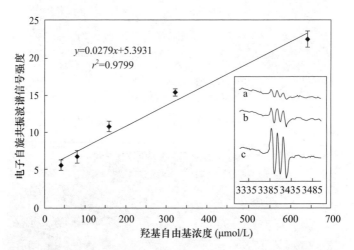

图 8-4　芬顿反应中 N-叔丁基-α-苯基硝酮-羟基自由基加合物的标准曲线

使用 N-叔丁基-α-苯基硝酮为自旋捕集剂在芬顿反应中获得的 N-叔丁基-α-苯基硝酮-羟基自由基加合物。插图为表示不同羟基自由基浓度的电子自旋共振波谱图：（a）40 μmol/L；（b）80 μmol/L；（c）640 μmol/L。

8.3.2　各种有机溶剂对 N-叔丁基-α-苯基硝酮-活性氧类自由基自旋加合物的萃取能力

最佳有机溶剂应具备以下三个性质：（1）分配系数高，能将水相中的大部分 N-叔丁基-α-苯基硝酮-活性氧类自由基加合物萃取到有机相中；（2）N-叔丁基-α-苯基硝酮-活性氧类自由基复合物溶解于此有机溶剂中进行电子自旋共振波谱仪检测时，N-叔丁基-α-苯基硝酮-活性氧类自由基复合物的电子自旋共振波谱信号不应减弱；（3）有机溶剂应易与水相分离，并能将 N-叔丁基-α-苯基硝酮-活性氧类自由基加合物与反应混合物中的其余物质有效分离。为找到最佳有机溶剂，我们测定了相同浓度 N-叔丁基-α-苯基硝酮-活性氧类自由基加合物在不同有机溶剂中的电子自旋共振波谱信号强度。结果表明（图 8-5），不同有机溶剂给出的电子自旋共振波谱信号强度有差异。检测条件一致，乙酸乙酯（密度为 0.899mg/mL）给出的电子自旋共振波谱信号强度最大，其次为乙酸丁酯、乙酸异戊酯、甘油三乙酸酯、正丁醇。因此，我们选用乙酸乙酯作为有机溶剂萃取漆酶-木纤维反应混合物中的 N-叔丁基-α-苯基硝酮-活性氧类自由基复合物。

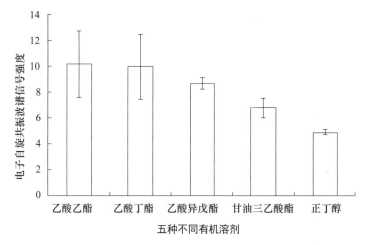

图 8-5　有机溶剂对 N-叔丁基-α-苯基硝酮-活性氧类自由基加合物的萃取能力

8.3.3　乙酸乙酯中自旋捕集复合物的稳定性

白炽灯光暴露试验表明，暴露于光照强度为 139cd 的白炽灯光中，活性氧类自由基复合物的电子自旋共振波谱信号强度下降明显，暴露于白炽灯光中 25min 后，自由基强度下降了约 50%，暴露于白炽灯光中 3h 后，自由基强度几乎为零（图 8-6）。白炽灯光暴露试验结果表明，N-叔丁基-α-苯基硝酮-活性氧类自由基复合物对光很敏感，因此本活性氧类自由基检测方法的整个操作过程应避光。

N-叔丁基-α-苯基硝酮-活性氧类自由基复合物的萃取液在 0～4℃ 条件下避光保存一段时间，就可得到乙酸乙酯中自由基强度的时间曲线。N-叔丁基-α-苯基硝酮-活性氧类自由基复合物的萃取液在 0～4℃ 条件下避光保存 3 天时间，自由基强度基本没有变化（图 8-7）。这表明乙酸乙酯中的 N-叔丁基-α-苯基硝酮-活性氧类自由基自旋加合物在 0～4℃避光条件下可稳定存放。因此操作人员有充足时间在电子自旋共振波谱仪上测定自由基的强度。

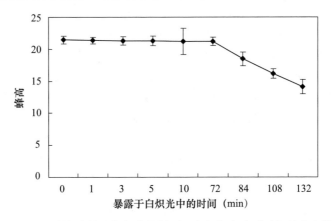

图 8-6　乙酸乙酯中自旋捕集复合物暴露于白炽灯光中随时间的稳定性曲线

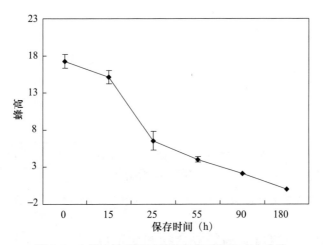

图 8-7　电子自旋共振波谱信号随时间的变化曲线

8.3.4　杨树木纤维中的自由基及漆酶催化氧化木纤维产生活性氧类自由基的检测

杨树木纤维的电子自旋共振波谱技术检测所得谱图为典型无超精细分裂的粉状谱线［图 8-8（a）］，木纤维中酚氧自由基的强度较高，可能是由于木纤维生产过程中的紫外线辐射或机械应力作用的结果。N-叔丁基-α-苯基硝酮所捕集的漆酶催化氧化木纤维产生的自由基相应谱图具有三线峰［图 8-8（b）］，g 值为2.005，a_N=15.0G，与生物体系中报道的 N-叔丁基-α-苯基硝酮-活性氧类自由基复合物谱图相同。超氧阴离子自由基、羟基自由基等活性氧物质经 N-叔丁基-α-

苯基硝酮捕集产生 N-叔丁基-α-苯基硝酮-活性氧类自由基复合物，N-叔丁基-α-苯基硝酮-活性氧类自由基复合物的谱图也与我们的发现相同。这些结果表明，我们检测到的信号来自 N-叔丁基-α-苯基硝酮-活性氧类自由基自旋加合物，木纤维与漆酶恒温培养产生了活性氧物质。通过将漆酶-木纤维溶液上层清液所得的电子自选共振波谱信号与芬顿反应所得信号相比较，即可得表 8-1 所示的自旋数。根据芬顿反应所得的标准曲线，我们成功将漆酶催化氧化杉木纤维所产生活性氧类自由基反应中间产物进行定量。Widsten 等人与 Milstein 等人也采用多种方法检测漆酶活化木纤维和分离木质素产生的自由基反应中间产物，但 Felby 等人发现细胞色素 C 分析所检测到的超氧阴离子自由基并不能被采用 5，5-二甲基-1-吡咯啉-N-氧化物为捕集剂的电子自选共振波谱自旋捕集技术所证实。一般而言，大家都公认电子自选共振波谱技术是目前检测和测量自由基最直接有效的手段。

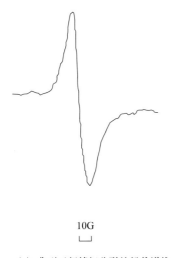 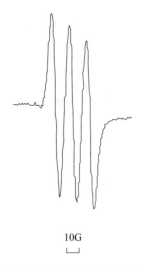

(a) 典型无超精细分裂的粉状谱线

(b) 加入漆酶60min后悬浮液中的N-叔丁基-α-苯基硝酮-活性氧类自由基自旋加合物的电子自旋共振波谱图

图 8-8　杨树木纤维的电子自旋共振波谱图

以前的研究人员发现，真菌作用于木质素的过程中存在短寿命自由基的介导或活性小分子中间产物，但独立酶系统（尤其是漆酶）在产生超氧阴离子自由基中的作用仍未经证实。我们的研究获得了木质素-漆酶交互作用产生 $O_2^- \cdot$ 和 $\cdot OH$ 的有力证据，电子自旋共振波谱技术是直接检测自由基的唯一的常用直接检测技术，自旋捕集剂技术又是规避高度活性、低稳态浓度自由基诸多问题的最常用方法，为证实漆酶的催化氧化反应是否产生了活性氧类自由基中间产物，我们采用以 N-叔丁基-α-苯基硝酮作为自旋捕集剂的电子自旋共振波谱检测技术来检测酶化反应的自由基中间产物。N-叔丁基-α-苯基硝酮对光、热、氧气和蒸汽不敏感，能溶于多种溶剂，用漆酶处理木纤维时反应体系培养温度高达 60℃。

样品中的水分对自由基的电子自旋共振波谱检测有负面影响，因此水分的存在降低电子自旋共振波谱分析技术的灵敏度、限制电子自旋共振波谱分析技术的应用范围，N-叔丁基-α-苯基硝酮-活性氧类自由基自旋加合物是憎水性复合物，可以用有机溶剂抽提，用乙酸乙酯作为抽提溶剂从水相中浓缩 N-叔丁基-α-苯基硝酮-活性氧类自由基自旋加合物的办法可以排除水分对电子自旋共振波谱分析技术的负面影响，漆酶-木纤维反应混合物的活性氧类自由基含量得以成功检出。

在漆酶处理木纤维产生活性氧类自由基的检测方面，自旋捕集剂 N-叔丁基-α-苯基硝酮效果明显优于传统自旋捕集剂 5，5-二甲基-1-吡咯啉-N-氧化物，至于使用 5，5-二甲基-1-吡咯啉-N-氧化物的电子自旋共振捕集技术出现阴性结果的原因如下：5，5-二甲基-1-吡咯啉-N-氧化物对光和热非常敏感；5，5-二甲基-1-吡咯啉-N-氧化物自旋加合物极易发生降解反应及受金属离子催化在空气中发生氧化反应。由于包括活性氧类自由基在内的绝大多数自由基都异常活跃、反应活性强，而且通常在生化反应中不以高浓度存在，自旋捕集剂 N-叔丁基-α-苯基硝酮的使用使检测漆酶-木纤维反应体系中的低浓度活性氧类自由基中间产物成为可能，因为 N-叔丁基-α-苯基硝酮在整个培养过程中都待在反应悬浮液中等待活性氧类自由基的出现，然后一个接一个将其捕集，就像猎人等待无路可走的鹿群一只接一只地掉进事先设好的陷阱一样。使用 N-叔丁基-α-苯基硝酮自旋捕集技术所捕获的是漆酶催化反应中所产生的自由基的总量，因此，N-叔丁基-α-苯基硝酮-活性氧类自由基自旋加合物浓度可以达到电子自选共振波谱仪的检出限值，从而给出谱图信号。相比之下，由于属于不稳定类自旋捕集剂，5，5-二甲基-1-吡咯啉-N-氧化物方法仅能检测反应混合物中瞬时形成的活性氧类自由基，而瞬间活性氧类自由基的水平远远低于自由基的总量水平，这也正是 5，5-二甲基-1-吡咯啉-N-氧化物方法得出阴性结果的症结所在。

我们的研究小组还对通过 N-叔丁基-α-苯基硝酮方法检测到的活性氧类自由基进行了定量工作（表 8-1），Ferm 等人测定了漆酶和过氧化物酶处理磨木木质素形成的自由基的量，木纤维经漆酶处理后悬浮液中所产生的、木纤维上的酚氧型自由基的数量已经由 Felby 等人通过与弱俯仰角样品（来自布鲁克公司，包含已知量的未配对自旋数）相对比进行了定量测定，前人文献也报道了生材、化学浆、工业木质素中的自由基数量。由于我们所检测到的自由基为活性氧类自由基，而前人文献报道的自由基为酚氧型自由基，二者种类不同、反应活性差异也很大，所以直接比较这两类自由基的水平不可行，自由基定量工作需要进行更加深入的研究。

表 8-1 悬浮液内生成自由基的表征，悬浮液的酶用量为 10^{-3} 漆酶单位（U）/g 木纤维

活性氧类自由基	g 值	U/g 干物质
悬浮液，0U/g 杨树木纤维	—	—
悬浮液，10^{-3}U/g 杨树木纤维，加入漆酶后	2.005	$3.74\pm0.005m^2\ 10^{18}$

在对活性氧类自由基中间产物进行直接电子自旋共振波谱技术分析测定的基础上，我们对可能的反应机制作出进一步推断：漆酶不直接可及的那部分木质素发生活性氧类自由基的介导反应，可溶性小分子木质素起类似胶黏剂一样的活性化合物的作用，重新附着到木纤维表面，可以相应地描述漆酶催化的杨树木纤维的氧化反应产生胶合力的现象。木纤维与漆酶恒温处理时，热磨机械浆木纤维表面木质素的稳固三维网状结构轻微解聚松散，在这个过程中热磨机械浆木纤维表面木质素经脱氢反应而得到活化，同时活性氧类自由基和小分子量木质素产生，前人报道酶化反应上清液中存在小分子量（<12 千道尔顿）胶体木质素，除活性氧类自由基外，文献也一直有关于漆酶催化氧化木纤维悬浮液中存在酚氧型自由基的报道。由于漆酶的分子量较大（约 55 千道尔顿），所以漆酶只能触及木纤维表面的酚羟基基团，小分子量木质素或者可溶性胶体木质素的活性都不够强到能增加漆酶的作用域的程度。所以我们提出漆酶催化氧化木纤维表面木质素产生的活性氧类自由基与木质素分子中漆酶的不可及作用域发生反应，在木质素聚合物中生成了新的酚类亚结构，使木质素易与漆酶发生进一步反应。反应悬浮液中的可溶性小分子量木质素和酚氧自由基去了哪里，它们并没有无缘无故消失或降解，可能起到与纤维板热压时所添加胶黏剂一样的活性化合物或木材细胞壁形成时的木质素一样的作用，在漆酶活化反应的后期附着回到木纤维表面，因此漆酶活化过的木纤维热压成板时，所得酶法胶合纤维板的各项性能指标与合成树脂胶生产的板材不相上下，活性氧类自由基作为介质的类似反应机制也同样适用于木质素的酶催化生物合成及生物降解过程。

8.4 小　结

本章考察了芬顿反应产生羟基自由基建立活性氧类自由基定量标准曲线的可行性，通过以 N 叔丁基-α-苯基硝酮为自旋捕集剂的电子自旋共振波谱技术直接检测分析方法，证实漆酶活化杨树木纤维表面木质素的自由基反应中间产物类型为包含 $O_2^-\cdot$ 和 $\cdot OH$ 在内的活性氧类自由基，并在此直接检测方法的基础上，确定自由基反应中间产物的绝对自旋数，在直接检测活性氧类自由基和前人研究结果的基础上，提出漆酶活化杨树木纤维可能的反应机制：漆酶不直接可及的那部分木质素发生活性氧类自由基的介导反应，可溶性小分子木质素起类似胶黏剂

一样的活性化合物的作用，重新附着到木纤维表面，可以相应地描述漆酶催化的杨树木纤维的氧化反应产生胶合力的现象，现将主要结论归纳如下。

（1）通过电子自旋共振波谱分析技术测定漆酶催化氧化杨树木纤维产生的自由基反应中间产物活性氧物质，并尝试进行定量测定。本试验采用自旋共振波谱自旋捕集剂技术，以 N-叔丁基-α-苯基硝酮为自旋捕集剂，然后进行乙酸乙酯抽提；研究漆酶引发的活化路径，鉴别并定量自由基反应中间产物，N-叔丁基-α-苯基硝酮所捕集漆酶催化氧化木纤维产生的自由基的电子自旋共振波谱图的 g 值为 2.005，a_N 为 15.0G，为超氧化物和羟基自由基等活性氧物质的电子自旋共振波谱图，这表明活性氧物质是漆酶催化反应的主要自由基中间产物。

（2）芬顿反应所得羟基自由基标准曲线的决定系数为 0.9799，依据电子自旋共振波谱信号强度与羟基自由基未配对自旋数的定量曲线，确定自由基反应中间产物的绝对自旋数为（3.74±0.005）×10^{18} U/g 木纤维干物质。基于存在活性氧物质的研究发现和与漆酶氧化木纤维自由基反应有关的前人文献，我们提出漆酶催化氧化杨树木纤维的可能反应机制：漆酶介导反应不能直接触及木质素的大部分结构域，因此低分子量可溶性木质素可能重新附着到纤维表面，起着与胶黏剂类似的活性化合物的作用。

波谱学应用篇

9 X射线光电子能谱（XPS）与木材染色研究

9.1 X射线光电子能谱（XPS）

9.1.1 X射线光电子能谱的基本原理

X射线光电子能谱（XPS）分析方法的原理是基于爱因斯坦的光电反应，即当具有一定能量的光照射物质时，入射光子把全部能量转移给物质原子中的某一个束缚电子，如果该能量足够克服该束缚电子的结合能量时，剩余的能量就作为该电子的动能使之逸出原子而成为光电子，原子本身则变为激发态离子，这一过程称为光电效应。光电子能谱利用这一效应，以一束固定能量（H_v）的X射线透射分析试样的表面，激发出内层电子，检测逸出光电子的动能 E_k，按照爱因斯坦光电定律：$E_b = H_v - E_k$，即可求出电子在原子中的结合能 E_b。通常，原子的内层电子结合能随原子周围化学环境变化（即核外电荷分布的变化）而改变，光电子能谱通过测量电子结合能就可以判断表面元素组成和原子所处的化学结合状态。测量光电子能量用光电子能谱仪，主要组成部分包括：激发源、氩离子枪、样品室、电子能量分析器、电子能量检测器以及真空系统。考虑样品和仪器间接触电差，忽略了电子反冲作用后，光电子动能表示如式9-1：

$$H_v = E_v + E_b + \varnothing \tag{9-1}$$

式中　H_v——物质吸收的入射光子能量；

　　　E_v——光电过程中发射的光电子动能；

　　　E_b——光电过程中电子结合能；

　　　$\varnothing$——与体系电子层结构公式无关的常数。

X射线光电子能谱是以X射线为光源，激发样品的芯能级，产生光电子发射，通过检测分析其能量，进而识别样品的成分与结构。

9.1.2 光电子能谱在木材行业的应用

X射线电子能谱是通过测定内层电子能级的化学位移，进而确定材料中原子结合状态和电子分布状态，并根据元素具有的特征电子结合能及谱图的特征谱线，原则上鉴定表面的元素，它是分析高聚物表面化学成分的有效手段。应用X

射线光电子能谱对木质纤维素及其衍生物的研究最早可追溯至 20 世纪 70 年代初期，系统的研究始于 Dorris 和 Gray 对纸张和木纤维的表面分析，他们对 C_{1s} 峰进行了合理的解释，并根据 C_{1s} 和 O_{1s} 的强度对氧/碳比作了系统分析，并将木材中的碳原子划分为 4 种结合形式，分别定义为 C_1、C_2、C_3 和 C_4，迄今为止有关木质材料的 X 射线光电子能谱分析仍以他们的研究为参照。李坚曾应用 X 射线光电子能谱分析技术探查了光辐射对木材和纸张表面特性的影响。杜官本在研究木材表面等离子体处理特性时，应用 X 射线光电子能谱分析证实了微波等离子体或空气等离子体处理可以显著提高木材表面的氧/碳比，大幅度增加木材表面的含氧官能团，导致木材表面湿润性提高，有利于改善木材表面的胶合性能。艾军应用 X 射线光电子能谱分析研究了麦秸内外表面和麦秸纤维表面特性。于文吉在研究竹材表面性能时应用 X 射线光电子能谱分析了不同处理条件下竹材表面的状况。吴章康运用 X 射线光电子能谱分析方法，比较了热磨处理前后秸秆原料表面特性的变化。

9.1.3 本章研究目的和意义

本章研究运用 X 射线光电子能谱分析方法，比较了 I-214 杨木 α 纤维素、素材单板、漂白单板、染色单板及其氙光照射衰减后的电子能谱，试图推测和判定 I-214 杨木经染色及氙光照射衰减的原子结合状态，从而探讨 I-214 杨木染色及其光照衰减的机理，为木材染色理论研究和染色木材的加工工艺打下基础和提供指导。

9.2 材料与试验方法

9.2.1 材料与仪器

1. 材料

I-214 杨木试材，活性艳蓝 KN-R。

2. 仪器

XSAM800 多功能表面分析仪（KRATOS 公司，英国）。

9.2.2 试验方法

1. α 纤维素的制备

截取 I-214 杨木段，劈成小块，用粉碎机制成木粉 500g，按《造纸原料综纤维素含量的测定》GB/T 2677.10—1995 中的方法制备纤维素。方法如下：将木粉放入抽提器中，加入 2∶1 苯醇混合液，装上冷凝器，置水浴上加热保持底瓶中苯醇剧烈沸腾，抽提液每小时循环不少于 4 次，抽提 6h 后在 pH 值约为 4.5 以下再用亚硫酸钠除去所含有的木素，留下来的即为综纤维素，约 300g。取约 200g 综纤维素，用 17.5% 的氢氧化钠溶液适量浸渍，经（20±0.5）℃的恒温水浴中丝光化处理，再倒入蒸馏水真空吸滤后用 9.5% 的氢氧化钠溶液洗涤，最后用 2N 乙酸溶液洗涤，即得 α 纤维素。

2. 纤维素染色试验

取活性艳蓝 KN-R 染料配制成浓度为 1.0% 的染液 50mL，加入助剂适量，按浴比 30∶1 准确称取绝干纤维素放入染液中，在水浴锅内 40℃ 起染，快速升温到 95℃，保温 3h，真空吸滤去除染液，并反复冲洗至液体无色，收集纤维素放到干燥箱内干燥到绝干。

3. 英国 KRATOS 公司 XSAM800 多功能表面分析仪

采用 M_g 为阳极靶，特征射线为 AlKα 射线（$H_v = 1486.6eV$），功率为 12kV×10mA，电子输入透镜工作于高倍、固定减速比和高分辨模式，狭缝宽度选择 5mm，工作真空为 $1.3×10^{-6}Pa$。结合能值以污染碳 C_{ls}（284.6eV）校正。

取 α 纤维素、染色 α 纤维素少许；取洁净表面的 I-214 杨木素材单板、漂白单板、染色单板及其衰减处理单板，在待测区域取少量样品用双面胶带粘好送入处理室抽真空至 $1.3×10^{-6}Pa$，再送入分析室做全扫描（1250eV），窄扫描（20eV）。

9.3　结果与讨论

9.3.1　纤维素、素板及其处理板的 X 射线光电子能谱全谱图与元素构成变化

木材主要由纤维素、半纤维素、木素和抽提物组成，元素组成主要是碳、氢、氧。除氢元素外，碳、氧元素均可由 X 射线光电子能谱探测分析。I-214 杨木 α 纤维素及其染色、素材单板及其衰减、漂白单板及其衰减、染色单板及其衰减的全谱图分别见图 9-1～图 9-5，这些材料表面元素构成的变化分别见表 9-1～表 9-3。

表 9-1　染色处理 α 纤维素表面元素构成的变化

样品	元素	原子含量（%）	峰面积（积分）	氧/碳	灵敏度（因子）
α 纤维素	C_{ls}	69.1	3881	0.447	0.24
	O_{ls}	30.9	4412		0.61
染色纤维素	C_{ls}	67.58	3421	0.48	0.24
	O_{ls}	32.42	4171		0.61

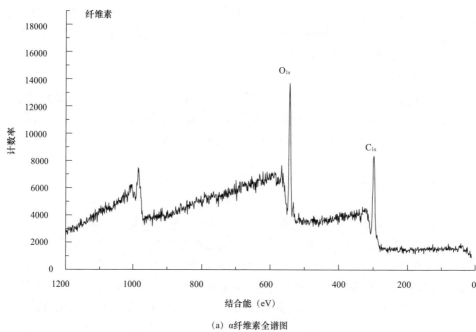

（a）α纤维素全谱图

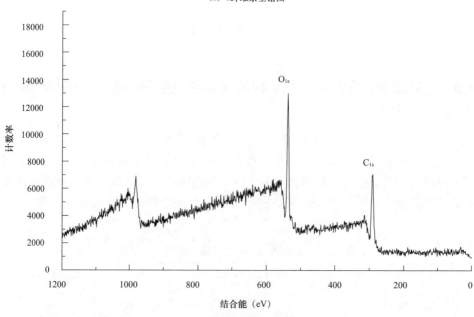

（b）染色α纤维素全谱图

图 9-1　α 纤维素经染料活性艳蓝 KN-R 染色前后的全谱图

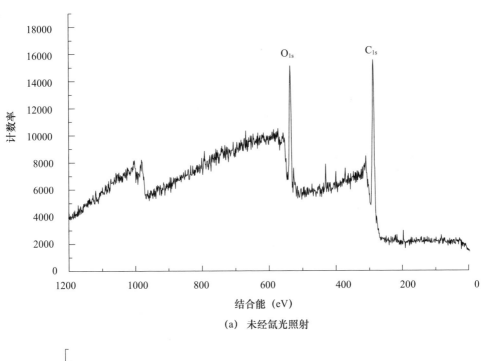

（a）未经氙光照射

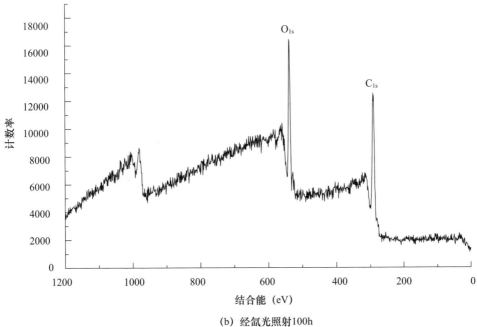

（b）经氙光照射100h

图 9-2　素材单板经氙光照射衰减前后的全谱图

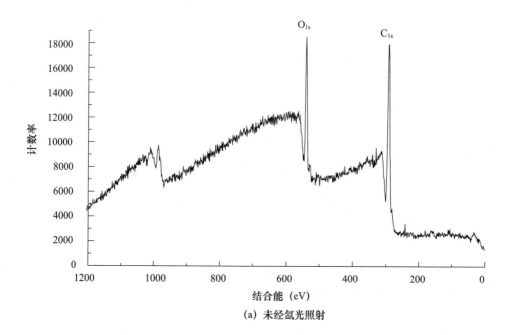

（a）未经氙光照射

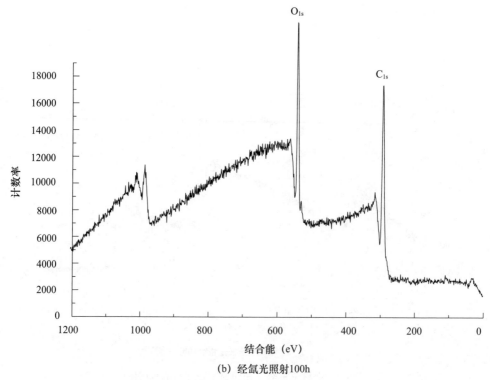

（b）经氙光照射100h

图 9-3　漂白单板经氙光照射衰减前后的全谱图

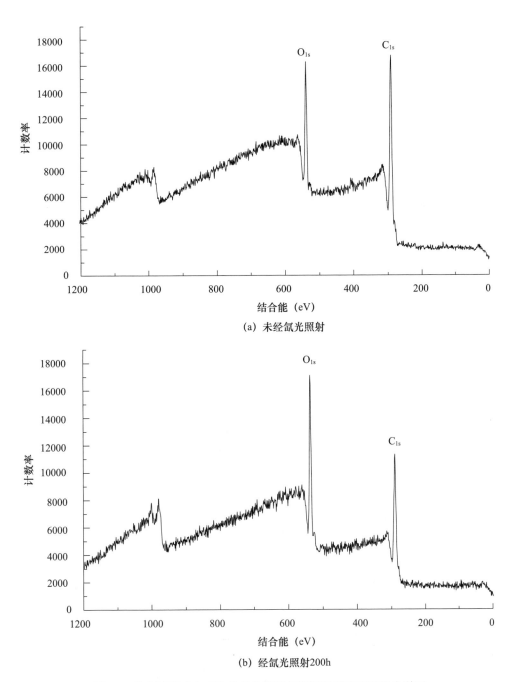

（a）未经氙光照射

（b）经氙光照射200h

图 9-4　染料酸性大红 GR 染色单板经氙光照射衰减前后的全谱图

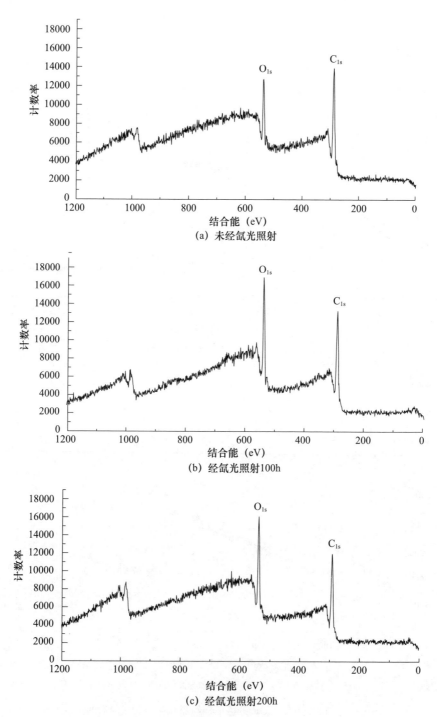

图 9-5 染料活性艳红 X-3B 染色单板经氙光照射衰减前后的全谱图

表 9-2　漂染处理后单板表面元素构成的变化

样品	元素	原子含量（%）	峰面积（积分）	氧/碳	灵敏度因子
素材单板	C_{1s}	81.48	6904	0.227	0.24
	O_{1s}	18.52	3989		0.61
漂白单板	C_{1s}	81.24	8224	0.231	0.24
	O_{1s}	18.76	4826		0.61
GR 染色板	C_{1s}	82.62	7620	0.21	0.24
	O_{1s}	17.38	4073		0.61
X-3B 染色板	C_{1s}	82.61	6278	0.211	0.24
	O_{1s}	17.39	3358		0.61

表 9-3　氙光照射 100h 衰减处理后单板表面元素构成的变化

样品	元素	原子含量（%）	峰面积（积分）	氧/碳	灵敏度（因子）
素材单板	C_{1s}	76.25	5889	0.312	0.24
	O_{1s}	23.75	4662		0.61
漂白单板	C_{1s}	76.74	8538	0.303	0.24
	O_{1s}	23.26	6576		0.61
GR 染色板	C_{1s}	71.18	4374	0.405	0.24
	O_{1s}	28.82	4501		0.61
X-3B 染色板	C_{1s}	73.97	5509	0.352	0.24
	O_{1s}	26.03	4928		0.61

　　由于每一个元素的原子在 X 射线光电子能谱图上都有 1～2 个最强的特征峰，从全谱图看出，碳原子的 C_{1s} 谱峰位置在 282.0～290.0eV，氧原子的 O_{1s} 谱峰位置在 530.0～535.0eV。

　　1. α 纤维素及其活性艳蓝 KN-R 染色后的表面元素构成的变化

　　从图 9-1 和表 9-1 看出，活性艳蓝 KN-R 染色 α 纤维素较 α 纤维素表面的 O_{1s} 谱峰的峰形减弱，相应的 C_{1s} 谱峰亦减弱，而它们的氧/碳有所增大，此结果表明染色后 α 纤维素表面的氧增加，而碳减少，可能木材表面碳与活性艳蓝 KN-R 分子发生反应（参见 6.3.2）。

　　2. 素材单板、漂白单板及其染色后表面元素构成的变化

　　从表 9-2 及比较图 9-2～图 9-5 看出漂白单板较素材单板外表面的 O_{1s}、C_{1s} 谱峰的峰形增强，表面的氧/碳提高，表明漂白处理使木材表面大分子断链，参与了氧化和还原反应生成小分子；酸性大红 GR 染色单板较素材单板表面的 O_{1s}、C_{1s} 谱峰的峰形增强，表面的氧/碳降低，说明酸性大红 GR 染色处理素材单板原有氧、碳结合均增加；活性艳红 X-3B 染色单板较素材单板表面的 O_{1s}、C_{1s} 谱峰的峰形减弱，表面的氧/碳降低，显示活性艳红 X-3B 染色处理素材单板原有氧、碳结合被削弱。

　　3. 素材单板、漂白单板及其染色单板氙光照射表面元素构成的变化

　　从图 9-2～图 9-5 和表 9-2、表 9-3 可以看出，素材单板经 100h 氙光照射衰减后 O_{1s} 谱峰明显增强，表面的氧/碳由 0.227 提高到 0.312；显示漂白单板 100h 氙

光照射后 O_{1s} 谱峰明显增强，表面的氧/碳由 0.231 提高到 0.303；表明 GR 染色单板 100h 氙光照射后 O_{1s} 谱峰明显增强，表面的氧/碳由 0.210 提高到 0.405；显示 X-3B 染色单板 100h 氙光照射后 O_{1s} 谱峰明显增强，表面的氧/碳由 0.211 提高到 0.352。以上的这些变化说明了素材单板、漂白单板和染色单板经氙光照射 100h 衰减处理后表面碳氧化态的显著增高。

9.3.2 纤维素、素板及其处理板的 X 射线光电子能谱图 C_{1s} 峰变化

I-214 杨木 α 纤维素及其染色、素材单板及其衰减、漂白单板及其衰减、染色单板及其衰减的 C_{1s} 谱峰分峰结果见图 9-6～图 9-10 和表 9-4～表 9-6。

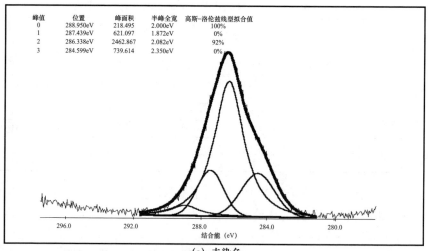

(a) 未染色

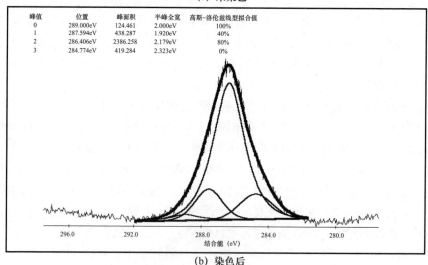

(b) 染色后

图 9-6　染色前后 I-214 杨木 α 纤维素碳分峰图

注：此处峰面积无单位，下同。

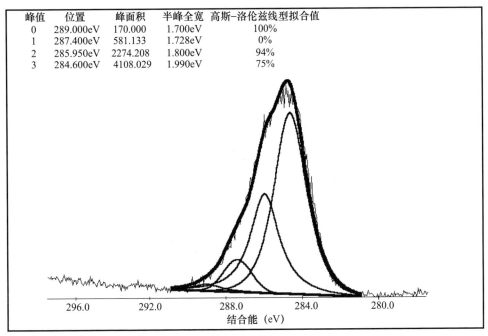

峰值	位置	峰面积	半峰全宽	高斯-洛伦兹线型拟合值
0	289.000eV	170.000	1.700eV	100%
1	287.400eV	581.133	1.728eV	0%
2	285.950eV	2274.208	1.800eV	94%
3	284.600eV	4108.029	1.990eV	75%

（a）未照射

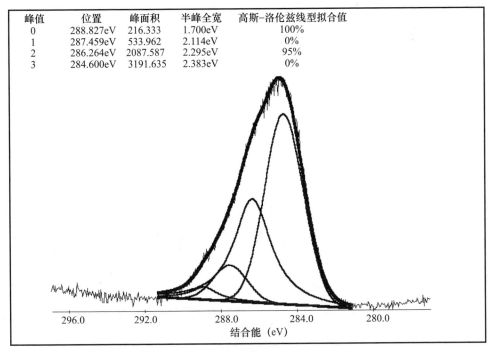

峰值	位置	峰面积	半峰全宽	高斯-洛伦兹线型拟合值
0	288.827eV	216.333	1.700eV	100%
1	287.459eV	533.962	2.114eV	0%
2	286.264eV	2087.587	2.295eV	95%
3	284.600eV	3191.635	2.383eV	0%

（b）照射后

图 9-7　经氙光照射前后素材单板的衰减 C_{1s} 分峰

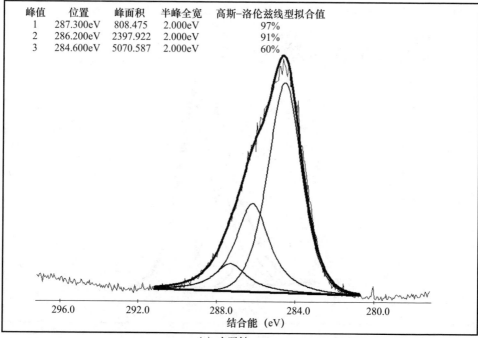

峰值	位置	峰面积	半峰全宽	高斯–洛伦兹线型拟合值
1	287.300eV	808.475	2.000eV	97%
2	286.200eV	2397.922	2.000eV	91%
3	284.600eV	5070.587	2.000eV	60%

(a) 未照射

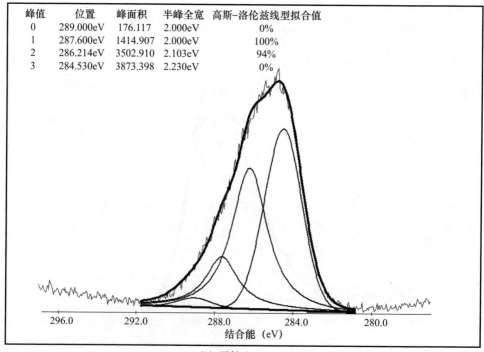

峰值	位置	峰面积	半峰全宽	高斯–洛伦兹线型拟合值
0	289.000eV	176.117	2.000eV	0%
1	287.600eV	1414.907	2.000eV	100%
2	286.214eV	3502.910	2.103eV	94%
3	284.530eV	3873.398	2.230eV	0%

(b) 照射后

图 9-8 经氙光照射前后漂白单板的衰减 C_{1s} 分峰

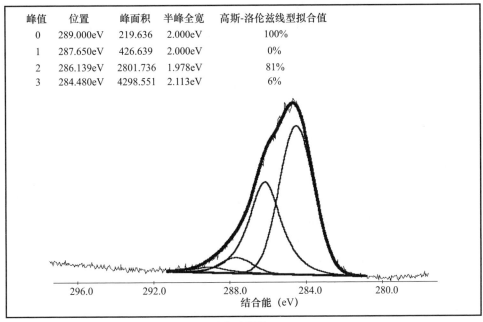

(a) 未照射

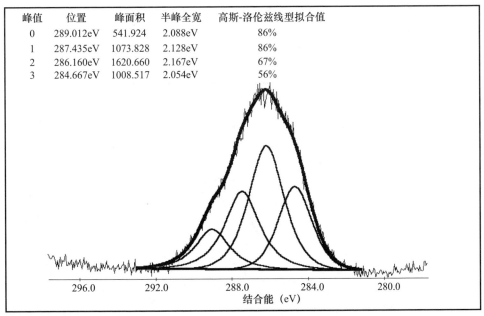

(b) 照射后

图 9-9　经氙光照射前后 GR 染色板的衰减 C_{1s} 分峰

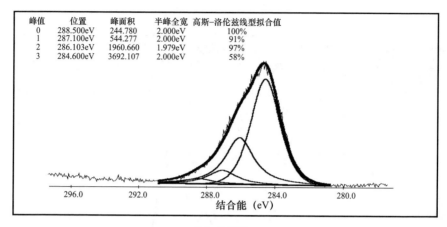

峰值	位置	峰面积	半峰全宽	高斯–洛伦兹线型拟合值
0	288.500eV	244.780	2.000eV	100%
1	287.100eV	544.277	2.000eV	91%
2	286.103eV	1960.660	1.979eV	97%
3	284.600eV	3692.107	2.000eV	58%

(a) 未照射

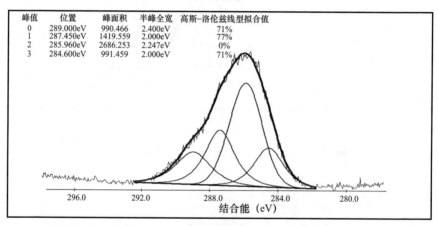

峰值	位置	峰面积	半峰全宽	高斯–洛伦兹线型拟合值
0	289.000eV	990.466	2.400eV	71%
1	287.450eV	1419.559	2.000eV	77%
2	285.960eV	2686.253	2.247eV	0%
3	284.600eV	991.459	2.000eV	71%

(b) 照射100h后

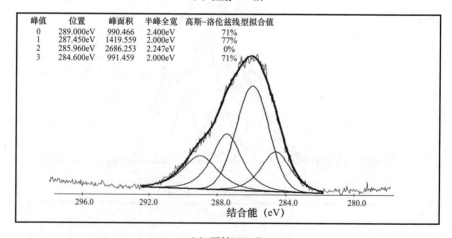

峰值	位置	峰面积	半峰全宽	高斯–洛伦兹线型拟合值
0	289.000eV	990.466	2.400eV	71%
1	287.450eV	1419.559	2.000eV	77%
2	285.960eV	2686.253	2.247eV	0%
3	284.600eV	991.459	2.000eV	71%

(c) 照射200h后

图 9-10　经氙光照射前后 X-3B 染色板的衰减 C_{1s} 分峰

表 9-4　经活性艳蓝 KN-R 染色前后 I-214 杨木 α 纤维素表面的 C_{1s} 分峰结果

样品	参量	C_{1s}峰号			
		C_I	C_{II}	C_{III}	C_{IV}
α 纤维素	峰位置	284.599	286.338	287.439	288.95
	峰面积	739.614	2462.867	621.097	218.495
染色纤维素	峰位置	284.774	286.406	287.594	289
	峰面积	419.284	2386.258	438.287	124.461

表 9-5　I-214 杨木单板素板、漂白单板与染色单板表面的 C_{1s} 分峰结果

样品	参量	C_{1s}峰号			
		C_I	C_{II}	C_{III}	C_{IV}
素材单板	峰位置	284.6	285.95	287.4	289
	峰面积	4108.029	2274.208	581.133	170
漂白单板	峰位置	284.6	286.2	287.3	—
	峰面积	5070.587	2397.922	808.475	—
GR 染色单板	峰位置	284.48	286.139	287.65	289
	峰面积	4298.551	2801.736	426.639	219.636
X-3B 染色单板	峰位置	284.6	286.103	287.1	288.5
	峰面积	3692.107	1960.66	544.277	244.78

表 9-6　I-214 杨木单板素板、漂白单板与染色单板经氙光照射衰减后表面的 C_{1s} 分峰结果

样品	参量	C_{1s}峰号			
		C_I	C_{II}	C_{III}	C_{IV}
素材单板 (100h)	峰位置	284.6	286.264	287.459	288.827
	峰面积	3191.635	2087.587	533.962	216.333
漂白单板 (100h)	峰位置	284.53	286.214	287.6	289
	峰面积	3873.398	3502.91	1414.907	176.117
酸染单板 (200h)	峰位置	284.667	286.16	287.435	289.012
	峰面积	1008.517	1620.66	1073.828	541.924
活染单板 (100h)	峰位置	284.6	285.96	287.45	289
	峰面积	991.459	2686.253	1419.559	990.466
活染单板 (200h)	峰位置	284.6	285.96	287.45	289
	峰面积	1224.282	2139.881	1277.667	885.397

　　碳原子的电子结构为 C^{1S2S2P}，其中 2S 和 2P 的电子是形成杂化轨道而构成化学键的价电子，X 射线光电子能谱探测分析的主要对象是 C 原子内层的 1S 电子。根据 Dorris 和 Gray 对木材的研究，依据碳原子的结构特征和化学位移作如下划分：

C_I 代表－CH_2－的特征吸收；C_{II} 代表－C－OH 的特征吸收；

C_{III} 代表－C＝O 的特征吸收；C_{IV} 代表－COOH 的特征吸收。

I-214 杨木材及其染色与衰减后的碳原子特征如下。

（1）C_I 碳原子仅与氢原子结合，即－C－H，其电子结合能量较低，谱峰位置约在 285.0eV。主要来自纤维中木素苯基丙烷和树脂酸、脂肪酸以及碳氢化合物等。

（2）C_{II} 碳与一个非羰基类的氧原子结合，即－C－OH，谱峰位置在 286.5eV，主要为醇、醚等。纤维素和半纤维素中均有大量的碳原子与羟基连接。尤其是纤维素，它是由 D 吡喃型葡萄糖基以 β（1-4）甙键相互结合而成的一种高聚物，在每一个葡萄糖基上有 3 个羟基（一个伯羟基，两个仲羟基），这种结合方式是纤维素和半纤维素的化学结构特征之一。羟基具有极性，电负性大，故电子结合能相应增大，约为 286.5eV。

（3）C_{III} 碳原子与两个非羰基类氧原子结合或与一个羰基氧结合，即－O－C－O－或－C＝O，谱峰位置在 288.0～288.5eV，主要为醛、酮、缩醛等。这是纤维表面上的化学组分羰基和被氧化的结构特征。这种结合碳的氧化态较高，表现出较高的电子结合能。

（4）C_{IV} 碳原子同时与一个羰基和一个非羰基氧的结合，即－O－C＝O，谱峰位置在 289.0～289.5eV，主要为酯基、羟基等。这主要源于羧酸根，是纤维中含有的或产生的有机酸。这种结合碳具有更高的氧化态，所以电子结合能在 289.0eV 以上。

1. α 纤维素及其染色后 C_{1s} 谱峰变化

从图 9-6 和表 9-4 看出，I-214 杨木 α 纤维素经染色后 C_I、C_{III}、C_{IV} 含量降低，C_{II} 变化不大，C_I 代表－CH_2－的特征吸收，C_{III} 代表－C＝O 的特征吸收，C_{IV} 代表－COOH 的特征吸收，结合活性艳蓝 KN-R 分子式分析，它们的降低表明染色引起了 α 纤维素和活性艳蓝 KN-R 分子中－NH_2、－C＝O 的反应。

性艳蓝 KN-R（C. I. Reactive Blue 19），《染料索引》（Colour Index）结构编号（C. I. 61200）

纤维素纤维在一般中性介质中是不活泼的，它与活性染料及其他染料一样，只是一种吸附关系，不可能产生牢固的化学结合，在碱性介质中就能起共价键结合，因为纤维素纤维在此时形成了负离子（Beech, W. F., 1970; Bjorkman, A., 2000）。

$$CellOH \xrightarrow{NaOH} Cell\ l^- + Na^+ + H_2O$$

$$D-SO_2-\overset{\delta^-}{C}H-\overset{\delta^-}{C}H_2 \xrightarrow{Cell\ o^-} D-SO_2-CH_2-CH_2-O-Cell+OH^-$$

2. 素材单板、漂白单板及其染色后 C_{ls} 谱峰变化

从图 9-7～图 9-10 的比较和表 9-5 中看出，I-214 杨木素材单板漂白后，C_I、C_{II}、C_{III} 含量增加，且 C_I、C_{III} 增加明显，C_{IV} 未产生，C_I、C_{III} 增加，表明 H_2O_2 漂白后的单板被强氧化，生成−C−O 或−C＝O，而且增加了−C−H；酸性大红 GR 染色单板 C_I、C_{II}、C_{IV} 含量增加，C_{III} 含量降低，表明−C−H，−C−OH，−O−C＝O 基团增加，从酸性大红 GR 分子式上看，可能是单板上的−OH 和酸性大红 GR 分子苯环作用生成的，或者在高温水浴内酸性大红 GR 分子的−OH 与单板纤维素分子的作用生成氢键结合（Ker，A. J.，1975）。

酸性大红 GR（C. I. Acid Red 73），《染料索引》（Colour Index）结构编号（C. I. 27290）

活性艳红 X-3B 染色单板 C_I、C_{II}、C_{III} 含量降低，C_{IV} 含量增加，即增加了−O−C＝O，参考活性艳红 X-3B 分子式，活性艳红 X-3B 结构中二氯均三嗪−C＝N 和纤维素离子 Cell−O−反应生成酯键即 D−COO−Cell。

活性艳红 X-3B（C. I. Reactive Red 2）

3. 素材单板、漂白单板及其染色单板氙光照射衰减 C_{ls} 谱峰变化

比较图 9-7～图 9-10 以及从表 9-5、表 9-6 得到，I-214 杨木素材单板氙光照射 100h 后 C_I、C_{II}、C_{III} 含量降低，C_{IV} 含量增加，即−O−C＝O 增加，说明氙光照射衰减后单板吸收光子发生氧化；漂白单板氙光照射 100h 后 C_I 含量降低，C_{II}、C_{III} 含量增加，即增加了−C−OH，−O−C−O−或−C＝O，表明漂白单板上的小分子吸收光子发生氧化；GR 染色单板氙光照射 200h 后 C_I、C_{II} 含量显著降低，C_{III}、C_{IV} 含量增加，就是说−C−H，−C−OH 减少，−C＝O，−COOH 增加了，表明酸性大红 GR 染色单板经 200h 氙光照射后因吸收光子的作用，−C−H，−C−OH 键被打开，而且在光照过程中生成大量的含有−C＝O，−COOH 结构的物质；活性艳红 X-3B 染色单板氙光照射 100h 后 C_I 含量显著降低，C_{II}、C_{III}、C_{IV} 含量明显增加，即−C−OH，−C＝O，−COOH 增加了，说明活性艳红 X-3B 染色板在氙光照射过程中生成大量的含有羰基和羧基结构物质。而当氙光照射延长到 200h，与 100h 相比 C_I 含量有所增加，C_{II}、C_{III}、C_{IV} 含量均下降，就

是说出现了相反的变化，可能是继续氙光照射导致$-C-OH$，$-C=O$，$-COOH$结构物质的分解。

9.3.3　纤维素、素板及其处理板的 X 射线光电子能谱图 O_{1s} 峰变化

I-214 杨木 α 纤维素及其染色、素材单板及其衰减、漂白单板及其衰减、染色单板及其衰减的 O_{1s} 谱峰分峰结果见图 9-11～图 9-15 和表 9-7～表 9-9。

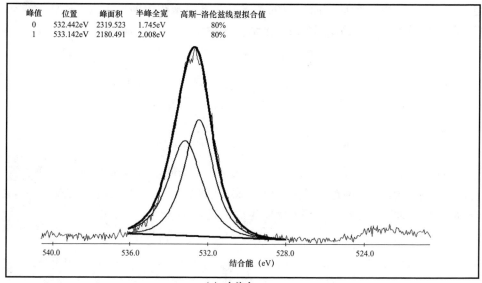

（a）未染色

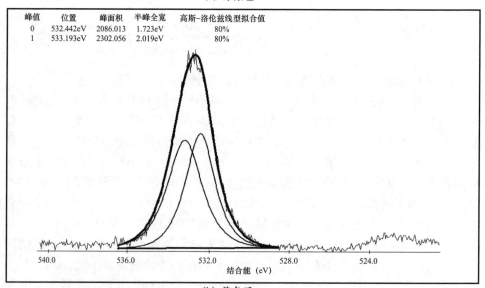

（b）染色后

图 9-11　经活性艳蓝 KN-R 染色前后 α 纤维素表面的 O_{1s} 分峰

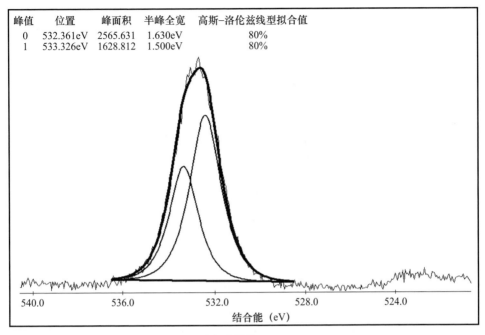

峰值	位置	峰面积	半峰全宽	高斯-洛伦兹线型拟合值
0	532.361eV	2565.631	1.630eV	80%
1	533.326eV	1628.812	1.500eV	80%

（a）未照射

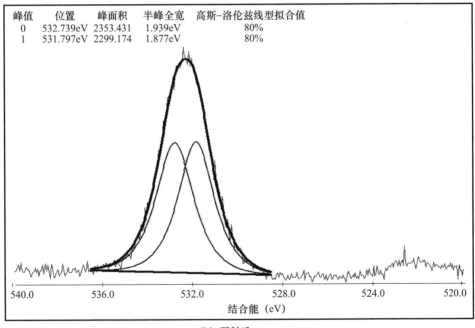

峰值	位置	峰面积	半峰全宽	高斯-洛伦兹线型拟合值
0	532.739eV	2353.431	1.939eV	80%
1	531.797eV	2299.174	1.877eV	80%

（b）照射后

图 9-12　经氙光照射前后素材单板的衰减 O_{1s} 分峰

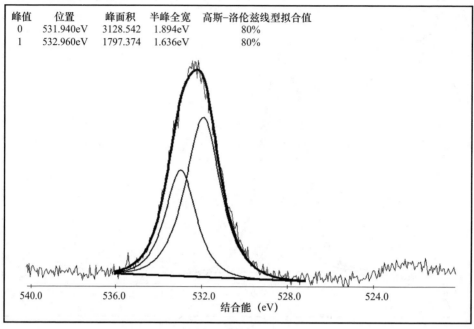

峰值	位置	峰面积	半峰全宽	高斯–洛伦兹线型拟合值
0	531.940eV	3128.542	1.894eV	80%
1	532.960eV	1797.374	1.636eV	80%

(a) 未照射

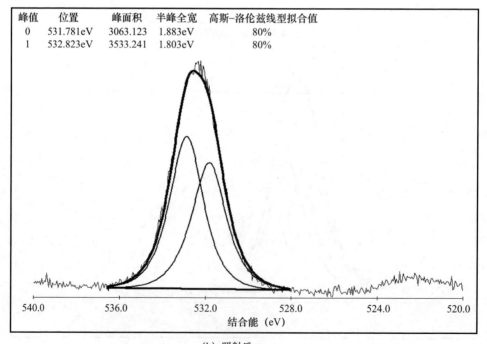

峰值	位置	峰面积	半峰全宽	高斯–洛伦兹线型拟合值
0	531.781eV	3063.123	1.883eV	80%
1	532.823eV	3533.241	1.803eV	80%

(b) 照射后

图 9-13 经氙光照射前后漂白单板的衰减 O_{1s} 分峰

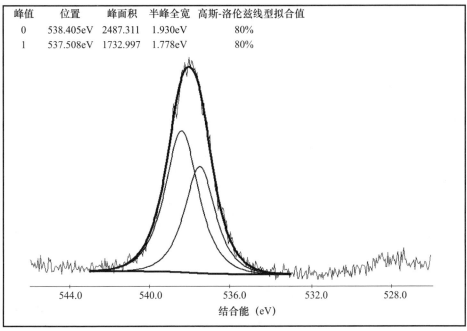

峰值	位置	峰面积	半峰全宽	高斯-洛伦兹线型拟合值
0	538.405eV	2487.311	1.930eV	80%
1	537.508eV	1732.997	1.778eV	80%

(a) 未照射

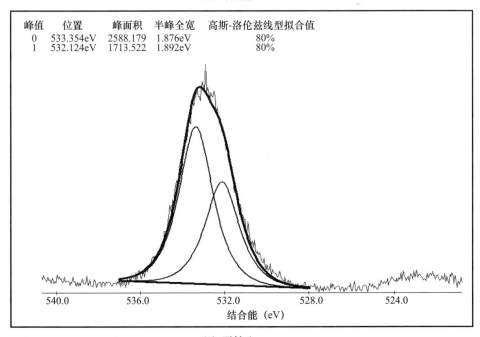

峰值	位置	峰面积	半峰全宽	高斯-洛伦兹线型拟合值
0	533.354eV	2588.179	1.876eV	80%
1	532.124eV	1713.522	1.892eV	80%

(b) 照射后

图 9-14　经氙光照射前后 GR 染色板的衰减 O_{1s} 分峰

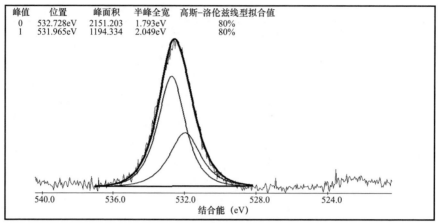

（a）未照射

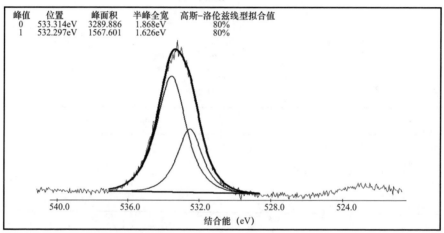

（b）照射100h后

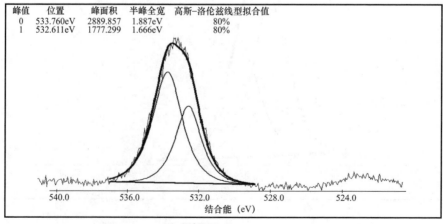

（c）照射200h后

图 9-15　经氙光照射前后 X-3B 染色板的衰减 O_{1s} 分峰

表 9-7 活性艳蓝 KN-R 染色 I-214 杨木 α 纤维素表面 O₁ₛ分峰

样品		α 纤维素		染色 α 纤维素	
参量		峰位置	峰面积	峰位置	峰面积
O₁ₛ峰号	O$_I$	532.442	2319.523	532.422	2086.013
	O$_{II}$	533.142	2180.491	533.193	2302.056

表 9-8 I-214 杨木单板素板、漂白单板与染色单板表面的 O₁ₛ分峰结果

样品	参量	O₁ₛ峰号	
		O$_I$	O$_{II}$
素材单板	峰位置	532.361	533.326
	峰面积	2565.631	1628.812
漂白单板	峰位置	531.94	532.96
	峰面积	3128.542	1797.374
GR 染色单板	峰位置	537.508	538.405
	峰面积	1732.997	2487.311
X-3B 染色单板	峰位置	531.965	532.728
	峰面积	1194.334	2151.203

一般认为，以双键和碳相连的氧归为 O$_I$，结合能较低；以单键和碳相连的氧则归为 O$_{II}$，结合能较高。由图与表可见，α 纤维素、染色 α 纤维素、素材单板、漂白单板、染色单板表面的氧元素 O$_I$、O$_{II}$谱峰，氙光照射衰减后 O$_I$、O$_{II}$含量增加，O₁ₛ所表现出的变化趋势与 C₁ₛ的变化趋势相符。

表 9-9 I-214 杨木单板素板、漂白单板与染色单板经氙光照射衰减后表面的 O₁ₛ分峰结果

样品	参量	O₁ₛ峰号	
		O$_I$	O$_{II}$
素材单板（100h）	峰位置	531.797	532.739
	峰面积	2299.174	2353.431
漂白单板（100h）	峰位置	531.781	532.823
	峰面积	3063.123	3533.241
GR 染色单板（200h）	峰位置	532.124	533.354
	峰面积	1713.522	2588.179
X-3B 染色单板（100h）	峰位置	532.297	533.314
	峰面积	1567.601	3289.886
X-3B 染色单板（200h）	峰位置	532.611	533.76
	峰面积	1777.299	2889.857

1. α 纤维素及其染色后 O_{1s} 谱峰变化

从图 9-11 和表 9-7 看出，I-214 杨木 α 纤维素染色后 O_I 含量减少，O_{II} 含量增加，说明活性艳蓝 KN-R 染色 I-214 杨木 α 纤维素后 $-C=O$ 的键被打开，增加了 $-O-C-O-$ 的数量。

2. 素材单板、漂白单板及其染色后 O_{1s} 谱峰变化

从图 9-12～图 9-15（参考表 9-8）可知，I-214 杨木素材单板漂白后 O_I、O_{II} 均增加，说明漂白处理使单板被氧化；酸性大红 GR 染色后的单板 O_{1s} 产生位移，表明酸性大红 GR 染色板上有含氧新结构物质的产生，活性艳红 X-3B 染色后的单板 O_I 显著降低，O_{II} 升高，即 $-C=O$ 降低，$-O-C-O-$ 增加，再次证明活性艳红 X-3B 结构中二氯均三嗪 $-C=N$ 和纤维素离子 Cell$-O-$ 反应生成 Cell$-O-C=N$ 的结构物质。

3. 素材单板、漂白单板及其染色单板氙光照射衰减 O_{1s} 谱峰变化

从表 9-8 与表 9-9 及比较图 9-12～图 10-15 可以得出，素材单板氙光照射 100h 后 O_I 降低，O_{II} 显著增高，即双键结合氧下降而单键结合氧增高，表明素材单板吸收光子后可能引起双键的断开，进而在足够能量的作用下氧化生成结合能更高 $-O-C-O-$ 形式；漂白单板氙光照射 100h 后 O_I 降低，O_{II} 显著增高，情况类似于素板，只不过有更多的小分子使氧化比素板更容易；酸性大红 GR 染色单板氙光照射 200h 后 O_{1s} 复位，且 O_{II} 略有增加，表明氙光照射后染色板褪色严重，且生成单键氧的氧化物；活性艳红 X-3B 染色单板氙光照射 100h 后 O_I 略有增加、O_{II} 显著增加，继续氙光照射到 200h 后 O_I 略有增加、O_{II} 降低，表明活性艳红 X-3B 染色单板氙光照射后因吸收光子发生氧化，100h 的时候双键氧和单键氧都有，且后者更多。200h 的时候单键氧有部分断开，原因有待探索。

9.4　小　结

（1）活性艳蓝 KN-R 染料染色纤维素，染色后纤维素表面氧增加，染料分子与纤维素的结合键为醚键。

（2）漂白处理使木材表面大分子断链，参与了氧化和还原反应生成小分子。

（3）酸性大红 GR 染料染色素材单板，染料分子与单板纤维可能是氢键结合；活性艳红 X-3B 染料染色素材单板，染料分子与单板纤维的结合键为酯键。

（4）氙光照射 100h 衰减处理后的漂白单板和染色单板表面碳氧化态显著增高。

10 傅立叶变换红外光谱技术快速预测木质素含量的研究

10.1 引 言

  研发光谱分析技术确定次级标定模型过程中常遇到的一个问题——研究人员要首先选用适宜的首要基准方法（即湿化学分析方法），能获取精确可靠的数据。首要基准方法的精度要求取决于所用的分析方法、试验目的和备选方法的可行性，如果仅想获取高、中、低三类，则精度要求不严，如果希望测定值的置信区间小，则基准方法的精度要求就高。若测定一个试样十次以上，得到标准偏差较小且具有代表性的均值并不难，但十次以上的重复测量次数不仅耗时而且经济上不可行，实际操作中试样的重复测定数一般为两次。若需要置信区间小的首要基准精确测量值，基于两次测定的低标准偏差、小极差就很有必要。乙酰溴木质素分析方法最初开发的目的就是提出微量木材试样木质素含量的快速而且灵敏的湿化学方法，Johnson 等人发展出一种测定少量（3~6mg）木本植物材料样品木质素含量的分光光度法，操作容易、灵敏度高，此方法已经多次改进，最近的改进是添加高氯酸将包括纤维素组分在内的细胞壁物质完全溶解，仅有少量的不溶性蛋白质残渣。

  配备衰减全反射附件的傅立叶变换红外光谱技术在木材科学中应用日益广泛，尤其是定量和定性表征纤维素和木质素，木材试样的制备过程包括有机溶剂和水抽提、磨碎。TAPPI 标准 T257om-85 规定研磨后木粉粒径大小应通过 40 目筛（0.4mm），推荐筛分，尤其应避免木材在研磨和再研磨过程中的过热现象，但所得木粉用于红外光谱分析粒径太大，需要进一步研磨或分级。而另一方面，TAPPI 标准 T264om-88 又指出不同级分木粉可能含有不等量的某种木材组分，因此移除某个级分木粉会改变化学组成。二次研磨也会导致木材试样化学组成的显著变化。一般认为木材的力学性能是木材中各种聚合物结构排列的结果，但对在研磨过程中的机械应力条件下木材复合物中的纤维素、半纤维素和木质素的相互作用和性能仍知之甚少。早在 20 世纪四五十年代，就有报道研磨对纤维素的聚合度及再结晶度、羧基含量的影响，Maurer 与 Fengel 考察了球磨对木材细胞壁超微结构的影响，发现复合胞间层与细胞壁角隅处是最耐受球磨的部位。

近年来石油短缺、气候变化、生态环境恶化等一系列问题日渐突出,现代工业化经济进程与化石资源日渐枯竭的现实产生了剧烈冲突。为了实现人类社会、经济的可持续发展,各国政府和科学界、产业界都致力于寻找新的替代品来补充当前消耗迅速的不可再生化石资源(石油、天然气、煤等),满足经济发展对能源、化工原料和原材料的需求。杨树人工林木材等可再生资源转化为生物燃料(如液体乙醇)、燃烧产热或发电(如木材颗粒供暖)、木材制浆造纸等木本植物的高效利用都受细胞壁木质化程度的影响,木质素是被子植物中由愈创木基单元和紫丁香基单元高度交联而成的异质共聚物,赋予细胞壁刚度、憎水性及化学稳定性。生物燃料转化过程中需要脱除木质素,增加纤维素的表面积,制浆造纸过程中也需要用强酸、强碱和高温等手段降解脱除木质素,而在另一方面,木质素是自然界中储量仅次于纤维素的生物质资源,并以每年500亿吨的速度再生,是进行生物精炼提取多种化工用品的重要原材料,因此,木质素是旨在改善木材性能为目标的林木繁育和基因工程的关键指标。用湿化学方法直接测定木质素含量及能量含量既烦琐辛苦又耗时费力,现在非常需要开发一种可靠的高通量木质素和能量含量测定方法,针对特定用途筛选识别重要种质资源,比如筛选生物能源杨树进行转化生产生物乙醇,或生产热能和发电。

本章研究旨在提高乙酰溴木质素分析标准方法的精度,适应次级分析方法(红外光谱技术)的标定样品集,进一步指出能够处理样品量少的情况,首要基准方法应使用微量样品。讨论了用于木材性质定量分析的红外谱图收集前木材试样制备方法标准化的重要性,并提出红外谱图分析用木粉的制备步骤。研究130株英国海德里试验田短周期灌木平茬林杂交无性系毛果杨×美洲黑杨木材试样的木质素含量的天然变异性,探索傅立叶变换红外光谱技术建立高通量标定模型快速估计木材木质素含量的可行性。

10.2　傅立叶变换红外光谱技术快速评价木材性质的理论基础

10.2.1　傅立叶变换红外光谱技术简介

1. 基本原理

1800年英国天文学家弗里德里希·威廉·赫歇尔爵士在用球状端部涂黑的温度计测量经过玻璃棱镜分光后的各种单色光的加热能力时发现红外光(又称为红外线、红外辐射)。当他将温度计置于七色光谱中红光以外的附近区域时,温度计温度上升最高,因此他推断光谱中红光以外的附近区域有种人眼看不到的光，而且加热能力很强，这就是我们现在所熟知的红外光，即"红色光外侧的光"之意。电视遥控器就是利用红外光调控电视的音量和频道。红外光和可见光一样，也是一种电磁辐射，只是波长（或频率）不同而已。红外光的波长范围在780～106nm（波数范围为12800～10cm^{-1}），介于微波与可见光之间（图10-1）。红外光具有很强的热效应，并易于被物体吸收，通常被用作热源。

红外区的光谱除用波长 λ 表征外，更常用波数 σ 表征。波数是波长的倒数，表示每厘米长的光波中波的个数。所有的标准红外光谱图中都有波长和波数两种刻度。若波长以 nm 为单位，波数的单位为 cm^{-1}，则波长与波数的关系是：

$$\sigma \text{（cm}^{-1}） = \frac{1}{\lambda \text{（cm）}} = \frac{10^7}{\lambda \text{（nm）}} \tag{10-1}$$

习惯上按照红外光波长，红外光谱的波段范围可进一步细分为近、中、远红外区三个部分：近红外区的波长范围为780～2500nm，主要用于 O—H、N—H、C—H 等官能团泛频和倍频吸收的定量分析；中红外区的波长范围为2500～25000nm（波数范围为4000～400cm^{-1}），主要是分子中基团振动和转动，包括伸缩、弯曲、摇摆和剪切，是有机化合物分析中研究应用最广泛的波谱范围；远红外区毗邻微波辐射区，能量最低，波长范围为25000～106nm，能够反映大分子主链振动、重原子（如无机及有机金属化合物）化学键的伸缩振动和晶格振动及一些基团的弯曲振动。之所以这样分为三个区域，是因为在测定不同区域的光谱时，所用的仪器不同，以及从各个区域获取的信息也不同的缘故。

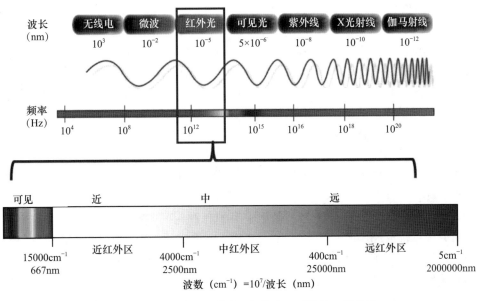

图 10-1　包括无线电、微波、红外光、可见光、紫外线、
X 光射线和伽马射线在内的电磁波谱

　　红外吸收光谱又称为振动转动光谱。傅立叶变换红外光谱属于吸收光谱，主要是由于有机化合物分子吸收特定波长的红外光，由原来的基态振动跃迁到较高的振动能级（同时伴随转动能级的跃迁）而产生的，记录了化合物分子中官能团的基频振动、倍频振动、合频振动及差频振动等泛频谱带信息，主要是含氢基团（包括 O—H、N—H、C—H 等的伸缩振动，又称为氢键区）、三键和累积双键区（包括 —C≡C≡C— 和 —C≡C≡O）、双键伸缩振动区（主要包括 C≡C、C≡O 及芳环的骨架振动等）、单键伸缩变形振动区（主要包括 C—H 变形振动、C—O 伸缩振动及 C—C 单键骨架振动），包含了大部分有机物化学组成和分子结构的丰富信息，不同的化学键及同一化学键在异质的周围化学环境中所产生的红外吸收谱带都有明显差别。化学键在振动能级变化及转动能级跃迁过程中所吸收的红外光的波长取决于化学键动力常数和连接在两端的原子折合质量，也就是取决于分子的结构特征。这就是红外光谱测定化合物结构的理论依据。

　　分子体系的振动和转动是量子化的，其能级差所对应的光子的波长落在红外光范围，因此是傅立叶变换红外光谱的主要研究对象。傅立叶变换红外光谱的研究范围不仅仅局限于分子的振动、转动跃迁，某些特殊体系的电子能级跃迁亦可能落在红外光谱波段范围内，例如，超大规模共轭体系的电子跃迁、某些稀土离子的 f—f 能级跃迁等。不过目前绝大多数的红外光谱研究工作仍集中于分子的振动能级跃迁上。1881 年 Abney 和 Festing 第一次将红外光用于分子结构的研究。他们使用 Hilger 光谱仪拍下了 46 个有机液体从 0.7 到 1.2μm 区域的红外吸收光谱。由于这种仪器检测器的限制，所能够记录下的光谱波长范围十分有限。瑞典科学家 Angstrem 采用 NaCl 作棱镜和测辐射热仪作检测器，第一次记录了分子的基本振动（从基态到第一激发态）频率。Angstrem1889 年首次证实尽管一氧化碳和二氧化碳都是由碳原子和氧原子组成，但因为是不同的气体分子而具有不同的红外光谱图。这个试验最根本的意义在于它表明了红外吸收产生的根源是分子而不是原子。而整个分子光谱学科就是建立在这个基础上的。不久 Julius 发表了 20 个有机液体的红外光谱图，并且将在 3000cm^{-1} 的吸收带指认为甲基的特征吸收峰。这是科学家们第一次将分子的结构特征和光谱吸收峰的位置直接联系起来。

　　红外光谱的理论解释是建立在量子力学和群论的基础上的。1900 年普朗克在研究黑体辐射问题时，给出了著名的 Plank 常数 h，表示能量的不连续性。量子力学从此走上历史舞台。1911 年 W Nernst 指出分子振动和转动的运动形态的不连续性是量子理论的必然结果。1912 年丹麦物理化学家 Niels Bjerrum 提出氯化氢分子的振动是带负电的氯原子核带正电的氢原子之间的相对位移。分子的能量由平动、转动和振动组成，并且转动能量量子化的理论，该理论被称为旧量子理论或者半经典量子理论。后来矩阵、群论等数学和物理方法被应用于分子光谱理论。随着现代科学的不断发展，分子光谱的理论也在不断地发展和完善。分子光谱理论和应用的研究还在发展之中。多维分子光谱的理论和应用就是研究方向之一。

红外光谱仪的研制可追溯到 20 世纪初期。1908 年 Coblentz 制备和应用了用氯化钠晶体为棱镜的红外光谱仪，1910 年 Wood 和 Trowbridge 研制出小阶梯光栅红外光谱仪，1918 年 Sleator 和 Randall 研制出高分辨光谱仪。20 世纪 40 年代开始研究双光束红外光谱仪。1950 年由美国 PE 公司开始商业化生产名为 Perkin-Elmer 21 的双光束红外光谱仪。与单光束光谱仪相比，双光束红外光谱仪不需要由经过专门训练的光谱学家进行操作，能够很快地得到光谱图。现代红外光谱仪是以傅立叶变换为基础的仪器。该类仪器不用棱镜或者光栅分光，而是用干涉仪得到干涉图，采用傅立叶变换将以时间为变量的干涉图变换为以频率为变量的光谱图。傅立叶红外光谱仪的产生是一次革命性的飞跃。与传统的仪器相比，傅立叶红外光谱仪具有快速、高信噪比和高分辨率等特点。更重要的是傅立叶变换催生了许多新技术，例如步进扫描、时间分辨和红外成像等。这些新技术大大地拓宽了红外光谱技术的应用领域，使得红外技术的发展产生了质的飞跃。如果采用分光的办法，这些技术是不可能实现的。

傅立叶变换红外光谱技术可以研究分子的结构和化学键，如力常数的测定和分子对称性等，利用红外光谱方法可测定分子的键长和键角，并由此推测分子的立体构型。根据所得的力常数可推知化学键的强弱，由简正频率计算热力学函数等。分子中的某些基团或化学键在不同化合物中所对应的谱带波数基本上是固定的或只在小波段范围内变化，因此许多有机官能团（例如甲基、亚甲基、羰基，氰基，羟基，胺基等）在红外光谱中都有特征吸收，通过红外光谱测定，人们就可以判定未知样品中存在哪些有机官能团，这为最终确定未知物的化学结构奠定了基础。由于分子内和分子间的相互作用，有机官能团的特征频率会因官能团所处的化学环境不同而发生微细变化，这为研究表征分子内、分子间相互作用创造了条件。分子在低波数区（通常为 $1800 \sim 900 cm^{-1}$）的许多简正振动往往涉及分子中全部原子，不同分子的振动方式不同，这使得红外光谱具有像指纹一样高度的特征性，称为指纹区。利用这一特点，人们采集了成千上万种已知化合物的红外光谱，并把它们存入计算机中，编成红外光谱标准谱图库。人们只需把测得未知物的红外光谱与标准谱图库中的光谱进行比对，就可以迅速判定未知化合物的成分。

2. 主要应用

傅立叶变换红外光谱技术适用于任何气态、液态、固态的样品，这是核磁共振、质谱、紫外等其他仪器分析方法所不能比拟的。粉末状固体样品可与溴化钾晶体研磨压片进行红外测定，不透明的样品可用漫反射红外光谱测定。液体样品可在结晶盐片上直接涂膜或用相匹配的溶剂溶解后配成溶液加入液体池中进行测定。气体样品则可使用气体吸收池进行红外测定。每种化合物都具有特异的红外吸收，有机化合物的红外光谱图可以提供丰富的信息。根据谱带的位置、数目、形状、强度就可推定化合物中存在的官能团，而指纹区的吸收峰就像辨别人的指纹一样，对化合物的结构鉴定提供了可靠的依据。与核磁共振波谱仪及质谱仪相比，常规红外光谱仪价格低廉，易于购置。针对样品的特殊要求，开发了多种红外光谱联用技术，如光声红外光谱、衰减全反射红外光谱、漫反射红外光谱、红外光谱显微成像技术等。由于具有上述众多优点，傅立叶变换红外光谱在农业、化工、食品、古文物保护与鉴定、法医鉴定学、生物技术与制药、环境保护等领域得到了广泛的应用。

傅立叶变换红外光谱于 20 世纪 50 年代开始应用于农业，其发展速度很快，主要的研究领域为土壤物理化学性质、农作物种子化学成分分析、作物生理学等。Niemeyer 等人通过漫反射傅立叶变换红外光谱技术表征腐殖酸、堆肥和泥炭，研究发现漫反射傅立叶变换红外光谱样品制备过程简单、水分吸收干扰小、分辨率高，脂肪族的 C—H 吸收带、羧基和羧酸盐官能团、芳香族 C=C 及多糖化合物的 C—O 伸缩吸收带显著。可利用红外谱图对不同来源的有机质进行指纹区分类鉴别，不同浓度腐殖酸的红外谱图可用于特定组分混合物的有机质浓度估计。研究还发现官能团的相对浓度较为恒定，不随样品浓度高低而变化，因此漫反射傅立叶变换红外光谱技术可用于测量腐殖化过程各种官能团相对浓度的变化。Concha-Herrera 等人利用傅立叶变换红外光谱技术结合谱图数据的多元处理对不同遗传种源的初榨橄榄油进行分类，初榨橄榄油样品来自 7 个遗传品种，油品的红外谱图分为 20 个波长范围，正态化的吸收峰面积用作预测变量，采用线性判别分析算法建立模型。最佳预测模型仅用了 9 个预测变量，88% 的初榨橄榄油样品归类正确无误，指定概率高于 95%。因为欧洲相关条例要求出示初榨橄榄油遗传种源的相关信息，所以基于傅立叶变换红外光谱技术的分类方法对橄榄油生产商大有裨益。Hoekstra 等人以傅立叶变换红外光谱技术为手段研究蔗糖对蒲菜花粉中膜的相行为的影响，揭示花粉颗粒的主要组分中性脂质未对信号作出显著贡献的原因，并分离出花粉的膜，发现当膜处于干燥状态并且无蔗糖添加时，分离膜的相转变温度由 6℃ 上升到 58℃。但是当膜处于干燥状态并且蔗糖含量增加时，分离膜的相转变温度稳定下降，最低值为 31℃，与花粉颗粒中的数值吻合。

傅立叶变换红外光谱技术在化工领域应用也十分广泛。李杰妹等人介绍了近年来傅立叶变换红外光谱技术在聚氨酯生产和研发中的应用进展，涉及结构表征、氢键作用、反应机理、分子间作用、过程跟踪、附件技术和定量分析 7 个方面。江艳等人阐述了衰减全反射红外光谱技术的基本原理和显著特点，并以实例概括该方法在逐层组装技术和水分子在薄膜内渗透行为研究两方面的应用，逐层组装技术是一种常用的组装聚合物超薄膜的方法，引入衰减全反射红外光谱技术可以在获取膜组装过程中相应信息的同时有效地避免表征过程中对样品的损害。另一方面，衰减全反射红外光谱技术与二维相关光谱技术相结合也是研究小分子（主要是水分子）在聚合物薄膜中的渗透行为的有效手段。傅立叶变换红外光谱在橡胶的表征、化学反应及加工使用过程中应用也很普遍。Sanjoy Roya 与 Prajna P. De 以低密度聚乙烯作为制样时基质材料，通过红外光谱技术考察不同橡胶共混物的交互作用。生橡胶与低密度聚乙烯在 120℃下混合制成厚硬薄膜，部分橡胶的吸收峰指认后发现，红外吸收峰的位置与 ASTM D3677 所报道的相同。就生橡胶而言，红外光谱技术很实用，因为样品制备过程中不需要溶液溶解的步骤，所以不存在高温分解过程中官能团破坏的问题。此外，傅立叶变换红外光谱技术不仅仅检测样品的表面，还可以给出丁腈橡胶及丁苯橡胶内部悬吊基团的特征信息。红外光谱技术可以测定聚丁二烯橡胶和生橡胶的组分和微结构，1，3丁二烯线性结成聚合物有三种可能的基本单元：来自 1，4 加成的顺式或反式内双键单元、来自 1，2 加成的侧乙烯基单元。

傅立叶变换红外光谱技术还用于食品加工、医药开发、大气质量检测、古代字画鉴定保护、生命科学与临床诊断等诸多领域。Michael Kümmerle 等人利用傅立叶变换红外光谱技术实现了食源性酵母菌的快速鉴别，红外光谱技术准确鉴别出离析物中 97.5％的酵母菌株。红外光谱技术与化学计量学方法联用还能验证新鲜水果原浆的真伪、区分速溶咖啡中阿拉比卡咖啡豆和罗布斯塔咖啡豆。红外光谱技术优点众多：操作容易、鉴别迅速、区分效率高，因此显著优于其他酵母菌株鉴别的例行方法。傅立叶变换红外光谱技术具有快速、灵敏、重现性好、对样品前处理的要求低等优点，各种附件技术拓宽了其应用领域，可以广泛用于多肽类药物、药物载体、角质层脂质、同质多晶型药物分析、预防医学等方面。傅立叶变换红外光谱技术在医学方面的应用则是从 20 世纪 90 年代才逐步开展起来的，目前已对宫颈癌、结肠癌、肝癌、肺癌、皮肤癌、甲状腺癌、乳腺癌等细胞或组织进行了研究，并获得了一些有意义的结果。Thomas D. Wang 等人通过傅立叶变换红外光谱技术成功检测出巴瑞特食管综合征中的内源性生物分子，红外谱图来自 32 个病人的 98 个离体末端食管样本，包括 38 个鳞状样本、38 个肠上皮化样本、22 个胃部样本。研究表明，950～1800cm^{-1}波数范围内红外吸收峰的主要来源为 DNA、蛋白质、糖原和糖蛋白。通过偏最小二乘拟合能定量这些生物大分子的浓度，进而分类疾病的严重程度，此方法灵敏度高、特异性强、准确率高，有助于多种疾病的早期诊断。另外，使用傅立叶变换红外光谱技术诊断癌前病变（增生）黏膜所得的灵敏度、特异性、阳性预测值、总准确率分别为 92％、80％、92％和 89％，与 2 个胃肠病理学医生的发育异常诊断结果吻合更好（$\kappa=0.72$），而仅用组织病理解剖学手段仅有 $\kappa=0.52$。应用人工神经网络技术对红外光谱图进行分类，还用于测定全血中的葡萄糖含量、预测尿路结石的化学组分、快速区分链球菌和肠球菌。

利用傅立叶变换红外光谱法可根据谱峰的强度和位置很容易地将真伪字画区别开来，傅立叶变换红外光谱法在中国字画鉴定中具有快速、准确、操作简单、重复性好、不需对样品进行预处理的优点，适用于珍贵字画的无损鉴定。由于红外光谱分析法被视为物质的"指纹"鉴别法，同时又是"无损"分析方法，因此，它已作为重要的刑事技术鉴定手段之一，被广泛用于毒品鉴定、交通事故和盗窃案件中的物证检验、文检工作等刑事侦查技术中。异戊二烯是重要的生物源挥发性有机化合物之一，森林释放的异戊二烯及其次生光化学反应生成物对附近的动植物会产生危害，对全球变化和环境污染都有较大的影响。通过对异戊二烯单体分子进行傅立叶变换红外光谱分析及理论计算，刘宪云等人研究了异戊二烯分子振动能级，并利用自制的烟雾室来研究 OH 启动的异戊二烯的光氧化反应；通过傅立叶变换红外光谱技术直接探测异戊二烯的光氧化反应的产物，鉴别分析产物的结构组成或确定其化学基团，为测定异戊二烯光氧化产物的分子官能团、定性分析产物组分提供基础。

陈国奇等人运用傅立叶变换红外光谱技术获取了 8 科 80 种（包括种下单位）草本被子植物种子的红外光谱，统计了在 $3100\sim900\,cm^{-1}$ 波数范围内的峰值，以此为基础进行了聚类分析，结果显示傅立叶变换红外光谱技术对于 11 组同属不同种和 7 组同种不同亚种或变种具有良好的区分能力。应用红外光谱法鉴定中药材，可以避免一般鉴别方法的主观性和片面性，可较为客观地反映内在的质量，尤其是对缺乏形态特征的药材（树脂、矿物、动物类药材），如牛黄、熊胆，红外光谱鉴别具有独特的优越性，建立中药材鉴别的相对标准图谱进而进行数字化处理，这是中药鉴定现代化的重大进展。傅立叶变换红外光谱技术用于氧气管和设备装置的脱脂分析，不仅快速、灵敏，而且分析结果准确、可靠，适于进行批量分析。傅立叶变换红外光谱技术也是大气污染分析的有力手段，不仅可以监测地面空气质量，还可以搭载于飞机或卫星上对高层气流和外空间进行分析，对提高全球大气污染、天气预报、目标识别的准确度和时效性有重大意义。傅立叶变换红外光谱技术不仅是化合物结构研究的强有力工具，也是分析鉴定的有效方法，还可以配合多种功能性附件，如显微红外、衰减全反射、声光红外光谱、变温光谱、时间分辨光谱等的使用和多种联机技术的发展，使红外光谱技术几乎成为一种全能的分析技术，其应用领域也将会不断拓展。

10.2.2　傅立叶变换红外光谱技术快速评价木材性质的基本原理

原则上傅立叶变换红外光谱技术适用于任何气态、液态和固态样品的定性和定量分析，用于定量分析的优点是有较多特征峰可供选择，而用于定性分析时，具有高度的特征性——除光学异构体外，每种化合物都有其特异的红外谱图，因此红外光谱是有机化合物鉴定和分子结构分析的强有力手段。虽然木材的化学组成和结构极为复杂，高质量木材红外谱图的采集和解析等方面仍不尽完善，但随着近年来傅立叶变换红外光谱技术的不断发展和高性能仪器的投入使用，红外光谱技术在木材化学组分及性质研究领域发挥的作用越来越大，已经成为不可或缺的研究分析手段。

1. 化学原理

木材是一种由天然高分子物质、低分子抽提物和灰分组成的有机材料，主要由纤维素、半纤维素、木质素、木材抽提物和无机灰分组成。绝干木材中碳、氢、氧、氮各元素的平均含量为：50%、6.4%、42.6%、1%。纤维素是木材的主要组分，约占木材绝干质量的50%，为D-吡喃葡萄糖残基通过β-1，4糖苷键相互结合形成的线型高分子，聚合度为7000～15000，羟基是纤维素的主要红外敏感基团。半纤维素是细胞壁中与纤维素紧密联结的多种单糖的统称，主要由己糖、甘露糖、半乳糖、戊糖和阿拉伯糖五种单糖组成，分子链比纤维素的短，并具有一定的分支度，常含有乙酰基、羧基等红外敏感基团。木质素的组成和结构要比纤维素和半纤维素复杂得多，目前一般认为在木材中与半纤维素通过化学键联结形成复合物。木质素可看成由愈疮木基丙烷、紫丁香基丙烷和对羟基苯基丙烷三种苯基丙烷结构单元通过C—C键和C—O键相互联结而形成的三维网状无定形高聚物，木质素分子中含有甲氧基（$CH_3O—$）、羟基（OH—）、羰基（$C—O$）、碳碳双键（$—C=C—$）和苯环等多种红外敏感基团。

傅立叶变换红外光谱主要为含氢基团（如C—H、O—H、N—H等）伸缩振动的基频吸收和重键（如$C=O$、$—C=C—$等）弯曲振动的倍频及和频吸收。木材的三大化学组分中包含大量的C—H、O—H等含氢化学键及羰基（$C=O$）、碳碳双键（$—C=C—$）和苯环等重键基团，所以傅立叶变换红外光谱的中红外区有复杂的信息量丰富的吸收峰。红外光透过样品压片或在试样表面发射后，红外光谱仪的检测器记录下经过试样的红外辐射信号，红外谱图有三种模式备选：透射光谱、反射光谱和吸收光谱。傅立叶变换红外光谱图是待测样品的化学组成的全面表征，图10-2为作者测得的短周期平茬杂交杨树木材木粉的红外谱图（哥廷根大学，森林植物学研究所，Equinox 55型傅立叶变换红外光谱仪，DuraSamplIR衰减全反射附件），在总结前人研究成果的基础上，作者将800～2000 cm^{-1}波数范围内各个红外吸收峰尝试性指认为对应的特异分子键或官能团（参见表10-1）。中红外光谱的指纹区谱图所含信息量比近红外光谱大，信息源是分子内部官能团的基频振动、倍频振动、合频振动及差频振动等谱带信息，包含大量官能团的结构和组成信息。中红外谱区的信号强度显著高于近红外光谱，红外吸收峰较窄，分辨率较高，中红外光谱区的各个波段反映不同基团的基频和倍频振动等信息，随着化学计量学和计算机数据处理技术的迅猛发展，中红外谱区谱图在样品所含单个组分定量分析领域的突破也日益增多。

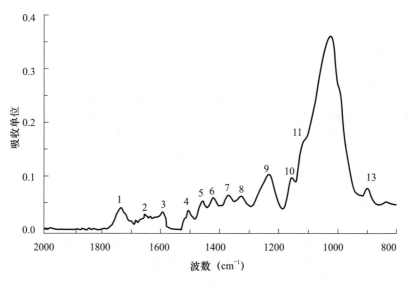

图 10-2 杨树木粉衰减全反射-傅立叶变换红外光谱图

注：作者采集，表 10-1 为波数最大值处编码数字的官能团指认。

表 10-1 中红外区杨树木粉的红外谱图吸收峰的位置及相应木材组分的指认

吸收峰编码	波数最大值（cm^{-1}）	红外吸收峰的诠释
1	1734	木聚糖（半纤维素）中的非共轭 C=O 伸缩振动
2	1653	O—H 吸收与非共轭 C—O
3	1593	木质素中的芳环分子骨架振动
4	1506	木质素中的芳环分子骨架振动
5	1458	木质素和碳水化合物中的 C—H 变形振动
6	1420	木质素和碳水化合物中的 C—H 变形振动
7	1373	木质素和半纤维素中的 C—H 变形振动
8	1328	紫丁香环与愈创木环简缩振动
9	1234	木质素和木聚糖中的紫丁香环和 C=O 伸缩振动
10	1155	纤维素和半纤维素中的 C—O—C 主链振动
11	1120	芳环分子骨架振动及 C—O 伸缩振动
12	1024	纤维素和半纤维素中的 C—O 振动
13	898	纤维素中的 C—H 变形振动

红外谱图能就木材中的两种主要类型木质素含量的比率、碳水化合物含量、蛋白质及脂类的含量、芳香族化合物丰富与否给我们一个直观的概括。由于生物样品的复杂性及红外吸收带相互重叠，将谱图中的吸收带指认为具体的分子键或化学键并不十分明确，因此纤维素或木质素等纯组分的标准谱图对吸收峰指认大有裨益，通过将成分较复杂试样的红外谱图与单个纯组分的标准谱图相比对，一般都能成功实现吸收峰指认。红外谱图指纹区内大部分木质素特征吸收峰的位置为 1593cm^{-1} 与 1506cm^{-1}（Caryl—O 伸缩振动）、1458cm^{-1} 和 1420cm^{-1}（C—H 变形振动）、1328cm^{-1}（紫丁香环与愈创木环）、1234cm^{-1}（愈创木环与 C=O 伸缩振动）、1120cm^{-1}（芳环骨架振动）。

2. 物理学原理

傅立叶变换红外光谱衰减全反射光谱技术在现代红外光谱分析中占有十分重要的地位。傅立叶变换红外光谱技术对气体、液体和固体样品的分析，都可以通过衰减全反射技术实现。虽然衰减全反射附件早在 20 世纪 60 年代就已经在商用色散型红外光谱仪上投入使用，但衰减全反射技术直到傅立叶变换红外光谱仪问世后，也就是 20 世纪 90 年代才在科研领域获得广泛应用。衰减全反射技术还是一种非破坏性的无损分析方法，能够保持样品原貌进行测定，而且所需样品量比漫反射光谱技术小得多，约是漫反射光谱技术所需样品量的二十分之一。该方法制样简单，无须样品前处理即可直接进行红外检测，所测得的红外光谱图的吸收峰位置、强度和峰形与透射光谱完全一致，不存在干涉条纹，特征官能团吸收峰清晰。中红外谱区的红外辐射全反射率较高，有利于进行衰减全反射分析。

随着傅立叶变换红外光谱仪的应用及化学计量学的发展，傅立叶变换红外光谱衰减全反射技术已经成为传统透过法制样效果不理想（或制样复杂）的样品及表层结构的分析的有力工具和手段，已应用到纺织、质检、刑侦、食品、医疗卫生、微生物学等各个领域，在木材科学领域的应用也十分广泛。中红外辐射由惰性固体光源出发，在透入样品（光疏介质）一定深度后，有机样品对红外光有一定的选择吸收，使入射到样品中的光束强度在出现吸收的波长处明显减弱，然后衰减后的红外辐射经反射折回全反射晶体中，在此过程中，傅立叶变换红外光谱衰减全反射光谱承载了样品丰富的结构和官能团组成信息（图 10-3）。仅经过一

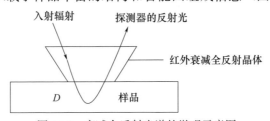

图 10-3　衰减全反射光谱的微观示意图

注：D 表示入射光透入样品表面的深度。

次衰减全反射，红外光透过样品的深度有限，样品对红外光的吸收量也较少，现代衰减全反射附件均采用增加全反射次数的设计理念，从而增加吸收峰强度，增大信噪比。

使用衰减全反射附件进行样品测定时，需将样品压在折光率较高的衰减全反射晶体材料上，入射光通过衰减全反射晶体材料射入样品表面一定深度。采样深度取决于入射光的波长、入射角度、样品和衰减全反射晶体材料的折射率（式 10-2）。一般而言，样品的分析深度在 $0.3 \sim 3\mu m$ 范围内浮动。制造衰减全反射晶体材料的原料选取很重要，由于傅立叶变换红外光谱主要研究对象是有机物质，绝大多数有机物的折射率小于 1.5，所以依据发生全反射的条件，晶体材料应选取折射率大于 1.5 的红外辐射透明材料。常用的衰减全反射晶体材料有锗、金刚石、KRS-5（一种铊、溴和碘的混合晶体，有毒，折射率为 2.4）和硒化锌。

$$D = \frac{\lambda}{2 \cdot \pi \cdot (n_1^2 \cdot \sin^2\alpha - n_2^2)^{1/2}} \qquad (10\text{-}2)$$

式中　D——样品分析深度；

　　　λ——入射光的波长；

　n_1、n_2——样品与晶体材料的折光系数；

　　　α——衰减全反射晶体的入射角度。

傅立叶变换中红外衰减全反射光谱的吸光度值与木材的化学组分、物理力学、解剖学等各种性质关系紧密。傅立叶变换红外衰减全反射光谱谱图一方面和木材本身对红外辐射的吸收特性密切相关；另一方面，木材密度、木粉颗粒的粒径、木材含水率、木材树种及立地条件等诸多因素也影响木材对中红外光谱的吸收，从而影响谱图中吸收峰的形状、强度等信息。傅立叶变换红外衰减全反射光谱图与木材性质之间并不是简单的线性关系，中红外光谱的不同波段都受到微妙的影响，要想把这些微弱的、整体的、大量样本中体现的信息综合提取出来，就需要求助于最新的化学计量学方法。

3. 化学计量学原理

傅立叶变换中红外光谱包含了样品中官能团类别、化学键强度、化学组分等丰富信息，木材傅立叶变换红外光谱的指纹区中的每个波数点均是各种化学组分信息的综合叠加，木材样品中的纤维素、半纤维素、木质素等每种单一组分在红外光谱的多个波数范围都有信息反映，该谱区特征峰复杂、谱线重叠严重、吸收带较宽，因此进行定量分析的难度较大。与紫外—可见光光谱等吸收光谱一样，傅立叶变换红外光谱定量分析的依据是样品中各组分的吸收峰强度，是根据朗伯—比尔定律来进行的。20 世纪 70 年代以前，红外光谱的定量分析应用范围十分有限，主要原因是红外光谱图多以尖峰出现，老式光栅型红外光谱仪测量误差大。红外谱图从分子结构定性角度考虑多以透过率表示，而且线性范围也较狭窄，即使转换成透光度，测量线性范围仍然受到限制。第一代棱镜分光光谱仪及第二代光栅分光光谱仪测量误差大，计算机软件功能差，非线性修正功能也较差。

20 世纪 80 年代初，随着计算机技术的快速发展、化学计量学技术的突破和第三代干涉分光傅立叶变换红外光谱仪的引入，红外光谱定量分析无论从准确度、测量误差、测量速度，还是从应用范围等角度均与其他光谱的定量分析不相上下，尤其是在有机物的定量分析方面更是优于紫外—可见光光谱。化学计量学是一门应用数学、统计学和计算机技术的原理和方法来处理化学数据的学科，属于分析化学的三级学科，化学计量学可以通过统计学或数学方法将化学体系的测量值与体系的状态之间建立联系，优化化学计量过程，并从化学量测数据中最大程度地提取有用的化学信息。化学计量学的产生始于计量学与化学数据的有机结合，20 世纪 60 年代，Crawford 和 Morrison 尝试以计量学方法处理质谱数据，证实化学数据具有"结构"，而且可以利用这种内在的固有"结构"获得有用的信息，开启了化学计量学的大门。1972 年，Bruce Kowalski 开发出适合化学数据处理的"线性学习机器"程序，这是一套全新的专门用于化学领域的技术，这项技术的诞生标志着化学计量学的产生。同年，瑞典化学家 Svante Wold 基于化学与测量学的英文单词创造了 chemometrics 一词，即化学计量学。1974 年，国际化学计量学会成立，标志着化学计量学作为一门新兴学科得到了国际学术界的承认。20 世纪 80 年代，化学计量学领域陆续诞生了三本专业期刊：《化学计量学杂志》，由约翰威立出版集团发行；《化学计量学与智能实验室系统》，由爱思唯尔出版集团发行；《化学信息与建模杂志》，由美国化学学会出版发行。

化学计量学在傅立叶变换红外光谱中的应用主要涉及两个领域：定性分析样品体系的化学性质和定量预测样品中某个组分的含量。定性分析的目的是了解样品体系的内在关系和结构，而定量分析是通过对样品体系的某些化学性质建立标定模型，预测新样品的相关性质。这两类主要应用都需要大量有高度代表性的样品，建立模型过程中要用到上百个变量，样本量也较大。化学计量学出现早期主要用于多元数据分类，后来随着计算机辅助化学分析技术逐渐成熟，开始通过多元变量分析技术用于定量预测。红外光谱所得数据常含上千个测量点，红外光谱图所含数据的结构适用于主成分分析和偏最小二乘法等多元变量分析技术，主要是因为红外光谱数据集高度多元性并且常含线性低秩结构。长期以来，主成分分析和偏最小二乘法等多元变量分析技术已经证实是建立经验模型的有效工具，发掘数据集中的交互关系和潜在变量，为回归、聚类分析、模式识别等数值分析提供紧凑的备选坐标系。

10.3　材料与方法

10.3.1　改进乙酰溴木质素分析方法

　　木材试样是来自哥廷根大学森林植物学研究所温室的 2 年生毛果杨，主干木材剥掉树皮、去除髓心，60℃烘箱干燥 2 天，然后分为 A、B 两个系列，A 系列为髓心周围部分的 2 年生成熟木材，B 系列为靠近树皮部分的新生木材。干木材劈成火柴杆状小条，修枝剪将火柴杆状木条剪成小段，然后用振动球磨机（MM2000，莱驰，Haan，德国）研磨 4min，成粒径小于 $20\mu m$ 的细木粉，避免木粉粒径对乙酰溴溶解反应的干扰，为防止过热及加速研磨过程，研磨在液氮环境下进行，振幅 $90min^{-1}$。室温下丙酮连续抽提 4 次共 2 天除去木粉中的小分子干扰物质。温度、处理时间、木粉粒径大小等轻微变更并未在下述实验步骤中标出。

　　改进的乙酰溴木质素分析步骤如下。

　　（1）按下列方式准备约 5g 木粉：用凿子和（或）修枝剪将木材试样劈成小段（尺寸小于 1cm），然后用振动球磨机（MM 2000，莱驰，Haan，德国）磨碎成粒径小于 $20\mu m$ 的细粉，研磨在液氮环境下或室温条件下进行。若在室温条件下，研磨时间约 20min，特别注意防止研磨过程中木材试样过热，可用湿纸巾包裹研磨钢瓶，吸收钢珠与钢瓶撞击产生的热量。

　　（2）将制得木粉放入气密性容器内，如螺口盖 Falcon 试管或安全密封聚丙烯微试管（SARSTEDT，Nümbrecht，德国），可从中分装木粉试样为下一步分析使用。

　　（3）称取 1g 木粉装入 2mL 安全密封聚丙烯微试管中，加入 1.5mL 丙酮，操作应在通风橱中进行，漩涡混合使木粉与丙酮充分混合形成悬浮液。

　　（4）浸泡 48h 后，离心 4min（13000r/min），注射器抽取上层清液，尤其要注意在此过程中不要搅动底层木粉。重复这一抽提过程 3 次。

　　（5）丙酮抽提结束后，样品首先过夜气干，然后 60℃烘箱中干燥至恒重，干燥器中存放绝干木粉一夜实现温度平衡。

　　（6）称出 2 个（1±0.01）mg 木粉装入 2 个 2mL 安全密封微试管中，同时称取另一个试样测定含水率。可用聚丙烯塑料纸作称量纸并随称好的木粉一同装入 2mL 安全密封微试管中，以避免木粉试样转移过程中的质量损失，确保称量精度。

　　（7）将盛有木粉的微试管放入 0℃的冰水浴中。

　　（8）向 2mL 安全密封微试管中加入 1mL 25%（v/v）乙酰溴/乙酸混合液（储存于室温条件下），每次分析时都要加入试剂空白样，以校正背景吸光值。

　　（9）封严微试管并在 70℃水浴中处理 30min。

（10）恒温处理 15min 时，倒置并摇匀反应混合物确保木粉完全溶解。

（11）木粉浸煮消化后，将封严的微试管放入冰水浴中，漩涡混匀，从溶液上层抽取 $100\mu L$ 混合物到另一个 2mL 的安全密封微试管中（提前加入 $200\mu L$ 2mol/L 浓度的氢氧化钠水溶液）。

（12）加入 1.7mL 乙酸将微试管中溶液补足到 2mL，在 5min 内完成这一过程。

（13）以空白溶液为背景，漩涡混合后测定 280nm 处溶液的紫外吸光值，使用光程为 1cm 的比色杯，仪器为 Beckman DU 640 分光光度计，必须在稀释开始后的 10min 内完成吸光值测定过程。

（14）用式（10-3）由 280nm 处的吸光值计算木质素含量：

$$木质素含量（\%）= \left[(A_s - A_b) \cdot V \right] / (a \cdot w \cdot b) \qquad (10\text{-}3)$$

式中　A_s——试样的吸光值；

　　　A_b——空白的吸光值；

　　　V——溶液的体积（L；0.02）；

　　　a——木质素标准物的吸光系数（$L \cdot g^{-1} \cdot cm^{-1}$），吸光系数值为
　　　　　$20.09 L \cdot g^{-1} \cdot cm^{-1}$，适用于针叶材和阔叶材；

　　　w——木粉试样质量（g；0.001）；

　　　b——比色杯的光程（cm；1）。

10.3.2　建立木质素定量预测模型的材料与方法

1. 杨树木材与木粉试样制备

单主干毛果杨×美洲黑杨杂交种生长于英国海德里试验田，在第二个平茬周期的第四年平茬采伐，共获得木材试样 130 个，详细生长条件与培育情况可参见其他文献。哥廷根大学森林植物学研究所科研温室 2 年生银灰杨木材试样 15 个。主干木材剥掉树皮、去除髓心，60℃烘箱干燥 2 天，然后将干木材劈成火柴杆状小条，再将火柴杆状木条剪成小段，用振动球磨机（MM2000，Retsch（莱驰），Haan，德国）研磨 4min 成粒径小于 $20\mu m$ 的细木粉，避免木粉粒径对乙酰溴溶解反应的干扰，为防止过热及加速研磨过程，研磨在液氮环境下进行，振幅 $90min^{-1}$。室温下丙酮连续抽提 4 次共 2 天除去木粉中的小分子干扰物质。

选取多个样品集进行标定、验证与主成分分析，来自海德里试验田 61 株短周期平茬杂交杨树人工林木材用于木质素含量的标定与验证数据集，15 株哥廷根生长银灰杨及另外 34 株短周期平茬杨树木材进行木质素含量最佳标定模型的外部验证，三个子数据集（即高、中、低三个木质素含量段）用于木质素含量的主成分分析，每个子数据集包含 10 株杨树木材的红外谱图，依据相应样品的木质素含量值从 95 株短周期平茬人工林杨树中选取，详细数据集分类请参见图 10-4。

2. 杨树木材木质素含量的湿化学分析方法

杨树木材木质素含量测定方法采用作者改进的乙酰溴木质素分析方法，称取

1mg 气干、无抽提物木粉装入 2mL 安全密封聚丙烯微试管（SARSTEDT，Nümbrecht，德国）中，加入1m L25％（v/v）乙酰溴/乙酸混合液（储存于室温条件下），封严微试管并置于 70℃水浴中恒温处理 30min，随后将封严的微试管放入冰水浴中终止反应，从溶液上层转移 $100\mu L$ 混合物到另一个 2mL 的安全密封微试管中（提前加入 $200\mu L$ 2mol/L 浓度的氢氧化钠水溶液），加入 1.7mL 乙酸将微试管中溶液补足到2mL，漩涡混匀，以空白溶液为背景，漩涡混合后测定 280nm 处溶液的紫外吸光值，我们所采用的木质素吸光系数值为 20.09 L·g^{-1}·cm^{-1}。所有的分析均有 3 个重复，然后计算平均值，木质素含量表示为绝干无抽提物木材的百分比。

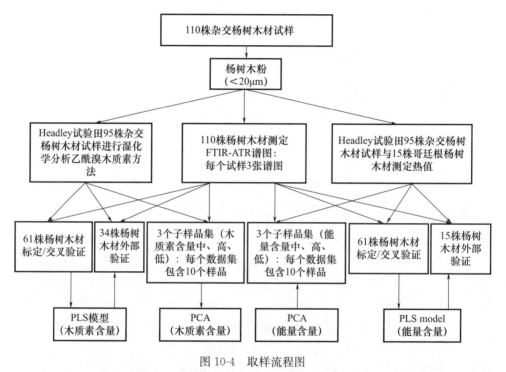

图 10-4　取样流程图

注：杨树木材试样数量、试样加工处理与分配，偏最小二乘法模型的标定/交叉验证与
外部验证及木质素含量的主成分分析。

3. 傅立叶变换红外-衰减全反射光谱分析方法

无抽提物杨树木粉的傅立叶变换红外-衰减全反射谱图通过德国产 Equinox 55 傅立叶变换红外光谱仪，配备氘化三甘氨酸硫酸酯检测器和衰减全反射附件，光谱的波长扫描范围为 $600\sim4000cm^{-1}$，分辨率 $4cm^{-1}$。本试验使用衰减全反射附件采集木粉试样的中红外谱图，在试验过程中，保持仪器室内的温度、湿度恒定，粉末试样直接压制到衰减全反射装置的钻石晶体上，带扭矩旋钮的压力施加器能确保同样的压力应用到所有的测定样品上，每个粉末样品扫描 32 张谱图然后取平均谱图为最终结果，每 15 或 20min 定期进行背景扫描和校正，每个样品

测定三张红外谱图，所得的均值谱图用于后续的进一步分析。

4. 发展标定模型与统计分析方法

使用 OPUS 5.5 软件（布鲁克光谱仪器公司）中的 QUANT 化学计量学软件包建立标定模型，共采用 95 株杨树木材试样，就木质素含量的标定和验证而言，样品分成两组，第一组 61 个试样用于内部验证（标定和交叉验证），第二组 34 个试样用于外部验证。所有的标定流程在模型建立前均采用以下的数据预处理算法：一阶导数；矢量归一化；基线校正；一阶导数＋矢量归一化。波数选定的方法有两种：迭代组合限定波数区域和通过马顿斯不确定性测试自动选择波数范围。QUANT 软件包可进行主成分分析与偏最小二乘法两种算法建立预测模型。所有木材试样的傅立叶变换红外-衰减全反射光谱综合成一个数据矩阵（X 矩阵），湿化学木质素分析方法所获得的木质素含量数值整合为响应矩阵（Y 矩阵），偏最小二乘法或主成分分析法建模之前标定红外光谱经过从每个样品谱图中减去均值谱图实现均值中心化，木材组分的浓度数值也进行了均值中心化处理。QUANT 软件包提供的偏最小二乘算法同时分解红外光谱吸收值和木质素含量测定值矩阵，偏最小二乘法预测模型使用的主成分（或称为因子）数依据观测 Y 方差矩阵残差对增加的因子的响应而定，当增加因子不再大幅降低 Y 方差矩阵残差时，模型构建过程即告完成。所有的偏最小二乘法预测模型均采用交叉验证法构建，交叉验证过程如下：从数据集中系统移除一个样本，用剩余的样本构建偏最小二乘法预测模型并预测移除样本的 Y 方差矩阵残差值，这个过程一直持续到每个样本都从数据集中移除过，都已经用于验证为止。

5. 外部验证

用于估计杨树木材木质素含量的偏最小二乘法预测模型的外部验证是采用由 34 株杂交杨树平茬木材构成的独立数据集，这 34 株杨树并未包含在发展标定模型所用的样品数据集中。

6. 异常值检测

多元标定和验证阶段谱图异常值的检测是通过计算马氏距离完成的，马氏距离度量所分析谱图与所有其他谱图的均值谱图的相似性，如果某一谱图的马氏距离值大于极限值〔极限值＝（因子×秩）/M；M 是标定数据集的样本量〕，则这一谱图就被认定为异常值，并从标准试样中剔除。因子的可取值范围为 2 到 10 之间，由于对于预测未知天然样品的性质而言因子 2 太苛刻了，随之而来的后果是太多样品被贴上异常值的标签，本研究中所用的因子值为 5，但也有奥地利的业内同行认为 3 比较合适。在标定和交互验证阶段 8％的标定样品被检测为异常值。

10.4 结果与讨论

10.4.1 乙酰溴木质素分析方法的改进

从使用乙酰溴木质素分析方法的最开始，木粉的用量就由 5mg 减至 1mg，这样可以处理更少量的试样，所有分析中用到的化学试剂也相应地成比例减量。我们所做的第一个改进是提高称量时的准确度，使用高精度天平（0.001mg），样品质量范围严格控制在 0.99～1.01mg，从木粉质量这个源头上提高乙酰溴木质素分析方法的最终精度。称量后木粉试样由称量盘向安全密封微试管转移过程中木粉的损失量大小不一，反应底物量对吸光值的影响较大，而乙酰溴/乙酸混合液与聚丙烯塑料无化学反应发生，因此我们在转移过程中用聚丙烯塑料纸作称量纸并随称好的木粉一同装入 2mL 安全密封微试管中，以避免木粉试样转移过程中的质量损失，确保称量精度。我们采用标准分析步骤反复连续测定同样样品（A 系列）的木质素含量，每天测定 10 次，直到三天后极差和标准偏差基本恒定。最后一天的测试结果参见表 10-2 中系列 A1。验证标准分析步骤过程中我们发现加入乙酰溴/乙酸混合液后，反应混合物的温度在 18～26℃ 之间波动，部分取决于木粉、乙酰溴/乙酸混合液及周围环境的温度。众所周知，化学反应受温度影响明显，温度波动可能是降低乙酰溴木质素分析方法精度的源头之一，因此从分析一开始盛有木粉的安全密封聚丙烯微试管就放入了冰水浴中。使用 0℃ 的冰水浴或者（2±1）℃ 的水浴对最终测定的木质素含量并未发现影响，因此后续分析均使用冰水浴，另一个原因是冰水混合物的温度很容易获得。

为排除加入木粉中乙酰溴/乙酸混合液温度波动可能引起的影响，乙酰溴/乙酸混合液在室温下（20℃左右）保存并用于后续的分析。基于 10 次测试的木质素含量值，使用室温下保存的乙酰溴/乙酸混合液，所测得木质素含量相同，极差小于 0.1%，反应混合物的温度波动区间在 4～6℃（极差基于十次测试）之间。将以上提及的所有改进的分析步骤应用于同样的样品（系列 A）测定木质素含量，每天重复十次，连续测定三天直到极差和标准偏差基本恒定为止，结果概括于表 10-2 中系列 A2，三天内木质素含量的进展情况显示：极差和标准偏差约有 20% 的降低。B 系列所用木粉为振动球磨机精细研磨而得的粒径小于 20μm 的木粉，经有机溶剂抽提后，60℃烘箱干燥到恒重，由于木粉粒径更小、均质性更高，B 系列木粉测定木质素含量，每天仅用连续测定 5 次。所得木质素含量的极差和标准偏差均减半，详细结果请见表 10-2 中系列 B。

表 10-2　乙酰溴木质素分析方法改进过程中获得的分析结果木质素含量（%）

基于绝干无抽提物木材，干燥温度为 60℃

内容	系列 A1	系列 A2			系列 B
取材位置	髓心周围部分的 2 年生成熟木材	髓心周围部分的 2 年生成熟木材			靠近树皮部分的新生木材
改进步骤包含	1mg 气干试样	1mg 气干试样，木粉与聚丙烯塑料称量纸一同转移入微试管，盛有木粉的微试管放入冰水浴中，室温保存乙酰溴/乙酸混合液，最终稀释后的 10min 内完成紫外吸光值测定			1mg 气干试样，木粉与聚丙烯塑料称量纸一同转移入微试管，盛有木粉的微试管放入冰水浴中，室温保存乙酰溴/乙酸混合液，最终稀释后的 10min 内完成紫外吸光值测定
连续性	紧接，最后一天	紧接，第一天	紧接，第二天	紧接，第三天	紧接
检测数目	10	10	10	10	5
乙酰溴木质素含量极差（%）	1.36	0.89	0.87	0.86	0.54
乙酰溴木质素含量均值（%）	27.05	26.87	26.91	26.92	25.32
标准偏差（%）	0.421	0.322	0.331	0.324	0.139
变异系数（%）	1.52	1.12	1.11	1.14	0.51

　　经过乙酸最终稀释后反应混合液的稳定性是文献记载中有争议的问题，Johnson 等人提出针叶材木粉的最终稀释溶液在 5h 内稳定，阔叶材木粉最终稀释溶液的吸光值在 1h 内稳定，但未能给出测量的重复性。Van Zyl 报道使用现配试剂吸光值很不稳定，而使用陈放一周的试剂溶液最终乙酸稀释后的吸光值在 30～60min 间稳定，但经过此时间段便开始下降。Iiyama 与 Wallis 称如果使用现配乙酰溴/乙酸试剂溶液，经过乙酸最终稀释后反应混合液的吸光值在 30min 内几乎恒定不变。我们考察了乙酸最终稀释后溶液吸光值的稳定性，稀释、漩涡混合后的前 10 分钟，吸光值保持稳定不变，我们一直检测到吸收后的 60min，每个试样取 3 个重复，如图 10-5 所示，自 10min 起吸光值随着时间的增加而缓慢下降，20～40min 期间的下降速率最低。然而从第 15～35min 期间测定值之间的差异大小约 0.009 个吸光单位，对应木质素含量由 21.8% 下降到 21.1%，这个

值已经超出了 TAPPI 克拉森木质素测定方法所给出的重复性指标。因此我们建议在乙酸最终稀释后的 10min 内或尽快测定反应混合物的吸光值，彻底排除由于吸光值波动而引起的木质素含量变异。

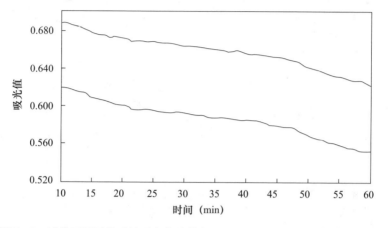

图 10-5　试样不同用量时的吸光值读数在 10～60min 内随时间的变化趋势线

依据重要程度降序排列的所有改进步骤：

（1）木粉粒径小于 $20\mu m$，保证均质且研磨过程中无过热现象；

（2）使用高精度天平（0.001mg），提高木粉称量准确度，木粉试样重量范围严格控制在 0.99～1.01mg，木粉与聚丙烯塑料称量纸一同转移入微试管；

（3）加入乙酰溴/乙酸混合液前将盛有木粉的微试管放入冰水浴中，使用室温保存的乙酰溴/乙酸混合液；

（4）在开始乙酸最终稀释后的 10min 内完成紫外吸光值测定过程。

就中红外波段傅立叶变换红外光谱的衰减全反射技术而言，TAPPI 标准推荐的 40 目木粉粒径太大了，因此木粉需要二次研磨或分级筛分，而不同的筛分级分可能所含木材主要组分的量不等，从而引起所分析木粉化学组成的差异，二次研磨也会显著改变木材的化学组成，按照上述步骤制备的粒径小于 $20\mu m$ 的木粉可以直接用于红外光谱采集，这就意味着首要基准方法与次级建模分析方法可以使用同样的木粉试样，从而大大提高木质素红外预测模型的精度。

10.4.2　杨树木材木质素含量定量预测模型

1. 杨树木材木质素含量的自然变异性

毛果杨×美洲黑杨杂交种无抽提物木材试样的木质素含量范围为 23.45％～32.07％（w/w），呈正态分布，均值为 27.02％（图 10-6）。改进的乙酰溴木质素测定方法快速准确，本批次样品分析的标准偏差仅为 0.18％。我们所测定的杨树人工林木材木质素含量的天然变异性与蓝桉木材（23.4％～34.5％）及北美云杉幼龄材木质素含量相当。

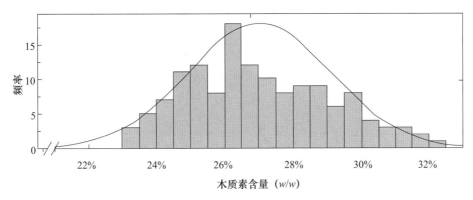

图 10-6　无抽提物木材试样的木质素含量测定值的频数分布图

注：预测模型标定和外部验证过程中使用的生物能源杂交杨树平茬无抽提物木材试样。

　　本研究所分析的不同杨树木材试样也广泛地涵盖文献中所报道的不同杨树树种木质素含量的变异，我们所用样品集中木质素含量的变异性是发展标定预测模型的重要前提条件，因为如果变异幅度太窄，也就是说在测量误差的一个数量级以内，建模测定傅立叶变换红外-衰减全反射红外谱图与木质素含量测定值之间的相关关系就不太实际了。由于木质素的能量含量大约是纤维素的两倍，我们对木材样品的木质素含量是否与能量含量相关也很感兴趣，然而从初步试验结果来看，杨木人工林试样的木质素含量值与能量含量值间不存在显著的线性相关关系（$R^2=0.0973$，$P-$值$=0.1344$），这与以前的文献报道相矛盾，有文献称两者之间存在较强相关关系，与我们的研究相反，这些以前的分析考察都是针对不同的植物品种，因此也就拥有更广泛的木质素和能量数值，此外这些研究所有的材料未经过溶剂抽提等任何预处理，小分子酚类、脂类等木材抽提物这些额外组分也可能影响生物质的热值。我们的研究表明种内木质素含量和能量含量变异性对杨树而言并不相关。

　　2. 分析红外谱图识别对木材木质素含量作出贡献的官能团

　　正如图 10-7 所示，$1800\sim800cm^{-1}$的指纹区内为杂交杨树平茬木材的傅立叶变换红外-衰减全反射谱图，我们依据前人文献将红外吸收峰尝试指认为化学成分，指纹区内木质素的特征吸收峰所在位置为 1593 与 $1506cm^{-1}$（芳环骨架振动）、1458 与 $1420cm^{-1}$（C－H 变形）、$1328cm^{-1}$（紫丁香环与愈创木基环）、$1234cm^{-1}$（紫丁香环与 C＝O 伸缩）、$1120cm^{-1}$（芳环骨架振动）。正如图 10-7 套印小图所示，更密切地审视观察就能发现在 $1650\sim1380cm^{-1}$ 这一波数区域的吸光值变化与湿化学方法测定的木质素含量值差异之间存在清晰的联系，因此在后续的交叉验证阶段应用这一区域进行手动波数选择。与木质素相比，科研人员对木材能量含量差异的波数区域选择还知之甚少，直接比较低、中、高热值木材试样的傅立叶变换红外光谱图没有发现任何明显的吸收带，为获取决定木材能量含量和对木质素含量差异起关键作用的木材组分的证据，我们对两个选定的样品集进行主成分分析。第一个数据集由 30 株杨树木材试样的红外谱图构成，10 株低热值杨树木材试样，10 株中热值杨树木材试样，10 株高热值杨树木材试样；第二个数据集也由 30 株杨树木材试样的红外谱图构成，10 株低木质素含量杨树木材试样，10 株中木质素含量杨树木材试样，10 株高木质素含量杨树木材试样，木质素含量通过湿化学方法测定。我们计算了两个光谱数据集在 $1800 \sim 900 \mathrm{cm}^{-1}$ 波数区域的因子载荷谱从而识别分歧最大的波数（图 10-8，表 10-3），木质素样品数据集中，第一、第二、第三、第四因子载荷谱各解释了变异性的 68.7%、22.2%、6.8%、2.3%。两个样品数据集中第一因子载荷谱的前三个峰互相重叠并且涵盖碳氢化合物区域与愈创木基型木质素波数范围，前四个因子载荷谱的所有其他主要峰都在能量含量数据集与木质素含量数据集间有很大差异，对木材能量含量较有影响力的波数认定为碳氢化合物环振动的相关波数。正如我们先前预料的那样，芳香族化合物的典型波数在木质素含量因子载荷谱中广泛存在（表 10-3：32 个差异最大波数中的 14 个），而在能量含量因子载荷谱中并不多见。最后我们可以得出结论，主成分分析算法表明木质素与能量含量间缺乏相关性是作出贡献的化学成分不同的结果，能量含量的主要贡献成分为碳氢化合物的某些性质，而木质素含量的主要贡献成分为芳香族化合物。

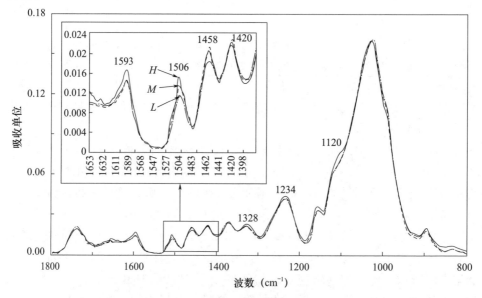

图 10-7   低、中、高木质素含量木材试样的傅立叶变换红外-衰减全反射谱图

注：每张光谱图都是三个重复试验的均值，指纹区傅立叶变换红外-衰减全反射谱图经自动校正波数对射线透过深度的影响后转换为透射谱图，然后基线校正（橡皮带方法）、矢量归一化方法预处理。乙酰溴木质素分析方法测定的木质素含量分别为：低（L），23.45%；中（M），27.475%；高（H），31.52%。

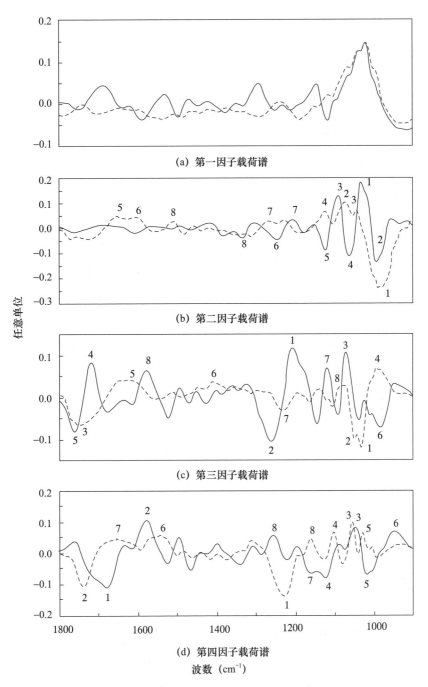

图 10-8　杨树木材试样的基线校正与正态化均值红外谱图的因子载荷谱

注：展示木质素含量与能量含量天然变异性，木质素含量为黑线，能量含量为红线。

根据 Tillmann Rana et al. 与 Nuopponen et al. 的方法，对第一（a）、第二（b）、

第三（c）、第四（d）因子载荷谱的前 8 个最高的吸收峰进行指认。

表 10-3　木质素因子载荷谱吸收带指认

波数（cm⁻¹）				吸收带起源
第一个因子	第二个	第三个	第四个	
1025（1）	—	—	—	木质素中愈创木基单元中的C—H，主醇羟基中的C—O变形
1037（2）	—	—	—	纤维素和半纤维素中的C—O振动
1064（3）	—	—	—	C—H，C—O变形
1294（4）	—	—	—	蛋白质中酰胺Ⅰ与Ⅱ（朝上方向）
1148（5）	—	—	—	紫丁香环的C—H平面变形
1688（6）	—	—	—	木质素中的C=O
1587（7）	—	—	—	无可用信息
1120（8）	—	—	—	芳环骨架与C—O伸缩
—	1032（1）	—	—	芳环C—H平面振动，愈创木基型C—O变形，主要醇羟基
—	993（2）	—	—	碳氢化合物环振动C—O—C，C—O变形
—	1092（3）	—	—	酯类化合物中C—O—C非对称伸展振动
—	1067（4）	—	—	C—H，C—O变形
—	1126（5）	—	—	芳环骨架与C—O伸缩
—	1248（6）	—	—	紫丁香核变形结合纤维素变形振动
—	1207（7）	—	—	木质素和木聚糖中紫丁香环与C=O伸缩
—	1335（8）	—	—	紫丁香环与愈创木环缩合聚合
—	—	1207（1）	—	木质素和木聚糖中紫丁香环与C=O伸缩
—	—	1263（2）	—	愈创木基环与C=O伸缩
—	—	1072（3）	—	次级醇类与脂肪醚类化合物C—O变形
—	—	1719（4）	—	非共轭酮类、羰基、酯类基团中C=O伸缩（常为碳氢化合物起源）
—	—	1759（5）	—	与4号峰相同
—	—	984（6）	—	—HC=CH—非平面变形
—	—	1120（7）	—	芳环骨架与C—O伸缩
—	—	1578（8）	—	无可用信息
—	—	—	1680（1）	无可用信息
—	—	—	1580（2）	NH₃⁺非对称变形
—	—	—	1049（3）	碳氢化合物环振动C—O—C，C—O变形
—	—	—	1126（4）	芳环骨架与C—O伸缩
—	—	—	1020（5）	源于木质素的C=O伸缩
—	—	—	947（6）	C—O—C，C—O主导的碳氢化合物环振动
—	—	—	1163（7）	典型的HGS木质素；酯类化合物中C=O
—	—	—	1259（8）	愈创木基环与C=O伸缩

注：主成分分析所得第一（PC1）、第二（PC2）、第三（PC3）、第四（PC4）因子载荷谱，因子载荷谱都指明了8个最高的峰（图 10-8），括号内的数字为依据峰高排列的峰位置。

3. 通过傅立叶变换红外-衰减全反射光谱估计人工林杨树木材木质素含量的预测模型

吸收峰分辨率高、基线平滑的高质量红外谱图是进一步进行定量分析的前提条件，正如 Faix 与 Böttcher 的研究结果所示，传统的溴化钾压片方法存在谱图重复性差等诸多弊端，引起这些缺陷的原因包括溴化钾压片的含水率不稳定、仪器所在室温波动、压片中木粉样品的均质性差、压片厚度不统一。相比之下，傅立叶变换-衰减全反射红外光谱分析技术可以直接使用木粉材料，无须任何前处理。

就本研究所用的木材试样而言，傅立叶变换-衰减全反射红外光谱谱图重复性较佳（谱线标准偏差为 0.23%），而较高的谱图重复性是发展偏最小二乘法模型的先决条件之一。另外，采用多达 4 个因子的主成分分析的得分图也未揭示傅立叶变换-衰减全反射红外光谱标定谱图集有明显的模式（图 10-8，第三与第四主成分未出示），马氏距离分析认定的异常值（8%）在标定和交叉验证之前就被剔除。因此与溴化钾压片法相比，衰减全反射附件所采集的傅立叶变换红外光谱谱图更适宜构建木质素含量预测模型，为进一步优化预测模型，我们尝试了不同的谱线数据预处理方法考察 $2000\sim700\text{cm}^{-1}$ 波数范围的红外谱图，也对比了不同波数范围的分析结果。就木质素含量而言，若谱图波数范围选取 $2000\sim700\text{cm}^{-1}$，与原始谱图直接利用相对而言，矢量归一化预处理算法对模型改进较大，R^2 为 0.782，主成分的数量也很低，只有四个（表 10-4）。应用自动选定的光谱范围意味着排除了与木质素分子不相关的官能团，从而会减弱偏最小二乘法预测模型的预测能力。

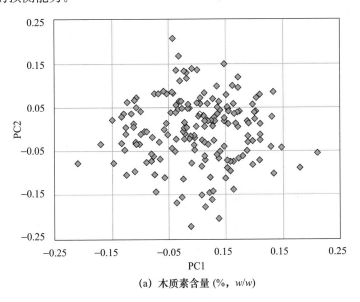

(a) 木质素含量(%, *w/w*)

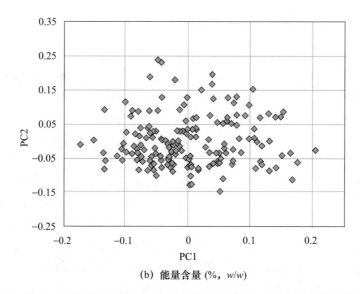

(b) 能量含量 (%，w/w)

图 10-9 杨树木材傅立叶变换红外-衰减全反射谱图第一和第二个主成分的得分图

注：波数范围为 2000～800cm⁻¹，红外谱图均经过基线校正、矢量归一化处理。

表 10-4 乙酰溴木质素含量偏最小二乘法预测回归模型的性能指标

基于傅立叶变换－衰减全反射红外光谱图，标定试样的木质素含量为 23.4%～32.1%，独立验证样品数据集的木质素含量为 23.6%～29.9%，采用多种谱图预处理方法、手动及自动波数范围选定。

Descriptor[a] 描述指标	红外波数范围[b]				自动选择[c]	手动选择[d]
	无谱图预处理	一阶导数	VN	一阶导数＋VN	VN	VN
R^2（标定）	0.77	0.742	0.782	0.778	0.906	0.823
R^2（交叉验证）	0.614	0.638	0.666	0.651	0.806	0.734
RMSEC（%）	0.894	0.94	0.864	0.876	0.584	0.77
RMSECV（%）	0.937	0.978	0.94	0.952	0.743	0.86
RMSEP（%）	1.13	1.09	1.05	1.07	0.8	0.91
PLS 因子数量	6	4	4	5	12	3

注：[a] 符号解释如下：R^2——决定系数；RMSEC——标定样品均方根误差；RMSECV——交叉验证样品均方根误差；RMSEP——预测样品；VN——矢量归一化。
[b] 波数范围为 2000～700cm⁻¹。
[c] 自动限制的波数范围 1802～1690cm⁻¹，1362～1250cm⁻¹，1140～1028cm⁻¹。
[d] 手动选取波数范围 1650～1380cm⁻¹。

为测试这个假设，我们采用了 2000～700cm⁻¹ 波数范围，这一波数范围在木质素含量差异样品间显示出最大的差异（图 10-7），因此被手动选定进行模型构建。所得标定模型的预测能力显著提高，模型统计量中的 R^2（标定）值由 0.782

攀升至 0.823，R^2（交叉验证）值也由 0.666 升高至 0.734（表 10-4），与此相对应，模型标定与交叉验证阶段的均方根误差也显著下降。这进一步支持了我们先前的假设：不同样品傅立叶变换红外-衰减全反射光谱谱图所观察到的偏移与木质素含量多少相联系，表明模型构建过程中包含无关波数会降低模型的预测能力。

我们也测试了自动波数选择预测木质素含量，OPUS 程序包有一套预定的频率区域及子区域组合套装来进行模型构建过程中的波数范围自动选定。自动波数选择算法获得了最佳测试统计量——更高的 R^2，并且标定阶段均方根误差与预测阶段均方根误差值都有一定程度降低。自动波数选择所获得的减少的波数范围如下：1802～1690 cm^{-1}、1362～1250 cm^{-1}、1140～1028 cm^{-1}，在此基础上构建的木质素预测模型包括了 16 个总主成分中的前 12 个，解释了所预测的木质素含量值中的 90.6% 的变异，而纳入剩下的 4 个主成分到预测模型中仅仅导致了微弱的增加（92.4%），所以剩余的 4 个主成分并未被考虑。内部交叉验证所得的木质素含量傅立叶变换红外-衰减全反射红外光谱预测模型的可接受度高，正如木质素的测量值相对预测值关系图所示（图 10-10）。

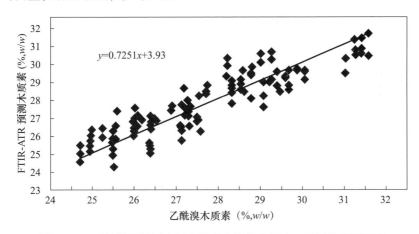

图 10-10　无抽提物杨树木材木质素含量的偏最小二乘回归预测模型

注：具备一定天然变异性幅度，木质素含量测量值与预测值对比图是根据最佳模型计算而得出，实线代表测量值与预测值间的最佳拟合回归线。

基于傅立叶变换红外光谱技术的杨树木材木质素含量预测模型的性能与其他利用近红外光谱技术或傅立叶变换红外光谱技术的研究所获得的模型不相上下，这些以前的研究中木质素预测模型的 R^2 值为 0.74～0.98 范围内波动，独立验证的 R^2 值位于 0.57～0.97 范围内，相应地标定阶段均方误差值与交叉验证阶段均方误差值分别为 0.58%～1%、0.36%～1.6%。然而比较不同模型的回归系数的大小时应万分谨慎，因为光谱范围、是否使用原始红外谱图、平滑及归一化等算法应用与否、用于构建预测模型的木材树种等许多变量都可能会对这些参数产生显著影响。虽然部分以前的研究所获得的相关性稍强、均方误差也略低，但我们的模型仍旧很稳健，如果考虑到来源于天然种内变异性的木质素含量变化幅度相当有限。

4. 木质素含量的优化标定模型的外部验证

化学组分预测模型的建立主要包含以下几个步骤：获取试验数据、建立多元统计模型及模型外部验证。一般而言，预测模型构建以后需要采用一定的方法进行拟合度的评估，并且在应用之前经过独立外部数据及验证来对该模型的可靠性进行评估。外部验证是评价审核模型有效性过程的一部分，在这一过程中研究人员选取建模标定样品集以外的独立试样来验证所建立预测模型的精确度和完整性。外部验证有两种方式进行：一种是指额外做一些类似建立模型时环境条件的试验，采用新的实验数据进行模型验证；另外一种情况是引用参考文献中具有相同或相似实验环境的实验数据，并将其带入到所建预测模型中，根据相关评价参数来评估预测模型的适用性和可靠性选取经内部交叉验证所得的最好的预测模型进行外部验证，我们扫描了额外独立样品集的木材试样，采集的傅立叶变换红外-衰减全反射谱图用于预测木质素含量，预测值超出标定范围的样品记为异常值，并从评价过程中将其排除。这些试样也用于测定木质素含量，以预测值为自变量、测量值为因变量作图（图10-11），木质素含量验证回归模型给出较高的R^2值与低预测均方根误差（RMSEP＝0.75％）。总的来说，即使在部分木材试样的采样植株的生长条件有差异的情况下，独立验证样品集的预测值与湿化学试验数据符合很好。一般而言，预测模型内部验证的结果要好于外部验证的模型参数，但是外部验证结果的说服力更强，更能显示所建预测模型的适用范围和可靠程度。

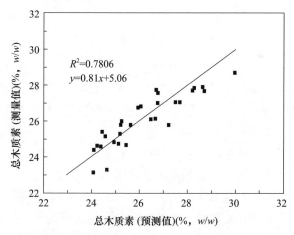

图 10-11　木质素含量预测的偏最小二乘回归模型的外部验证
注：傅立叶变换红外-衰减全反射光谱图扫描自独立的木材试样数据集，
并用于通过最佳模型预测木质素含量，预测值为自变量，湿化学测量值为因变量。

10.5 小 结

本章提出了改善传统乙酰溴木质素湿化学分析方法的四点措施，提高了木质素测定湿化学方法的精度，考察了短时振动球磨对木材红外谱图形状的影响、研磨时温度、粒径大小和氧气导致的木材化学和结构变化，讨论了用于木材性质定量分析的红外谱图收集前木材试样制备方法标准化的重要性，并提出红外谱图分析用木粉的制备步骤，为木质素红外光谱技术预测评价模型建立奠定了基础，研究了 130 株英国海德里试验田短周期灌木平茬林杂交无性系毛果杨×美洲黑杨木材试样的木质素含量的天然变异性，探索傅立叶变换红外光谱技术建立高通量标定模型快速估计木材木质素含量的可行性。现将主要结论归纳如下。

（1）传统湿化学木质素测定方法乙酰溴木质素分析的改进步骤包括：木粉粒径小于 $20\mu m$，木粉试样称量质量范围严格控制在 $0.99 \sim 1.01 mg$，木粉与聚丙烯塑料称量纸一同转移入微试管，加入乙酰溴/乙酸混合液前将盛有木粉的微试管放入冰水浴中，使用室温保存的乙酰溴/乙酸混合液，在开始乙酸最终稀释后的 $10 min$ 内完成紫外吸光值测定过程。采用改进的乙酰溴木质素测定方法，所得木质素含量测定值标准偏差大幅下降，本批次样品分析的标准偏差为 0.18%，合并标准离差仅为 0.042%，改进乙酰溴木质素分析方法快速简便、适于测定少量样品，不需要像克拉森木质素分析方法那样校正酸可溶木质素含量，能给出精确的紫外吸光值，化学试剂消耗量少，木材中的非木质素成分对最终结果干扰小，适合用于次级分析方法标定样品的木质素含量分析。

（2）制备傅立叶变换中红外-衰减全反射光谱所需木粉应采用以下步骤：木粉磨细、粒径应小于 $20\mu m$，研磨过程中避免过热现象，能在液氮环境中研磨最佳，扫描红外谱图前将木粉置于红外光谱仪实验室至少 3 天以平衡木粉含水率，每个样品采集至少扫描 32 次，谱线分辨率为 $4 cm^{-1}$，取至少 3 张重复红外谱图的均值谱图进行下一步分析测试。

（3）毛果杨×美洲黑杨杂交种无抽提物木材试样的木质素含量范围为 $23.45\% \sim 32.07\%$（w/w），呈正态分布，均值为 27.02%。杂交杨树木材无抽提物试样化学组分的种内天然变异性适用于构建木质素含量预测模型，模型构建过程包括以下步骤：湿化学方法测定木质素含量、通过应用衰减全反射附件获取高质量傅立叶变换红外光谱图、采用化学计量学软件建立偏最小二乘模型，一旦预测模型建立，已抽提过的木材试样的数据获取时间可压缩到几分钟，能处理大批量木材试样。傅立叶变换红外-衰减全反射光谱技术与偏最小二乘法回归建模技术相结合，经过外部验证的最佳标定模型决定系数高，R^2（标定）为 0.906，R^2（交叉验证）为 0.806，交叉验证均方根误差低，仅为 0.77%，独立木材试样数据集验证最佳预测模型所得 R^2 为 0.88，能对大规模育种或基因改良项目中杨树木材的木质素含量作出高效评估，还可用于制浆造纸行业、生物燃料及热能生产行业中木材的优化利用。我们的研究首次报道杨树木质素含量与能量含量的种内变异性互不相关，我们通过主成分分析识别对这两个特性差异起关键作用的红外吸收峰波数，正如所期望的，木质素的前 4 个因子载荷谱包含 32 个最大差异波数中的 14 个指认为芳香族化合物，而能量含量的前 4 个因子载荷谱中仅有 7 个最大差异波数指认为芳香族化合物，普遍为碳氢化合物的环振动。因为这两个性状很显然都与不同的化学成分联系在一起，所以不必同时增加木质素含量即可提高木材的能量含量。

11 傅立叶变换红外光谱技术定性评价木质素、纤维素等木材主要化学组分

11.1 研究现状

11.1.1 引言

红外光谱技术属于生物样品分子结构与化合物鉴定领域应用最广泛的分析技术之一，红外辐射能量的吸收导致 C—H、O—H、N—H、C=O 等特定分子键的伸缩和变形振动，能够表征特定样品化学组成的特性。植物组织的傅立叶变换红外光谱图代表其所含碳氢化合物、蛋白质、脂类、芳香族化合物等主要有机组分的化学指纹。作为一种简洁、快速、经济的木材性质分析方法，红外光谱技术在木材性质定性评价中应用较早。红外光谱仪设备生产技术的进步催生了傅立叶变换红外-衰减全反射光谱仪的问世，几乎省去了样品制备中的预处理步骤，适于发展木材分析的高通量方法，衰减全反射晶体直接压在木材或研磨后的木材粉末上，红外光束在衰减全反射晶体与样品的界面发生衰减和全反射现象。傅立叶变换红外光谱技术已经用于表征木材的化学性质、真菌对木材的影响和木材中真菌的检测，随着便携式傅立叶变换红外光谱仪的诞生，能进行林地现场木材试样分析，红外光谱技术开始用于人工林杨树育种项目现场木材性质评价。近年来，化学计量学发展迅速，傅立叶变换中红外光谱结合模式识别方法在木材性质鉴别工作中已经有了众多重要应用。傅立叶变换红外-衰减全反射光谱技术克服了传统的溴化钾压片透射方法在制样过程中存在的诸多困难，粉末样品不需要任何复杂烦琐的前处理即可直接进行红外谱图测定工作，大大地提高了样品的分析速度，更为重要的是傅立叶变换红外-衰减全反射光谱图可以提供官能团、化合物类别等化学机构信息，而且谱线信号解析度高，结合多元模式识别算法可以从谱图数据中最大程度地提取有用信息，并按照样品的整体化学性质差异对样品集进行分类。

红外光谱技术也用于区分木材树种，Wienhaus 等人实现了针叶材与阔叶材的区分，因为傅立叶变换红外光谱分析技术能轻松检测阔叶树与针叶树间木质素组成的化学差异，然而如果样品间的化学组成差异很小，单个化学组分的分析

就不足以依据树种来对一组样品进行分组。要分组比较这类样品的红外谱图，傅立叶变换红外光谱技术结合多元统计分析方法已经证明是强有力的模式识别技术，Antti 报道傅立叶变换红外光谱技术结合主成分分析方法适合于区分木材树种，主成分分析或称为判别分析，也已用于区分植物细胞壁谱图的谱线微小变化，Schimleck 等人采用主成分分析方法分析红外谱图区分不同桉树树种所产木材、不同种源地木材及同一树种不同立地条件所产木材，这些工作表明，分析木材数据时，大量红外谱图结合多元分析方法是强有力的分析工具且用途广泛。

目前我国对木材的需求量日益攀升，杨树人工林定向培育项目及基因改良工程研究项目需要对木材的整体化学性质作出快速预测，一方面为木材高效加工利用提供有效参考资料；另一方面为杨树人工林定向培育、优质种质资源筛选识别及基因改良提供基础核心数据。我国木材加工产业加工贸易"两头在外"，了解进口木材的种源地很有必要，可以防止非法采伐木材贸易，因此发展一种木材种源地鉴定和认证的快速并且简便易行的方法很有必要。

本章研究旨在考察傅立叶变换红外-衰减全反射红外光谱技术结合不同的多元统计分析方法用于区分杨树不同组织的潜在可能性，还进一步探讨其用于识别基因改良杨树与野生型对照杨树的整体化学性质差异，并对纤维素、木质素等主要化学组分进行半定量分析。考察不同的红外谱图前处理方法、多元统计分析算法、谱图基线校正方法和波段选择对红外谱图分类结果的影响，讨论了红外谱图前处理方法、多元统计分析算法、谱图基线校正方法的基本原理及选取的标准，并提出傅立叶变换红外-衰减全反射红外光谱技术结合不同的多元统计分析方法鉴别区分木材分析的具体流程。研究英国海德里杂交无性系毛果杨×美洲黑杨、德国 Garmisch-Partenkirchen 气象气候研究所基因改良无异戊二烯释放灰杨及哥廷根野生型对照杨树木材试样的变异来源，并通过湿化学方法测定抽提物、综纤维素、α 纤维素、木质素含量，进一步验证傅立叶变换红外光谱技术分析所得的结果，应用主成分分析算法确定变异的主要贡献官能团。

11.1.2　傅立叶变换红外光谱技术定性评价木材性质

傅立叶变换红外光谱分析技术具有众多优点，是一种有很大潜力和前途的无损评价预测技术，木材物理化学性质的傅立叶变换红外光谱快速评价研究一直备受世界各国研究人员的广泛关注。应用红外光谱分析技术研究木材始于1952 年，德国科学家 Kratzl 与 Tschamler 首次应用基于棱镜对红外辐射色散而实现分光的第一代红外光谱仪研究木材和不溶性木质素。早期的木材红外光谱分析以官能团鉴定和结构剖析等定性分析为主。1953 年，Tschamler 及同事测定了木材各个切面和几种模型物质的红外谱图，并将部分红外吸收带指认为

OH、C＝O、CH₃、CH₂等特征频率基团，也指认了木质素中的苯环吸收带。Liang 等人获得了多个北美针叶材及阔叶材树种木材横切面和径切面的红外谱图，考察了木质素脱除和移除半纤维素的效果，吸收带指认也比前人更完善。Bolker 与 Somerville 通过红外差谱技术发现木材和纸浆中的木质素比分离木质素所含更多的氢键合羟基，分离木质素中存在非共轭酮基，而木质纤维素材料中没有。澳大利亚阔叶材树种王桉与针叶材树种辐射松为制浆造纸行业的重要用材树种，Harrington 等人研究了这两种木材各个切面的红外谱图。进入 20 世纪 70 年代，滤光器—光栅红外光谱仪性能进一步提高，测量范围达到中红外区域的 650cm⁻¹ 处，木质素分子的各种骨架振动在此区域有多处显著吸收峰，Hergert 发现 900～750cm⁻¹ 处的两处最大吸收带（相对于光谱基线而言）与木质素中的紫丁香基、愈创木基比率有半定性相关关系，因此可以间接反映木质素中的甲氧基含量。Michell 撰文指出红外光谱测量防腐处理木材表面性能时应注意的几个问题，受抑多重内反射红外光谱获取容易、谱图质量高，适宜检测防腐处理木材表面，并以经 30％过氧化氢水溶液处理过的辐射松木材为实例说明操作过程。

　　傅立叶变换红外光谱技术自 20 世纪 80 年代以来在木材科学研究领域得到了广泛应用。Faix 分别采用连续和断续脱氢聚合方法制备了 44 种差异显著的木质素模型化合物并记录了傅立叶变换红外光谱图，采用矢量归一化方法对指纹区谱线进行基线校正，通过采用 y 轴扩展算法，校正后主要吸收峰的总和为 1，以 1500cm⁻¹ 处吸收峰值为内标，其余波段吸收值与其相对应，测定了木质素模型化合物的愈创木基、紫丁香基和对羟基苯基的摩尔百分比。Grandmaison 等人应用傅立叶变换红外光谱技术考察部分转化的木材及其组分，采用了漫反射、透射、光声光谱共三种采样技术，红外吸收峰较宽且重叠是傅立叶变换红外光谱技术分析木材过程中最常见的问题，虽然求导数和去卷积法等步骤可以提高谱图分辨率，但这些技术的应用往往会加大噪声、衍生出无意义吸收峰。傅立叶变换红外光谱和拉曼光谱技术能区分针叶材和阔叶材试样，傅立叶变换拉曼光谱使用可见激发，而傅立叶变换红外光谱使用红外激光束，基本不会引发荧光。Evans 尝试利用这两种光谱学方法区分 6 种阔叶材和 6 种针叶材绝干木块试样，研究结果表明，这两种光谱学方法具有互补效应，两类木材的拉曼光谱图的主要差异在 1740cm⁻¹、1273cm⁻¹ 和 524cm⁻¹ 处吸收带的强度不同，而红外光谱图的主要差异则位于 840cm⁻¹ 和 1510cm⁻¹ 处吸收带的相对强度。试验所选的 6 种阔叶材主要来自热带和荒漠地带，因此愈创木基/紫丁香基比率较高，这是针叶材与阔叶材间差异模糊的主要原因。

　　傅立叶变换红外光谱技术优点众多：分析时间短、灵敏度高、定量用途时线性范围广、操作简便、数据处理易用。Faix 提出基于傅立叶变换红外光谱技术的木质素半定量分类体系，将上百种不同植物来源地的磨木木质素红外谱图进行基线校正和正态归一化处理，共分出三个大类：G 型、GS 型、HGS 型，GS 型红外光谱是个可进一步分成四个子类的有机连续体，分类标准为磨木木质素红外谱图中红外区域特征峰的指认和强度。谱峰识别程序列出三个大类的典型吸收峰和正态化红外谱图的峰强度，三角形坐标体系全面展示谱线特征的相关关系和磨木木质素的对羟基苯基、愈创木基、紫丁香基的化学组成。此研究还表明，傅立叶变换红外光谱技术试样用量少（可减少到微克级）、分析时间短，是木质素半定量分类分析的常规试验方法。只要配合其他光谱学方法与化学降解分析方法，此分类体系进一步提高的空间还很大。Faix 等人通过傅立叶变换红外光谱技术（透射模式）和热解-气相色谱法监测桦木白腐菌降解的化学变化，经三种白腐菌侵染后木块试样的失重率分别为 51%、27%、24%，两种分析技术都显示木材中的木质素部分改性比多糖严重。样品的傅立叶变换红外光谱显示，共轭 C＝O 基团的强度与失重率呈比例增加，降解后的木材带有双链侧链的酚类化合物含量有显著上升趋势，木质素的愈创木基/紫丁香基比值基本未变，愈创木基单元含量的变化程度较紫丁香基单元略大。

20 世纪 90 年代初，德国红外光谱仪器生产厂家布鲁克仪器有限公司与德国卫生部下属罗伯特科赫研究所合作开发完整无损真菌、细菌的高效傅立叶变换红外光谱分析方法，傅立叶变换红外光谱表征微生物的高效分析方法发表于 1991 年的《自然》杂志，掀开了木材腐朽真菌研究新的一页。Naumann 等人证实，傅立叶变换红外光谱技术简单实用、用途广泛，可实现真菌等微生物的快速区别、分类、鉴定，还可实现亚种水平的大规模筛选。傅立叶变换红外光谱可建立完整真菌的谱线指纹，每张谱线指纹都是细胞所有组分的振动信息整合而成，因此仅需一次扫描，红外光谱技术就能考察待测有机物的整体化学组成。微生物的红外信号是具有高度特异性的包含所有官能团振动信息的化学指纹，具有高度选择性，可用来区分微生物及鉴别身份直至亚种甚至菌株水平。Faix 在 Methods in Lignin Chemistry 一书中总结概括了傅立叶变换红外光谱技术在木质素化学中的应用，尤其是木质素中红外区域光谱的表征、吸收带指认、木质素红外光谱分类、谱图的数学分辨率等。Faix 与 Böttcher 考察了木粉颗粒粒径大小与溴化钾压片中的木粉浓度对木材红外透射光谱及红外漫反射光谱的影响，所用木材为热带阔叶材古夷苏木，试验结果表明，溴化钾中木材浓度的变化与木材颗粒粒径大小主要影响木材红外谱图 1100cm^{-1} 附近的碳水化合物吸收带。木粉粒径小于 25μm、木粉浓度在 0.1%～0.5% 条件下，溴化钾压片技术所得红外谱图重复性好，建议进行简单的基线校正，增加不同实验室间木材红外谱图的可比性。

在木本植物细胞壁研究方面，傅立叶变换红外纤维光谱技术也证明是功能强大的实用工具，McCann 等人在各种采样条件下从植物细胞壁和高聚物组分中成功获取了高度重复性的傅立叶变换红外谱图，证实了材料制备过程中化学抽提序列的特异性：环己二胺四乙酸和碳酸钠抽提果胶质，而高浓度氢氧化钾抽出木糖葡萄糖。傅立叶变换红外光谱能检测出干燥后从细胞壁移除的果胶质聚合物的化学构象变化。Kataoka 与 Kondo 使用傅立叶变换红外光谱技术分析针叶材管饱细胞壁形成过程中纤维素结晶结构的变化，红外谱图表明初生细胞壁纤维素富含亚稳态 Iα 结晶型，且结晶度高于次生壁纤维素，而次生壁纤维素主要为稳态 Iβ 结晶相，结晶期内细胞表面存在压迫初生壁纤维素的活体机械力，此外，初生壁纤维素的排列方向与生长细胞的增大方向平行。Kacuráková 等人用红外光谱技术（氟化钡晶体基片上高度水合膜）研究了细胞壁模型化合物：果胶质多糖和半纤维素，$1200 \sim 800 cm^{-1}$ 中红外区域的独特吸收峰对不同结构和组成的多糖的鉴别尤其有用，红外吸收带的位置主要受吡喃环上轴向和平伏（OH）基团相对位置的影响。Åerholm 和 Salmén 使用动态傅立叶变换红外光谱技术考察挪威云杉木纤维中纤维素、木聚糖和葡甘露聚糖的机械交互作用，多元分析表明不同的碳氢聚合物可以通过谱线分离开。

Holmgren 与同事比较傅立叶变换红外漫反射光谱与近红外傅立叶变换拉曼光谱，检测欧洲赤松实木木材中的类赤松素，类赤松素是欧洲赤松木材耐腐朽作用的重要化学物质，红外光谱能检测类赤松素，也可能用于评估欧洲赤松木制品的耐腐性。欧洲赤松心材与边材的红外谱图存在差异，可能是由类赤松素与树脂酸引起的，Holmgren 与同事建议结合统计学方法鉴别与心边材相关的谱线差异。Ona 等人通过傅立叶变换红外光谱结合多元数据分析技术测量阔叶材木材木质部内纤维和导管分子的细胞宽度和细胞壁厚度，所测特性的标定与预测模型的相关系数均大于 0.8。Pandy 应用傅立叶变换红外光谱研究了阔叶材、针叶材和木材分离聚合物（纤维素和木质素）的化学结构，估计了部分树种的综纤维素与木质素的比率，阔叶材的羰基吸收峰（$1740 cm^{-1}$）强度与木质素吸收峰强度的比率高于针叶材。Wetzel 与 LeVine 在著名的 Science 杂志撰文介绍了傅立叶变换红外纤维光谱技术，红外辐射可检测和定量显微样品的分子化学，通过结合光谱技术与显微镜技术，可在微观层面获取分辨率极佳的分子信息。Müller 等人考察了紫外线辐射引起的挪威云杉木材黄变和红外改变，发现紫外辐射降低木材表面的木质素含量，降幅达初始值的 20％。Nuopponen 及同事利用傅立叶变换红外-衰减全反射光谱技术考察了 $100 \sim 240℃$ 饱和蒸汽热处理对欧洲赤松板条抽提物的影响，$100 \sim 160℃$ 温度范围内在边材边缘处检测出 $1740 cm^{-1}$ 处脂类和蜡类物质特征吸收峰，表明热处理过程中脂类和蜡类物质沿着轴向薄壁细胞转移到边材表面。

傅立叶变换红外光谱技术也是监测木材生物降解及研究木材腐朽菌的一种简便易用的分析技术。Ferraz 等人通过傅立叶变换红外光谱技术（漫反射采样方法）与多元数据分析方法估计生物降解辐射松和蓝桉的化学组成，生物降解时间从 30 天到 1 年不等，辐射松样品失重率在 0.4％～36％之间波动，蓝桉木材失重率在 1.7%～42%，辐射松的偏最小二乘法模型比蓝桉的模型精确。Pandey 与 Pitman 对白腐菌、褐腐菌侵染后欧洲赤松与欧洲水青冈木材化学的改变进行了红外光谱研究，发现粉孢革菌降解的木材木质素（欧洲水青冈对应的吸收带为 1596cm^{-1}、1505cm^{-1}、1330cm^{-1}、1230cm^{-1}）含量逐步增加，碳水化合物吸收峰（1738cm^{-1}、1375cm^{-1}、1158cm^{-1}、898cm^{-1}）强度相应降低。Mohebby 考察了白腐菌降解水青冈木材的衰减全反射—红外谱图，发现红外谱图所示的化学变化真菌侵染后两周，在真菌侵染后的 28～70 天之间红外谱图有新的吸收峰出现，表明细胞壁发生化学改性，84 天后新出现的吸收峰消失，表明相应的细胞壁组分已被分解移除。

作者博士生研究生期间所在的哥廷根大学 Andrea Polle 研究组在应用傅立叶变换红外光谱-衰减全反射技术进行木材性质定性评价分析方面做了大量工作。Naumann 及同事利用傅立叶变换红外显微成像技术检测定殖于榉木木块上的两种木材腐朽菌，无论真菌生长于木块表面还是导管官腔内部，红外谱图的聚类分析都能把两个菌株的菌丝体区分开。Naumann 及同事概括了傅立叶变换红外显微技术在木材性质分析中的应用，提出了真菌菌丝体菌株分类的新方法：对傅立叶变换红外光谱图进行聚类分析或人工神经网络分析。Müller 及同事将傅立叶变换红外光谱技术的应用拓展到了木基复合材料制造领域，分析了纤维板和刨花板生产过程中红外技术检测到的纤维性质变化。Rana 及同事将傅立叶变换红外光谱技术与主成分分析（或聚类分析）技术结合衍生出识别不同立地条件欧洲水青冈木材的新工具，对龙脑香科五种热带木材及其木质素进行了红外光谱表征。作者及同事也在国际会议的报告和墙报中对傅立叶变换红外光谱技术在木材研究中的应用现状作出综述，并研究了无异戊二烯释放转基因灰杨木材红外光谱特性。

另外，傅立叶变换红外光谱技术还用于研究针、阔叶材的异质性、光降解、木质素与半纤维素的比率，木质素的碱氧化处理，表征经 Bookkeeper 脱酸工艺改性的纸张试样，结合神经网络分析进行细胞结构分类等诸多领域。

11.1.3　傅立叶变换红外光谱技术定量预测木材化学组分含量

Schultz 与 Burns 对木质纤维素材料进行红外快速次级（间接）分析，比较近红外光谱和傅立叶变换红外光谱两种方法的优劣，首先采用首要（湿化学）分析方法分析木质素脱除程度不同的火炬松与北美枫香试样的木质素、半纤维素和纤维素含量。研究结果表明，近红外光谱和傅立叶变换红外光谱在分析针叶材与阔叶材样品的木质素含量方面效果较好，样品制备过程简便快捷，扫描谱图快，标定模型预测方差值低，标定方程所需光谱数据点小于四个。若配备纤维光学元件，红外光谱技术可能有潜力用于木质纤维素产品的在线监测系统。芬兰的 Raiskila 等人研发了一种可测定大量云杉木材试样木质素含量的傅立叶变换红外光谱学方法，并将此方法用于考察生长于三种不同立地条件下的速生无性系插条心边材木质素含量变异性，18 个试样用于建立模型，6 个试样用于测试模型，模型建立前测定 24 个试样的克拉森木质素含量＋酸可溶木质素含量，过筛和未筛分的未抽提木粉采用溴化钾压片法采集红外谱图，红外谱图经过四种不同的预处理方法及两种不同的波数选择方案，从不同方法处理的透射光谱图中计算出子集回归用的主成分，依据所有的回归子集共有 272 个模型入选。最终模型在估计数据集中的拟合性能好（$R^2 = 0.74$），测试数据集中的预测性能强（$R^{2P} = 0.90$）。

Nuopponen 等人应用傅立叶变换红外光谱快速估计北美云杉及欧洲赤松木材的密度和化学组分，共检测来自北美云杉 50 个无性系的样品 491 个、24 个热带阔叶材木材试样和 20 个欧洲赤松试样。北美云杉木材数据集及所有树种木材综合为一个数据集建立了各自的密度、木质素含量、纤维素含量的标定模型。研究结果表明，波数范围缩减后预测两种木材的化学组成和密度仍然实际可行，因此使用小型手持红外设备就可以预测木材的相关性质；中红外谱图数据显示较低密度样品所含木质素含量略高，较高密度样品相应地所含多糖量就稍高，这些观测结果与湿化学数据相吻合。

Rodrigues 等人应用傅立叶变换红外光谱技术定量测定蓝桉木材木质素含量，采样方法为溴化钾压片技术，共用来自 9 年种源实验地的 40 个木材试样，分为建模标定和验证两个独立数据集，乙酰溴方法测得的绝干无抽提物木材的木质素含量范围为 23％～34％，选定溴化钾压片技术所得红外谱图（800～1800cm^{-1}）中的 12 个吸收峰进行线性回归建模标定，使用 1505cm^{-1} 处木质素峰和 1157cm^{-1} 处多糖峰作为参照基准所得标定拟合曲线最佳（$R^2 = 0.98$），验证集的标定标准误、预测标准误很低，因此傅立叶变换红外谱图的线性回归功能强大、决定系数高，能预测木质素含量。一旦建立某个树种木材的可靠标定模型，傅立叶变换红外光谱技术精度较高，可用于大规模育种研究中评估木材木质素含量，比湿化学方法省时省力。Meder 等人对通过傅立叶变换透射和漫反射红外谱图的偏最小二乘法和隐（潜）空间投影算法进行了辐射松木材基本密度和化学组分（包括抽提物、木质素、总碳水化合物）的快速测定，两种红外采样方法所得的模型间没有多大差异，但由于样品制备和扫描容易，Meder 等选择了漫反射方法。两种算法处理漫反射红外谱图所得的模型没有太大差异，采用 4 个主成分的隐（潜）空间投影算法计算得到的 4 种木材性质与漫反射红外谱图间的多重相关系数如下：抽提物、0.87，克拉森木质素、0.84，总碳水化合物、0.58，基本密度、0.87。Silva 等人应用傅立叶变换红外透射光谱间接快速测定北美云杉木材试样的木质素含量，木质素含量分析的化学方法为改进乙酰溴方法，然后应用主成分回归方法计算标定观测数据集，联系傅立叶变换红外透射光谱数据与木质素含量数据建立标定模型。改进乙酰溴方法测得的木质素含量范围为 24％～

34%，测量误差为 0.6%。如多重决定系数的大小（0.93）所示，选定标定模型中的两个主成分就可解释木质素含量变异性的绝大部分。Rodrigues 等人使用傅立叶变换红外光谱技术测定了蓝桉木材种内自然变异性的单糖（包括葡萄糖、木糖、半乳糖、甘露糖、鼠李糖）组成，木粉经硫酸水解成单糖后通过定量硼酸盐离子交换色谱技术测定含量，整体而言多元分析方法所得模型比单变量分析方法优越。

确定纸浆得率和残余木质素含量是造纸工业中原料质量的重要方面，也是傅立叶变换红外光谱技术的重要应用领域之一。Bjarnestad 与 Dahlman 应用傅立叶变换红外光声光谱结合偏最小二乘法分析表征了针叶材与阔叶材纸浆的化学组成，纸浆试样来自瑞典亚硫酸盐工艺和硫酸盐工艺制浆厂，蒸煮工艺与现代漂白技术均不同，采用酶水解和毛细管区带电泳测定纸浆试样的卡帕值与碳氢化合物组成，在四个主成分的基础上用最小二乘法模型解释了 X 矩阵 85% 的变异、Y 矩阵 81% 的变异。研究结果表明，傅立叶变换红外光声光谱结合偏最小二乘法分析可精确预测大部分碳氢化合物（木糖、葡萄糖、甘露糖、阿拉伯糖、己烯糖醛酸残基）的含量、纸浆的卡帕值及校正卡帕值，但不适用于预测 4－O－甲基葡萄糖醛酸残基含量。Jääskeläinen 等人基于傅立叶变换红外-衰减全反射光谱与多元数据分析技术提出测定纸浆纤维木质素含量变异的新方法，实验室蒸煮与工厂蒸煮阔叶材硫酸盐纸浆的均一度比工厂蒸煮针叶材纸浆高，但经脱氧木质素后针叶材硫酸盐纸浆的均一度增强，纸浆木质素含量的变异性与纸浆漂白性能无相关关系。澳大利亚的 Hoang 及同事提出一种测定高得率硫酸盐纸浆卡帕值与己烯糖醛酸含量的傅立叶变换红外光谱方法，在干纸浆透射红外光谱基础上，利用多元分析技术考虑进木质素和己烯糖醛酸的所有特征带，可对纸浆的卡帕值与己烯糖醛酸含量进行快速可靠预测，预测值与实验室测量值具有高度可比性。Dang 等人通过傅立叶变换红外光谱（快速扫面光声采样）测定高得率硫酸盐纸浆的木质素含量（卡帕值），偏最小二乘法模型是基于不同动镜速率条件下采集的光谱数据，研究结果表明，若动镜速率小于 5cm/s，偏最小二乘法模型稳健度高，可准确预测硫酸盐纸浆的卡帕值。

傅立叶变换红外光谱技术是监测及定量分析木材生物降解所致化学变化及研究木材腐朽菌的有效分析技术。Schwanninger 等人比较了近红外与中红外光谱在检测白腐担子菌生物降解挪威云杉木材检测中的应用，发现中红外谱线吸收带高度比（$1510cm^{-1}/897cm^{-1}$）与木质素含量的相关关系显著（$r=0.965$），近红外谱图取二阶导数后 $5978cm^{-1}$ 处吸收带高度与木质素含量相关较好（$r=0.956$）。此外，由中红外谱图计算所得的吸收带高度比与近红外谱图二阶导数模式 $5978cm^{-1}$ 处吸收带振幅间相关系数也很好，标定试样决定系数为 0.934，真菌处理试样决定系数为 0.984。

11.2　材料与方法

11.2.1　傅立叶变换红外光谱技术定性评价木质素、纤维素等木材主要化学组分的方法

1. 杨树各组织与木粉试样制备

基因改良无异戊二烯释放灰杨（Populus×canescens）植株中异戊二烯合酶的基因表达通过异戊二烯合酶基因的 RNA 干扰技术实现沉默，基因改良工作由德国 Garmisch-Partenkirchen 气象气候研究所的 Jörg-Peter Schnitzler 研究组完成，转基因灰杨植株与野生型对照杨树植株于 2006 年 9 月开始生长于室外条件哥廷根大学植物研究所温室旁的大木框（LWH，3050mm×3000mm×700mm）中，大木框（图 11-2）位于 S_1 隔离罩（屋顶不是玻璃而是铁丝网的温室）中，木框中含约 50%（v/v）土壤基质、25%（v/v）石英砂（粒径为 1～3mm）、25%（v/v）珍珠岩土、1kg 肥料与奥绿肥（Osmocote）。整个植株于 2008 年 9 月采收，主干木材剥掉树皮、去除髓心，木材、树皮、叶片、粗根、细根均在 60℃烘箱干燥 2 天。干燥完成后，干木材劈成火柴杆状小条，修枝剪将火柴杆状木条剪成小段，树皮、叶片、粗根、细根也用修枝剪剪成小段，然后分别用振动球磨机（MM2000，Retsch（莱驰），Haan，德国，参见图 11-1）研磨 4min 成粒径小于 20μm 的细木粉，避免木粉粒径对乙酰溴溶解反应的干扰，为防止过热及加速研磨过程，研磨在液氮环境下进行，振幅 90min^{-1}。室温下丙酮连续抽提 4 次共 2 天除去木粉中的小分子干扰物质，无抽提物试验材料用于后续的所有分析。

（a）振动球磨机　　　　　　　　　　　（b）细木粉

图 11-1　振动球磨机及其研磨所得的粒径小于 20μm 的细木粉

图 11-2　转基因灰杨植株与野生型对照杨树植株

注：2006 年 9 月至 2008 年 9 月期间生长于室外条件哥廷根大学植物研究所温室旁的大木框内。

2. 傅立叶变换红外-衰减全反射红外光谱数据采集

红外光谱仪为德国 Bruker Optics 公司生产的 Equinox 55 型傅立叶变换红外-衰减全反射红外光谱仪（图 11-3），配备氘化三甘氨酸硫酸酯检测器和衰减全反射附件。本试验设置的仪器工作参数：光谱的波长扫描范围 600～4000cm^{-1}，扫描次数为 32 次，分辨率 4cm^{-1}。本试验使用衰减全反射附件采集木粉、树皮、叶片、粗根、细根等植物组织试样的中红外谱图，在试验过程中，保持仪器室内的温度、湿度恒定，粉末试样直接压制到衰减全反射装置的钻石晶体上，带扭矩旋钮的压力施加器能确保同样的压力应用到所有的测定样品上，每个粉末样品扫描 32 张谱图然后取平均谱图为最终结果，每 15 或 20min 定期进行背景扫描和校正，每个样品测定三张红外谱图，所得的均值谱图用于后续的进一步分析。

3. 多元数据分析

光谱数据处理采用布鲁克光谱仪器公司附带的 OPUS 5.5 软件中的 IDENT 软件包进行，每个试样的均值谱图用于主成分分析或聚类分析，聚类分析是一种非指导性的无定向分析光谱信息的无偏统计方法，无督导方法无模型、无预期结果可期冀，聚类分析用于识别具有类似谱线响应的样品区域，通过将谱图分簇达到簇内谱图间响应差异最小化，同时实现簇间谱图间响应差异最大化。以Ward's算法、欧几里得距离、相关系数计算作为距离矩阵均能获得复杂生物分子红外谱图分类的较满意结果，Ward's算法利用反差增量作为距离函数生成附聚子簇，即依据相似性分组的谱图。就我们所用的样品集而言，$600\sim1800cm^{-1}$区域傅立叶变换红外谱图的一阶导数谱用于聚类分析，从数据中的异质性可知，最好的聚类算法与最佳距离度量是Ward's算法和相关系数作为距离矩阵，这一方法也用于构建树形图。主成分分析是一种数据集简化技术，提供确定样品间差异的优势因子的光谱主成分的信息，一张典型红外光谱含有几百个数据点（或变量），但这些变量之间一般都有一定程度的相关性，主成分分析通过把原始数据转换成新的不相关的变量数据集（称为主成分得分），移除相关数据的冗余性。主成分分析过程中，傅立叶变换红外谱图的$600\sim1800cm^{-1}$区域经过矢量归一化，然后计算一阶导数谱图，所得数据用于主成分分析，并对因子载荷谱作图分析。

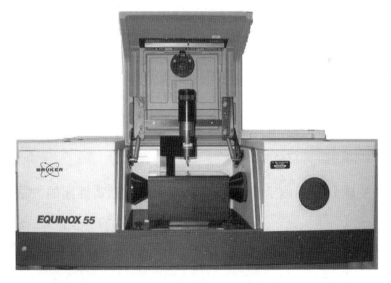

图 11-3　本研究所用傅立叶变换红外-衰减全反射红外光谱仪

4. 纤维素与综纤维素含量测定

综纤维素和 α 纤维素含量通过 Yokoyama 等人发展的改良微分析方法测定，简言之，称量 10mg 无抽提物木粉试样放入 2mL 聚丙烯安全密封微试管中，将盛有木粉的微试管置于 90℃ 加热块中，向微试管中加入 0.2mL 亚氯酸钠溶液（20mg 80% 的亚氯酸钠，0.2mL 蒸馏水，20μL 乙酸）启动反应，2h 后将盛有反应混合液的离心管移至冰水混合物中终止反应。为除去木质素降解产物，加入

1.6mL 蒸馏水，漩涡混合，离心（3000g，2min），用巴斯德移液吸管（Pasteur Pipette）吸取上层清液，重复以上步骤至少三次，气干残余物——综纤维素过夜，然后烘箱（60℃）干燥至恒重，称重计算综纤维素含量。

称量 5mg 干燥综纤维素试样放入 2mL 聚丙烯安全密封微试管中，将其在室温状态下放置至少 30min 以实现温度湿度平衡，然后向聚丙烯安全密封微试管中加入 400μL 17.5％的氢氧化钠水溶液，漩涡混合，离心（3000g，2min），反应 30min 后，加入 400μL 蒸馏水，再次漩涡混合，离心（3000g，2min），继续反应 30min。总反应时间为 60min，然后将纤维悬浊液与 1mL 蒸馏水混合，再次漩涡混合，离心（3000g，2min），用巴斯德移液吸管吸取移除上层清液，重复以上步骤至少三次，接着在 1.0mol/L 乙酸水溶液中浸泡 5min，用 10mL 蒸馏水冲洗反应剩余物，然后烘箱（60℃）干燥至恒重，称重计算 α 纤维素含量。

5. 总木质素含量测定

木粉试样的总木质素含量测定采用改进的乙酰溴木质素分析方法。

6. 木材热值测定

无抽提物杨树木材木粉的热值分析所用的仪器为德国 IKA 公司生产的 C200 型氧弹式量热仪，称量约 100mg 无抽提物木粉，使用 C200 型氧弹式量热仪（图 11-4）将附带的压片装置压成木粉薄片，称量并精确记录木粉薄片质量，将所得木粉压片置于燃烧坩埚内，燃烧坩埚平稳放置在分解钢瓶内，充满氧气（约 30mbar，1mbar＝100Pa）、点燃。仪器所选程序为 isoperibolic 自动测定，仪器内水温增加是分解钢瓶内燃烧反应所释放热能的直接度量，试样热值通过水温上升幅度间接得到，片剂状苯甲酸用作标样（净热值为：（26457±20）Jg^{-1}）来计算试样的热值，每个试样均同时进行两份平行测定，取两次平行测定的平均值作为此试样的热值测定最终结果。

11.2.2 主成分分析确定杨树木材变异主要贡献官能团的方法

由于我们所获得不同立地条件与树种的木材的树形图或主成分的分散点图不包含任何与所观察到的分组有关的化学成分信息，主成分分析所得的因子载荷谱用于识别差异最大的波数。主成分分析属于无监督式模式识别方法，为经典的特性提取和矩阵降维技术之一，在无任何相关背景知识的条件下能对未知样品进行类别归属。主成分分析识别能使数据变异最大化的方向，效果就是将数据中的变异源集中于前几个因子载荷谱，所谓的主成分得分图能够揭示数据中的结构，并可能产生对红外谱图中的某些区域的变异起决定作用的主要成分的信息。对杨树人工林木材红外谱图进行主成分分析之前，1800～600cm^{-1} 波数指纹区域的傅立叶变换红外谱图先矢量归一化预处理，然后再计算一阶导数谱，并用于主成分分析、对相应的因子载荷谱作图。

图 11-4　测定杨树人工林木材能量含量的德国 IKA 公司生产的 C200 型氧弹式量热仪

11.3　结果与讨论

11.3.1　基因改良无异戊二烯释放灰杨与野生型对照杨树的生物测量指标

异戊二烯是一种由生物产生的烯烃类有机挥发物，化学名为 2-甲基-1，3-丁二烯，是一种共轭二烯烃，分子式为 C_5H_8。生物源异戊二烯的全球年释放量很大，陆生植物源异戊二烯的全球年释放量约为 5 亿吨碳，与甲烷相当天然萜烯类化合物就是以分子中含有的异戊二烯单元个数来分类。苔藓、蕨类植物、树木都向环境中释放异戊二烯，植物释放异戊二烯的生理作用还不是很明确（保护叶片免受热损伤，叶片中起抗氧化剂作用、氧应激，释放过量的碳和能量），当大气中存在氮氧化物时，异戊二烯氧化降解产生臭氧及污染性烟雾，污染空气、危害人体健康。Behnke 与同事基因通过异戊二烯合酶基因的 RNA 干扰技术改良无异戊二烯释放灰杨植株，实现异戊二烯合酶的基因表达的沉默，试验数据表明，转基因灰杨植株株系的异戊二烯释放被有效抑制，释放量几乎为零。本研究的目的就是考察转基因灰杨株系在正常户外条件下的生长指标，经过接近 2 年的生长指标记录，我们观察到转基因灰杨在野外自然条件下生长正常，两个基因改良家系（RNAi line 1 与 RNAi line 2）的株高都超过野生型（Wild type line 14）杨树（图 11-5）。如果没有异戊二烯从转基因灰杨中释放出来，那么光合作用所固定的这一部分碳去了哪里？带着这个问题，我们考察了两个转基因灰杨株系（RNAi line 1 与 RNAi line 2）的主干木材干重、叶片、根等植物组织的生物量。研究结果表明，两个转基因灰杨株系的树干干重，叶片、粗根和细根的干重均大于野生型杨树（图 11-6）；也就是说，转基因灰杨株系的生物质产量大于野生型。综合以上这些生长测量数据，我们可以得出结论：基因改良灰杨植株无异戊二烯释放，植物内可供利用的光合作用固定碳含量增加，并被用于合成纤维素、木质素等主要化学产物路径，并用于形成生物质，叶片、根和主干木材生长量大幅提高，所以转基因灰杨株系的生物质产量优于野生型杨树。

11.3.2 傅立叶变换红外-衰减全反射红外光谱技术结合主成分分析或聚类分析定性评价木质素、纤维素等木材主要化学组分

基因改良灰杨植株的生物质产量大了，木材的整体化学性质有没有变化。傅立叶变换红外光谱技术能帮助我们回答这个问题。根据红外谱图中吸收峰的相对强度、形状（宽峰还是尖峰）和位置，可以给每个吸收峰指定一个官能团，尤其适用于 $1800\sim600\ cm^{-1}$ 的指纹区，指纹区的吸收峰反映了化合物复杂的分子振动，每个化合物都有其特有的指纹区谱图，因此杨树植株各个组织的红外谱图可以反映出样品的整体化学性质。通过选取合适的红外光谱数据预处理方法，减小背景和噪声的影响，从而提高分类结果的准确性。杨树组织粉末试样的红外谱图的基线常常是斜的、弯曲不平的或者基线大大低于吸光值为 0 的理论基线，通常要先对谱图进行基线校正，红外谱图预处理过程中，基线校正是非常有效的工具，可以帮助我们获得高质量的谱图。

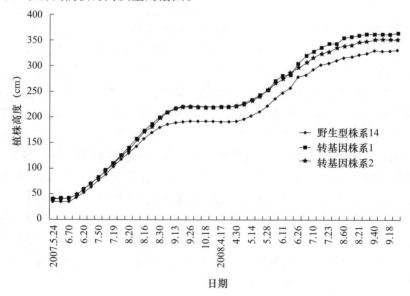

图 11-5 野生型对照杨树与基因改良灰杨植株的主干高度对比图

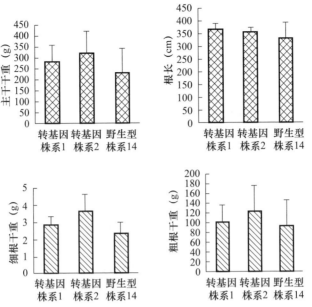

图 11-6　主干干重、叶片、粗根和细根的干重对比图

注：户外自然条件下生长的野生型对照杨树与基因改良灰杨植株。

　　常用的基线校正方法有两种：散射校正算法和橡皮带算法，使用散射校正算法时光谱数据点经过重新设定，基线呈单调递减趋势，并触及响应谱线的最小值。形象地说，橡皮带算法就像用一根橡皮筋连接谱线的最低点，然后在谱线的两个端点为终点将橡皮筋拉直。基线校正也要结合红外光谱仪使用时的具体情况而定，试验人员再进行是否进行基线校正或仅对部分光谱波段进行基线校正的判断。红外光谱图的预处理方法有多种，如最大/最小归一化处理、矢量归一化处理、补偿校正、一阶导数、二阶导数等，都是数据增强的方法，可以去除量纲影响、移除多余信息、增强样品之间的差异，有效地提高红外光谱的信噪比。最大/最小归一化处理后红外谱图的最小吸光值变为 0，y 轴的最大吸光值扩展到 2 个吸收单位；矢量归一化算法首先计算光谱 y 值的平均值，然后从谱图中减去平均值，因此谱图的中间下降到 0，计算所有光谱 y 值的平方和，再以整个谱图除以 y 值平方和的平方根，矢量归一化处理所得红外谱图的向量范数为 1；补偿校正即为向下平移整个谱图，直到光谱 y 值的最小值为 0。一阶导数和二阶导数算法类似，能够得出整个红外光谱谱线的变化率，一阶导数和二阶导数处理能消除基线漂移及平缓背景噪声产生的干扰，也能给出比原始光谱更佳的分辨率及更明显的谱线轮廓走向变化，但是导数处理会带来更多的基线噪声，二阶导数方法尤其严重。

　　为验证聚类分析或主成分分析的功效，我们取了杨树的木材、叶片、根、树皮不同组织粉末试样进行验证，很显然不同组织粉末样品的均值红外谱图展示出明确的差异，木材和细根的红外谱图比较接近并且叠加较多，而树皮和叶片的谱图差异就很明显，尤其是 $1600 \sim 1300 \mathrm{cm}^{-1}$ 这一波数范围内（图 11-7）。虽然这四种杨树组织的红外谱图存在很多相似性，反应样品化学组成的吸收峰高度分析揭示出各种组织特有的特征，但仅通过几个特征吸收峰来鉴别杨树各种组织的光谱往往不够客观，结果总是掺杂着一定的人为因素。为识别样品间存在的更多差异，我们采用系统聚类分析的方法来快速鉴别这四种杨树组织的红外谱图，聚类分析通过计算谱线距离，检验谱图的相似性，将类似的谱图分为一组，谱图的相近程度，在数学上由谱线距离表征，如果两张谱图完全一样，则谱线距离为 0，两张谱图的差异程度越大，谱线距离也越大。基于各种杨树组织的红外谱图，OPUS 软件可以用聚类分析算法画出一张树形图。红外谱图可以反映出样品的整体化学性质，因此不同的杨树组织被成功分类到各个组中。树形图中首先是两个大组：木材和非木材组织，非木材组中，根、树皮、叶片又清晰分成三组（图 11-8）。计算谱线距离的主要算法有两种：欧几里得距离标准算法和因子分析法，欧几里得距离标准算法是按点比较两谱图时所有单个差值的总和，即两个谱图的差异缩小为了一个数值，比较多个红外谱图时，欧几里得距离可用作测量值，然而，这个数值的大小不是标准化的，总要被看作是个相对值，一般而言，这个方法可应用于所有谱图。因子分析是一种广泛应用的一般差异统计方法，因子分析基于在参考数据内寻找差异，又叫主成分分析，因子分析的主要特点包括正交数据变换、相当大的数据压缩、代表性数据、少数几个潜在变量。因子分析的优点包括数据压缩、大大减少噪声成分（组分、分量）。

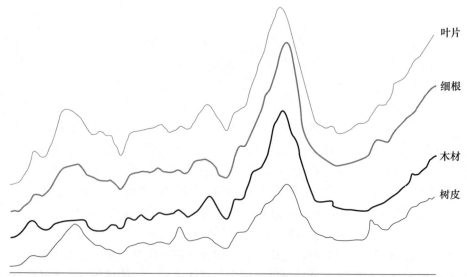

图 11-7　杨树人工林植株四种组织的均值傅立叶变换红外-衰减全反射光谱图

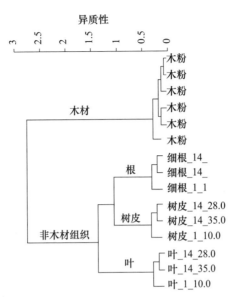

图 11-8　杨树人工林植株四种组织的傅立叶变换红外-衰减全反射光谱图的聚类分析

由于转基因灰杨无异戊二烯释放，而异戊二烯单元组成的化合物及其衍生物是自然界中分布最广泛、结构最复杂的一类次生代谢化合物，植物从环境中吸收二氧化碳，进行光合作用形成有机物，放出氧气，植物的次生代谢是植物在长期进化中与环境相互作用的结果，次生代谢产物在植物提高自身保护和生存竞争能力、协调与环境的关系上起着十分重要的作用，迄今已知的类异戊二烯化合物有三万多种，许多类异戊二烯化合物参与生物体的生理活动，在植物生长发育、与生境的相互作用中发挥着重要作用。因此我们的研究假设光合作用所固化的用于异戊二烯释放的碳可能融入木材或叶片中，进而改变木材或叶片的化学组分。但傅立叶变换红外-衰减全反射光谱图指纹区域的聚类分析的结果表明，转基因灰杨木材与野生型杨树木材不仅化学组分类似，而且叶片化学组分也没有显著差异。从聚类分析所得的树形图中（图 11-9），我们可以看出，基因改良无异戊二烯释放灰杨和野生型杨树混合于各个组中，并没有分出界限分明的两组，这三个杨树株系主干木材及叶片的化学组成类似。

聚类分析属于定性分析，我们还可以对三个株系木材的傅立叶变换红外谱图进行半定量分析，纤维素、半纤维素、木质素等木材的主要组分在红外谱图的指纹区都有特征吸收峰。OPUS 软件提供 17 种积分算法，可以计算出这些特征吸收峰的峰面积和峰高度，先设置好积分方法与要计算积分红外谱图的波数范围，然后我们可以得到碳水化合物与木质素的吸收峰比值。对红外谱图的特征吸收峰比值进行的半定量分析及对相应峰高数据的方差分析（纤维素特征红外吸收峰与半纤维素特征峰对木质素特征峰的比值的差异 P 值分别为 0.227 与 0.525）表明，转基因灰杨与野生型杨树三个株系木材的主要化学组分含量没有显著差异

（表11-1）。我们还用湿化学方法分析了转基因灰杨和野生型杨树木材的主要化学组分含量，包括抽提物、综纤维素、α纤维素和木质素，进一步验证了红外谱图分析的结果，仅转基因杨树株系2的抽提物含量有显著差异（表11-2）。红外光谱技术和湿化学方法都表明，无异戊二烯释放转基因灰杨木材质量与野生型相似。直接燃烧木材颗粒供暖、发电在欧洲很普遍，我们也用氧弹式量热仪法测定了三个株系木材的热值（图11-10），方差分析结果表明，转基因灰杨木材的热值与野生型杨树没有显著差异。综合傅立叶变换红外光谱分析数据与实验室湿化学分析结果及木材热值测定结果，我们可以得出结论，无异戊二烯释放转基因灰杨木材化学性质与野生型杨树木材不相上下。

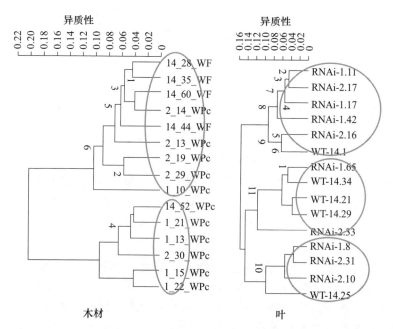

图11-9　木材与叶片的傅立叶变换红外-衰减全反射光谱图的聚类分析

注：基因改良灰杨植株（株系1与株系2）与野生型杨树植株（株系14）。

表11-1　纤维素与半纤维素对木质素的红外吸收峰峰高比值

杨树株系	纤维素与半纤维素对木质素的比值	
	1154/1505	1154/1220
野生型杨树株系	2.163±0.043	1.025±0.007
RNAi株系	2.225±0.110	1.030±0.022
RNAi株系	2.181±0.049	1.040±0.017

注：数据从基因改良无异戊二烯释放灰杨与野生型杨树主干木材的傅立叶变换红外谱图中提取而来，数据来源为红外光谱图中代表相应化学组分的三个典型波数，然后由OPUS软件计算吸收峰比值，数据表示为均值±标准差，采用单因素方差分析方法计算P值。

表11-2   杨树主干木材的可溶性抽提物含量、综纤维素含量、α纤维素含量与木质素含量
无异戊二烯释放转基因灰杨与野生型杨树

杨树株系	可溶性抽提物（%）	综纤维素（%）	α纤维素（%）	木质素（%）
对照野生型株系14	1.50（0.15）	71.91（1.74）	44.70（1.75）	25.84（0.75）
RNAi株系1	1.57（0.26）	72.75（1.18）	46.51（1.22）	25.70（0.50）
RNAi株系2	1.11（0.15）*	73.16（1.31）	46.26（1.47）	25.33（1.27）

注：均值（标准差）由每个株系的5个植株测定值得来，可溶性抽提物含量、综纤维素含量、α纤维素
含量与木质素含量均是基于绝干木材质量，* 表示在 $\alpha=0.05$ 显著性水平与对照值统计上差异显著。

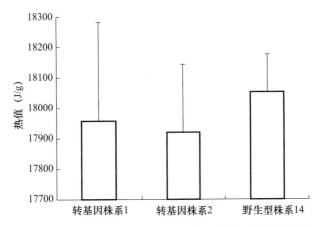

图11-10   基因改良灰杨与野生型杨树植株主干木材的热值

11.3.3   主成分分析确定杨树木材变异主要贡献官能团

从聚类分析的结果可知，相对区分不同属的树种而言，有必要采用更复杂的谱线分析技术来区分同一属但不同产地的杨树木材，正如这部分研究的对象，包含来自 Garmisch-Partenkirchen 气象气候研究所的基因改良灰杨木材、哥廷根自然条件生长的野生型杨树木材、英国南开普敦大学海德里试验田的人工林杨树木材。Van Aardt 与 Wynne 在聚类分析前找到了差异较显著且较窄的谱线区域，由于松树都来源于同一立地条件，因此很可能环境条件对木材性质的影响要小得多，很显然区分不同生长地而且是同一属的木材比区分同一生长环境不同属的木材要难得多。

除应用指导的聚类分析方法外，我们也用了另一种多元数据分析算法主成分分析来对三种木材的傅立叶变换红外光谱图的指纹区谱线进行分类，图11-11为由本征向量或称为因子谱2、3和4的三维投影构建的主成分三维数据投影图，投影图中的每一个点代表一张红外光谱图，采用所有的三个因子坐标，即图11-12中的因子载荷谱，来代表并简化原光谱数据集。经过反复尝试，我们采

用 $1800\sim600cm^{-1}$ 范围指纹区矢量归一化预处理原谱图的一阶导数谱为输入数据，获得了三个主成分的最佳模型，区分出了三个不同的组，代表来自二个不同立地条件和基因改良影响的杨树木材数据集（图 11-11），但三个组又有一定程度的混杂，尤其是 GAR 与 GOE 这两个组，说明这两个组木材的化学性质很近似，主成分分析的结果与聚类分析所得的树形图结果类似，但 GAR 与 GOE 这两个组的区分程度稍好，这正与湿化学分析的结果相印证：GAR 一个株系的杨树木材的可溶性抽提物含量显著低于 GOE 野生型杨树。

因为本研究所用的非指导性多元分析方法聚类分析所得的树形图（图 11-9）或主成分分析所得的主成分三维数据投影图（图 11-11）都不包含对所出现的分组起决定性作用的化学组分差异的信息，我们进一步应用主成分分析所得的因子载荷谱来识别红外谱图中差异最大波数信息（图 11-12）。第一个因子载荷谱与杨树木材归一化均值谱图的一阶导数谱特别相似［图 11-12（a）］，因此没有在后续的波数指认步骤进一步考察的价值，而与第一个因子载荷谱相比，第二、第三、第四因子载荷谱表现出显著的差异，我们选定这三个因子载荷谱中最高的七个峰依次编号，并进行下一步的尝试性特征化学振动官能团指认（表 11-3）。Hori 等人所用的方法类似，选择了傅立叶变换红外光谱中五处最高的吸收带并描述其主要的化学差异。我们本次对因子载荷谱的考察中，大部分差异显著的吸收峰对应于碳氢化合物的环振动所占据的波数范围，但也有少部分木质素的官能团所对应的波数范围（表 11-3）。

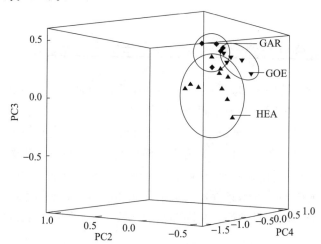

图 11-11　杨树木材的红外谱图数据集得到的主成分分析三维立体图

注：两处不同立地条件下杨树木材的红外谱图数据集（$1800\sim600cm^{-1}$ 范围矢量归一化谱图的一阶导数谱），
第二、第三、第四因子载荷谱坐标用于数据投影，其中 GAR 代表来自 Garmisch-Partenkirchen
气象气候研究所的基因改良灰杨木材的红外谱图、GOE 代表哥廷根自然条件生长的野生型
杨树木材的红外谱图、HEA 代表英国南开普敦大学海德里试验田的人工林杨树木材的红外谱图。

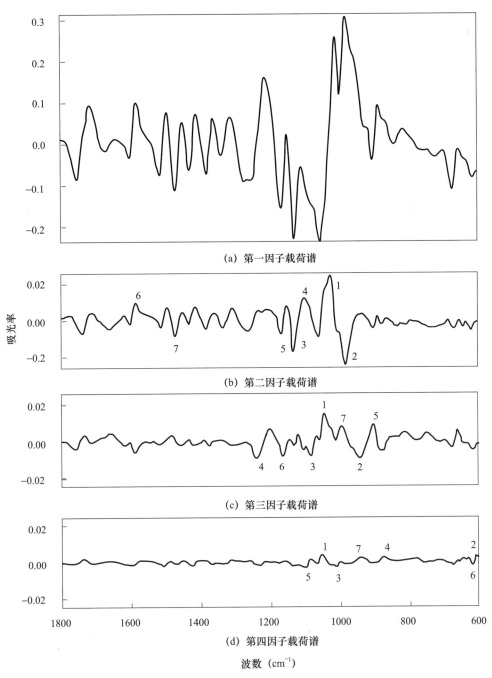

（a）第一因子载荷谱

（b）第二因子载荷谱

（c）第三因子载荷谱

（d）第四因子载荷谱

波数（cm^{-1}）

图 11-12　杨树木材红外谱图一阶导数谱的因子载荷谱

注：归一化均值红外谱图，（b）、（c）、（d）中的不同数字指表 11-3 中的吸收峰。

表 11-3 主成分分析所得的第二个、第三个、第四个因子载荷谱的吸收带指认

波数（cm^{-1}）			吸收带起源
第二个因子	第三个因子	第四个因子	
1035（1）	—	—	芳环 C—H 平面振动，愈创木基型 C—O 变形，主要醇羟基
987（2）	—	—	—HC＝CH—非平面变形
1124（3）	—	—	碳氢化合物环振动 C—O—C，C—O 变形
1104（4）	—	—	碳氢化合物环振动 C—O—C，C—O 变形
1164（5）	—	—	酯类基团中 C＝O，伸缩（常为碳氢化合物起源）
1588（6）	—	—	NH$_4^+$ 非对称变形
1471（7）	—	—	CH$_2$ 与 CH$_3$ 中的非对称 C—H 变形
—	1047（1）	—	碳氢化合物环振动 C—O—C，C—O 变形
—	943（2）	—	C—H，C—O 变形
—	1082（3）	—	木质素中愈创木基单元中的 C—H， 主醇羟基中的 C—O 变形
—	1237（4）	—	木质素中的 C＝O
—	905（5）	—	紫丁香环的 C—H 平面变形芳环骨架与 C—O 伸缩
—	1168（6）	—	紫丁香核变形结合纤维素变形振动
—	997（7）	—	木质素和木聚糖中紫丁香环与 C＝O 伸缩
—	—	1057（1）	蛋白质中酰胺 I 与 II（朝上方向）木质素和 木聚糖中紫丁香环与 C＝O 伸缩
—	—	613（2）	愈创木基环与 C＝O 伸缩
—	—	1013（3）	次级醇类与脂肪醚类化合物 C—O 变形
—	—	879（4）	非共轭酮类、羰基
—	—	1109（5）	酯类化合物中 C—O—C 非对称伸展振动
—	—	614（6）	纤维素和半纤维素中的 C—O 振动
—	—	940（7）	芳环骨架与 C—O 伸缩

注：每个因子载荷谱中的最高的七个峰在表中标注，括号中的数字为依据高度而确定的位置。

11.4 小 结

本章通过对不同立地条件及基因改良处理杨树木材分类识别并评价其木材化学性质差异，对聚类分析、主成分分析两种算法对杨树木粉傅立叶变换红外-衰减全反射光谱图定性分析的评价效果进行了比较研究，尤其是针对 Garmisch 基

因改良灰杨木材、英国海德里试验田的人工林杨树木材、哥廷根自然条件生长的野生型杨树木材的整体化学性质，并通过木粉红外谱图半定量分析及传统湿化学方法测定可溶性抽提物、综纤维素、α纤维素、木质素含量、热值，进一步验证聚类分析、主成分分析所得的结果，最后对因子载荷谱中最高的七个峰进行尝试性特征化学振动官能团指认，初步探究对木材化学性质变异贡献最大的化学组分，现将主要结论归纳如下。

（1）基因改良无异戊二烯释放灰杨与哥廷根野生型杨树木材木质素含量范围为 24.06％～26.59％，α纤维素含量为 42.95％～47.73％。聚类分析所得树形图表明，基因改良无异戊二烯释放灰杨木材与野生型杨树木材的木质素、纤维素、可溶性抽提物等化学组分没有显著差异。基因改良灰杨中光合作用所固化的用于异戊二烯释放的碳融入木材或叶片中，但并未改变木材或叶片的整体化学性质，而生物质产量提高了。对杨树木粉红外谱图指纹区木质素、纤维素、半纤维素特征吸收峰的半定量分析表明，基因改良灰杨木材的纤维素与半纤维素对木质素吸收峰峰高比值为 2.18～2.23，而野生型杨树木材的相应比值为 2.16，两种木材的木质素、纤维素等主要化学组分含量没有显著差异。传统湿化学方法测定可溶性抽提物（0.96％～1.83％）、综纤维素（70.17％～74.47％）、α纤维素、木质素含量、能量含量（17690～18280J/g）的研究结果均验证了聚类分析所得的结果，除基因改良灰杨株系 RNAi 2 的可溶性抽提物含量有显著差异之外。

（2）对基因改良灰杨木材、哥廷根自然条件生长的野生型杨树木材、英国南开普敦大学海德里试验田的人工林杨树木材的主成分分析所得主成分三维数据投影图与聚类分析所得的树形图结果类似，但基因改良灰杨木材与哥廷根自然条件生长的野生型杨树木材这两个组的区分程度稍好，这正与湿化学分析的结果相印证：基因改良灰杨一个株系杨树木材的可溶性抽提物含量（均值为 1.11％）显著低于哥廷根野生型杨树（均值为 1.50％）。对因子载荷谱中最高的七个峰进行尝试性特征化学振动官能团指认分析发现，第二、三、四个因子载荷谱中 21 个差异显著的吸收峰中的 12 个对应于碳氢化合物的环振动所占据的波数范围，但也有少部分木质素的官能团所对应的波数范围。

12　结　语

12.1　速生林木应用基础

本书揭示的木材染色及材色氙光衰减变化的规律，在木材染色领域中具有重要的理论意义和实用价值，不仅为杨木单板染色技术提供了理论依据，而且为杨树木材高附加值利用提供了新途径。对于保护我国天然林资源，解决珍贵树种木材短缺的矛盾，促进人工林的持续发展，推动木质装饰材料加工技术进步具有重大意义。

傅立叶变换红外-衰减全反射光谱技术结合多元数据分析技术建立标定模型实现杨树人工林木材木质素含量的准确估计预测及木材整体化学性质的快速评价，筛选适宜酶法胶合人造板制造的人工林杨树品种，为后期的板材制备实验的原材料选定提供指导，实现杨树定向培育与人工林木材资源高效合理利用，阐明漆酶活化木材木质素催化反应的反应机理，尤其是应用电子自旋共振波谱技术测定酶解反应中间产物的种类和数量，建立一套自由基中间反应产物检测及定量的可行、可靠、成本低、耗时少的检测方法，进一步阐明木材漆酶活化反应机制，是板材制备实验各项参数确定的理论基础。希望今后能继续加强相关领域的研究，尤其是深入探究傅立叶变化红外光谱在珍贵木材树种识别鉴定和木材认证、木材产地鉴别领域的应用，进一步探索干法工艺制备酶法纤维板的理论基础、深入解析自由基反应机制，优化板材制备过程中的各项工艺参数、降低生产成本、实现产业化试生产。建议在以后的研究中增加树种种类，改进红外预测模型的建模和验证方法，提高精度，进一步探索酶法纤维板制备工艺及理化性能指标，进而推动中试生产实验顺利进行。

12.2　重组装饰材产业

（1）加强重组装饰材工艺理论研究，特别是木材着色方法，木材染色、染液渗透和染色木材变色的机理，木材重组复合工艺，木材花纹仿真和模具设计等。通过深入系统研究为重组装饰材的生产技术和产品开发奠定基础。

（2）发挥生产企业、高等学校和科研院所的各自优势，利用产学研相结合的机制，加强重组装饰材制备的核心技术研究，研发重组装饰材新工艺新技术，创造新产品，增强自主创新能力，大力提升知识产权创造、运用、保护和管理，增强我国企业市场竞争力，提高国家核心竞争力。

（3）开拓原料树种和生产基地，开发木材染色专用染料及化学助剂，实现产业可持续发展。

（4）充分利用重组装饰材优良特性，进一步拓展应用途径，开拓市场。

（5）提高产业集中度，为企业转型升级创造条件，增强产业竞争性和垄断性能力。

附　录

附录 A　附表

附表 A-1　染料酸性大红 GR 染色 I-214 杨木单板材色指数与着色度

温度（℃）	时间（h）	浓度（%）	L^*	a^*	b^*	ΔL^*（NBS）	Δa^*（NBS）	Δb^*（NBS）	$\Delta E^* ab$（NBS）
40	1	0.000	93.51	−1.28	10.50	0.00	0.00	0.00	0.00
		0.005	91.04	1.10	9.93	−2.47	2.38	−0.57	3.48
		0.010	87.76	9.81	9.26	−5.75	11.09	−1.23	12.55
		0.050	76.86	29.80	10.91	−16.65	31.09	0.41	35.27
		0.100	63.70	51.04	23.73	−29.81	52.32	13.24	61.65
		0.200	56.92	56.28	31.23	−36.59	57.56	20.74	71.29
	2	—	—	—	—	—	—	—	0.00
		0.005	89.92	4.61	9.86	−3.59	5.89	−0.64	6.93
		0.010	86.56	11.27	10.41	−6.95	12.56	−0.09	14.35
		0.050	69.32	37.30	12.60	−24.19	38.58	2.10	45.59
		0.100	62.14	51.87	24.57	−31.37	53.15	14.08	63.30
		0.200	56.12	55.38	30.74	−37.39	56.67	20.25	70.85
	3	—	—	—	—	—	—	—	0.00
		0.005	87.91	6.73	9.48	−5.60	8.02	−1.02	9.83
		0.010	84.06	15.11	10.46	−9.45	16.39	−0.03	18.92
		0.050	72.80	32.06	11.26	−20.71	33.34	0.77	39.25
		0.100	58.45	54.06	26.72	−35.06	55.34	16.22	67.49
		0.200	52.00	56.80	32.41	−41.51	58.09	21.92	74.68
	5	—	—	—	—	—	—	—	0.00
		0.005	83.81	8.11	9.59	−9.70	9.39	−0.91	13.53
		0.010	84.10	15.61	9.76	−9.41	16.89	−0.73	19.35
		0.050	66.57	40.80	13.63	−26.94	42.08	3.14	50.06
		0.100	58.45	54.06	26.72	−35.06	55.34	16.22	67.49
		0.200	53.81	56.24	32.63	−39.70	57.52	22.13	73.31
	8	—	—	—	—	—	—	—	0.00
		0.005	88.79	6.21	9.67	−4.71	7.49	−0.82	8.89
		0.010	84.53	14.47	10.21	−8.97	15.76	−0.28	18.14
		0.050	64.74	42.97	15.63	−28.77	44.25	5.13	53.03
		0.100	58.77	52.70	25.47	−34.74	53.99	14.97	65.92
		0.200	52.87	54.96	30.35	−40.64	56.25	19.86	72.17

198

温度 (℃)	时间 (h)	浓度 (%)	L^*	a^*	b^*	ΔL^* (NBS)	Δa^* (NBS)	Δb^* (NBS)	$\Delta E^* ab$ (NBS)
60	1	0.000	93.51	−1.28	10.50	0.00	0.00	0.00	0.00
		0.005	91.19	1.57	9.76	−2.32	2.85	−0.74	3.75
		0.010	88.25	7.84	11.33	−5.26	9.12	0.84	10.56
		0.050	73.39	30.88	18.21	−20.12	32.17	7.71	38.72
		0.100	60.92	51.54	26.56	−32.59	52.82	16.06	64.11
		0.200	55.60	54.01	30.24	−37.91	55.29	19.75	69.89
	2	—	—	—	—	—	—	—	0.00
		0.005	89.80	5.12	11.33	−3.71	6.41	0.83	7.45
		0.010	89.08	6.53	11.12	−4.43	7.82	0.63	9.01
		0.050	70.46	35.00	18.68	−23.05	36.28	8.19	43.75
		0.100	60.42	51.53	27.76	−33.09	52.81	17.26	64.66
		0.200	53.28	52.41	28.67	−40.23	53.69	18.18	69.51
	3	—	—	—	—	—	—	—	0.00
		0.005	89.67	5.10	11.21	−3.84	6.38	0.71	7.48
		0.010	87.83	8.43	11.19	−5.68	9.71	0.70	11.27
		0.050	70.42	35.00	18.68	−23.09	36.28	8.19	43.77
		0.100	58.85	50.58	26.78	−34.66	51.86	16.28	64.46
		0.200	52.92	54.09	31.09	−40.59	55.37	20.59	71.68
	5	—	—	—	—	—	—	—	0.00
		0.005	91.08	2.73	11.27	−2.43	4.02	0.77	4.75
		0.010	86.06	11.34	10.99	−7.45	12.63	0.50	14.67
		0.050	69.34	34.21	20.06	−24.17	35.49	9.57	43.99
		0.100	57.48	50.95	27.08	−36.03	52.23	16.59	65.58
		0.200	51.48	55.04	31.53	−42.03	56.32	21.03	73.36
	8	—	—	—	—	—	—	—	0.00
		0.005	85.79	11.02	11.01	−7.72	12.30	0.51	14.53
		0.010	87.06	10.20	11.03	−6.45	11.48	0.54	13.18
		0.050	69.47	32.69	21.12	−24.04	33.98	10.63	42.96
		0.100	55.36	51.42	28.43	−38.15	52.71	17.93	67.49
		0.200	51.96	52.81	29.69	−41.55	54.09	19.19	70.86

续表

温度 (℃)	时间 (h)	浓度 (%)	L^*	a^*	b^*	ΔL^* (NBS)	Δa^* (NBS)	Δb^* (NBS)	$\Delta E^* ab$ (NBS)
80	1	0.000	93.51	−1.28	10.50	0.00	0.00	0.00	0.00
		0.005	88.13	2.00	10.81	−5.38	3.28	0.32	6.31
		0.010	80.06	15.34	12.96	−13.45	16.63	2.47	21.53
		0.050	71.97	35.50	1.82	−21.54	36.78	−8.68	43.50
		0.100	62.47	48.22	23.64	−31.04	49.50	13.15	59.89
		0.200	53.64	52.87	28.94	−39.87	54.16	18.44	69.73
	2	—	—	—	—	—	—	—	0.00
		0.005	88.06	5.36	14.02	−5.45	6.64	3.53	9.29
		0.010	75.61	18.39	13.67	−17.90	19.67	3.18	26.79
		0.050	69.65	34.95	18.51	−23.86	36.23	8.01	44.12
		0.100	58.77	50.54	25.97	−34.74	51.82	15.48	64.28
		0.200	51.86	51.25	44.25	−41.65	52.53	33.76	75.06
	3	—	—	—	—	—	—	—	0.00
		0.005	88.30	4.16	13.51	−5.21	5.44	3.01	8.11
		0.010	77.36	21.04	12.63	−16.15	22.32	2.14	27.64
		0.050	70.25	33.27	1.41	−23.26	34.55	−9.09	42.63
		0.100	58.98	49.31	26.06	−34.53	50.59	15.57	63.20
		0.200	51.50	53.52	30.29	−42.01	54.80	19.79	71.83
	5	—	—	—	—	—	—	—	0.00
		0.005	88.21	5.12	13.81	−5.30	6.40	3.31	8.94
		0.010	79.04	19.25	12.35	−14.47	20.53	1.86	25.18
		0.050	73.38	30.24	2.55	−20.13	31.52	−7.95	38.23
		0.100	58.90	48.09	24.34	−34.61	49.37	13.84	61.87
		0.200	51.66	54.64	31.57	−41.85	55.92	21.08	72.95
	8	—	—	—	—	—	—	—	0.00
		0.005	85.16	8.32	14.28	−8.35	9.60	3.78	13.28
		0.010	76.12	22.20	13.70	−17.39	23.49	3.20	29.40
		0.050	71.54	30.81	3.08	−21.97	32.10	−7.41	39.59
		0.100	57.07	49.17	24.96	−36.44	50.45	14.46	63.89
		0.200	48.02	52.54	29.07	−45.49	53.82	18.58	72.88

续表

温度 (℃)	时间 (h)	浓度 (%)	L^*	a^*	b^*	ΔL^* (NBS)	Δa^* (NBS)	Δb^* (NBS)	$\Delta E^* ab$ (NBS)
90	1	0.000	93.51	−1.28	10.50	0.00	0.00	0.00	0.00
		0.005	85.20	10.05	5.09	−8.31	11.34	−5.41	15.06
		0.010	77.52	24.53	16.16	−15.99	25.81	5.66	30.88
		0.050	75.43	29.16	19.00	−18.08	30.45	8.50	36.42
		0.100	54.05	49.72	27.12	−39.46	51.00	16.62	66.59
		0.200	55.67	51.23	26.66	−37.84	52.51	16.16	66.71
	2	—	—	—	—	—	—	—	0.00
		0.005	85.74	12.06	6.93	−7.77	13.34	−3.57	15.84
		0.010	77.39	23.21	16.43	−16.12	24.49	5.94	29.91
		0.050	72.78	32.51	18.23	−20.73	33.79	7.73	40.39
		0.100	50.98	49.46	26.50	−42.53	50.74	16.01	68.11
		0.200	54.08	52.93	29.90	−39.43	54.22	19.40	69.79
	3	—	—	—	—	—	—	—	0.00
		0.005	84.62	11.34	7.63	−8.88	12.62	−2.87	15.70
		0.010	72.94	28.40	18.78	−20.57	29.68	8.28	37.05
		0.050	66.92	38.37	21.62	−26.59	39.65	11.13	49.02
		0.100	51.48	48.51	25.80	−42.03	49.79	15.31	66.93
		0.200	51.14	53.02	29.75	−42.37	54.31	19.26	71.52
	5	—	—	—	—	—	—	—	0.00
		0.005	86.35	10.29	8.55	−7.16	11.57	−1.95	13.75
		0.010	71.86	28.06	19.36	−21.65	29.34	8.87	37.53
		0.050	64.12	39.96	22.39	−29.39	41.25	11.89	52.02
		0.100	45.29	25.70	22.12	−48.22	26.98	11.63	56.46
		0.200	51.76	50.76	26.96	−41.75	52.04	16.47	68.72
	8	—	—	—	—	—	—	—	0.00
		0.005	84.94	11.66	8.04	−8.57	12.94	−2.46	15.71
		0.010	72.10	26.56	19.06	−21.41	27.85	8.56	36.15
		0.050	62.97	40.02	22.81	−30.54	41.30	12.31	52.82
		0.100	44.34	27.29	21.70	−49.17	28.57	11.21	57.96
		0.200	49.21	51.63	27.81	−44.30	52.91	17.32	71.15

续表

温度 (℃)	时间 (h)	浓度 (%)	L^*	a^*	b^*	ΔL^* (NBS)	Δa^* (NBS)	Δb^* (NBS)	$\Delta E^* ab$ (NBS)
100	1	0.000	93.51	−1.28	10.50	0.00	0.00	0.00	0.00
		0.005	74.03	32.59	13.50	−19.48	33.88	3.00	39.19
		0.010	79.08	25.49	11.08	−14.43	26.78	0.58	30.42
		0.050	65.36	44.55	21.08	−28.15	45.84	10.59	54.82
		0.100	63.29	48.70	24.08	−30.22	49.98	13.59	59.96
		0.200	52.81	51.33	27.54	−40.70	52.61	17.04	68.67
	2	—	—	—	—	—	—	—	0.00
		0.005	74.58	32.64	13.85	−18.93	33.92	3.35	38.99
		0.010	77.56	25.90	11.77	−15.95	27.18	1.27	31.54
		0.050	65.12	45.02	22.49	−28.39	46.31	12.00	55.62
		0.100	58.44	50.64	26.48	−35.07	51.93	15.99	64.67
		0.200	50.58	52.04	28.26	−42.93	53.32	17.76	70.72
	3	—	—	—	—	—	—	—	0.00
		0.005	72.12	33.90	15.81	−21.39	35.18	5.32	41.51
		0.010	75.08	29.04	12.83	−18.43	30.32	2.34	35.56
		0.050	63.46	45.76	23.15	−30.05	47.04	12.65	57.23
		0.100	56.62	47.10	24.88	−36.89	48.39	14.38	62.52
		0.200	49.65	49.80	26.79	−43.86	51.08	16.30	69.27
	5	—	—	—	—	—	—	—	0.00
		0.005	71.88	34.02	16.23	−21.63	35.30	5.73	41.79
		0.010	74.03	28.96	13.14	−19.48	30.24	2.64	36.06
		0.050	60.84	45.45	23.24	−32.67	46.73	12.74	58.43
		0.100	56.77	45.00	23.41	−36.74	46.28	12.92	60.49
		0.200	49.09	47.94	25.48	−44.42	49.22	14.98	67.97
	8	—	—	—	—	—	—	—	0.00
		0.005	69.39	34.62	16.00	−24.12	35.90	5.51	43.60
		0.010	73.82	28.70	13.70	−19.69	29.98	3.20	36.01
		0.050	61.55	43.19	22.17	−31.96	44.47	11.67	55.99
		0.100	56.11	46.52	24.43	−37.40	47.80	13.93	62.27
		0.200	48.44	46.13	25.33	−45.07	47.42	14.84	67.08

附表 A-2　染料活性艳蓝 KN-R 染色 I-214 杨木单板材色指数与着色度

温度(℃)	时间(h)	浓度(%)	L^*	a^*	b^*	ΔL^*(NBS)	Δa^*(NBS)	Δb^*(NBS)	$\Delta E^* ab$(NBS)
40	1	0.000	93.51	−1.28	10.50	0.00	0.00	0.00	0.00
		0.005	77.81	−5.14	−8.19	−15.70	−3.85	−18.69	24.71
		0.010	77.00	−6.59	−11.84	−16.51	−5.31	−22.34	28.28
		0.050	78.73	−3.28	−3.01	−14.78	−1.99	−13.50	20.12
		0.100	64.33	0.49	−21.24	−29.18	1.78	−31.74	43.15
		0.200	54.92	4.75	−26.08	−38.59	6.03	−36.57	53.51
	2	—	—	—	—	—	—	—	0.00
		0.005	70.38	−2.72	−15.82	−23.13	−1.43	−26.32	35.07
		0.010	75.33	−6.45	−14.25	−18.18	−5.17	−24.74	31.13
		0.050	81.05	−3.70	−2.03	−12.46	−2.41	−12.52	17.83
		0.100	62.85	1.37	−23.06	−30.66	2.65	−33.56	45.53
		0.200	52.78	5.61	−27.99	−40.73	6.89	−38.48	56.46
	3	—	—	—	—	—	—	—	0.00
		0.005	66.58	−1.58	−19.24	−26.93	−0.29	−29.74	40.12
		0.010	68.00	−3.33	−23.03	−25.51	−2.05	−33.52	42.17
		0.050	82.82	−4.43	1.81	−10.69	−3.14	−8.69	14.13
		0.100	57.25	2.18	−25.02	−36.26	3.46	−35.51	50.87
		0.200	50.46	6.47	−28.76	−43.05	7.75	−39.25	58.77
	5	—	—	—	—	—	—	—	0.00
		0.005	61.94	−0.24	−13.07	−31.57	1.05	−23.57	39.41
		0.010	65.41	−2.85	−22.66	−28.10	−1.57	−33.15	43.48
		0.050	83.11	−4.01	0.99	−10.40	−2.73	−9.50	14.35
		0.100	57.25	2.18	−25.02	−36.26	3.46	−35.51	50.87
		0.200	46.98	7.38	−30.39	−46.53	8.66	−40.88	62.54
	8	—	—	—	—	—	—	—	0.00
		0.005	63.68	−0.55	−22.94	−29.83	0.74	−33.43	44.81
		0.010	65.67	−2.27	−23.63	−27.84	−0.98	−34.13	44.05
		0.050	75.00	−0.82	−6.30	−18.51	0.46	−16.79	24.99
		0.100	54.87	3.50	−27.50	−38.64	4.78	−37.99	54.40
		0.200	45.58	8.13	−31.36	−47.93	9.42	−41.85	64.32

续表

温度 (℃)	时间 (h)	浓度 (%)	L^*	a^*	b^*	ΔL^* (NBS)	Δa^* (NBS)	Δb^* (NBS)	$\Delta E^* ab$ (NBS)
60	1	0.000	93.51	−1.28	10.50	0.00	0.00	0.00	0.00
		0.005	85.72	−6.96	0.25	−7.79	−5.67	−10.24	14.06
		0.010	82.82	−6.84	−2.77	−10.69	−5.56	−13.27	17.92
		0.050	57.87	0.93	−28.19	−35.64	2.21	−38.69	52.64
		0.100	61.86	1.37	−22.39	−31.65	2.65	−32.88	45.72
		0.200	57.09	3.43	−26.41	−36.42	4.71	−36.91	52.06
	2	—	—	—	—	—	—	—	0.00
		0.005	81.63	−7.06	−4.21	−11.88	−5.78	−14.70	19.77
		0.010	82.98	−6.35	−5.06	−10.53	−5.07	−15.55	19.45
		0.050	58.77	0.79	−28.15	−34.74	2.07	−38.65	52.01
		0.100	60.68	2.53	−75.32	−32.83	3.81	−85.81	91.95
		0.200	51.63	4.58	−27.14	−41.88	5.86	−37.63	56.61
	3	—	—	—	—	—	—	—	0.00
		0.005	81.63	−7.06	−4.21	−11.88	−5.78	−14.70	19.77
		0.010	78.66	−5.82	−9.56	−14.85	−4.53	−20.05	25.36
		0.050	62.85	−1.13	−23.03	−30.66	0.15	−33.52	45.43
		0.100	53.48	5.20	−30.46	−40.03	6.48	−40.95	57.63
		0.200	51.56	5.35	−28.49	−41.95	6.64	−38.98	57.64
	5	—	—	—	—	—	—	—	0.00
		0.005	81.46	−7.04	−5.52	−12.05	−5.75	−16.02	20.85
		0.010	69.26	−2.87	−20.02	−24.25	−1.58	−30.52	39.01
		0.050	63.99	−1.53	−23.61	−29.52	−0.25	−34.11	45.11
		0.100	52.47	5.74	−31.07	−41.04	7.03	−41.57	58.83
		0.200	48.37	7.01	−31.72	−45.14	8.29	−42.21	62.35
	8	—	—	—	—	—	—	—	0.00
		0.005	68.99	−5.93	−10.08	−24.52	−4.65	−20.58	32.34
		0.010	69.69	−3.75	−20.22	−23.82	−2.46	−30.71	38.94
		0.050	59.48	−0.43	−25.67	−34.03	0.86	−36.17	49.67
		0.100	49.79	7.18	−33.30	−43.72	8.46	−43.80	62.45
		0.200	46.45	7.62	−31.72	−47.06	8.90	−42.22	63.84

温度 (℃)	时间 (h)	浓度 (%)	L^*	a^*	b^*	ΔL^* (NBS)	Δa^* (NBS)	Δb^* (NBS)	ΔE^*ab (NBS)
80	1	0.000	93.51	−1.28	10.50	0.00	0.00	0.00	0.00
		0.005	84.82	−7.47	0.53	−8.69	−6.18	−9.96	14.59
		0.010	73.11	−6.49	−13.43	−20.40	−5.21	−23.92	31.87
		0.050	60.19	0.33	−28.31	−33.32	1.61	−38.80	51.17
		0.100	64.48	0.47	−21.74	−29.03	1.76	−32.24	43.42
		0.200	50.64	5.74	−30.59	−42.87	7.02	−41.08	59.79
	2	—	—	—	—	—	—	—	0.00
		0.005	79.57	−7.12	−5.39	−13.94	−5.84	−15.89	21.93
		0.010	70.18	−5.37	−15.71	−23.33	−4.09	−26.21	35.33
		0.050	54.56	2.74	−30.54	−38.95	4.03	−41.03	56.72
		0.100	60.18	1.75	−24.97	−33.33	3.03	−35.47	48.77
		0.200	49.16	5.68	−30.20	−44.35	6.97	−40.70	60.60
	3	—	—	—	—	—	—	—	0.00
		0.005	80.50	−7.32	−4.29	−13.01	−6.03	−14.79	20.60
		0.010	65.92	−3.85	−19.87	−27.59	−2.56	−30.37	41.11
		0.050	52.28	3.54	−30.55	−41.23	4.82	−41.05	58.38
		0.100	57.77	2.30	−26.24	−35.74	3.58	−36.74	51.38
		0.200	45.35	6.77	−30.76	−48.16	8.05	−41.26	63.92
	5	—	—	—	—	—	—	—	0.00
		0.005	80.98	−7.57	−2.96	−12.53	−6.28	−13.46	19.43
		0.010	69.43	−5.24	−13.45	−24.08	−3.95	−23.95	34.19
		0.050	56.06	3.16	−27.40	−37.45	4.44	−37.90	53.46
		0.100	53.10	2.88	−29.53	−40.41	4.16	−40.02	57.02
		0.200	43.83	7.72	−32.28	−49.68	9.00	−42.77	66.17
	8	—	—	—	—	—	—	—	0.00
		0.005	70.29	−5.22	−14.18	−23.22	−3.93	−24.68	34.11
		0.010	72.98	−7.22	−6.65	−20.53	−5.93	−17.14	27.40
		0.050	54.26	3.42	−27.49	−39.25	4.71	−37.99	54.82
		0.100	51.85	2.98	−29.38	−41.66	4.26	−39.87	57.82
		0.200	44.14	7.60	−31.35	−49.37	8.88	−41.85	65.33

续表

温度 (℃)	时间 (h)	浓度 (%)	L^*	a^*	b^*	ΔL^* (NBS)	Δa^* (NBS)	Δb^* (NBS)	$\Delta E^* ab$ (NBS)
		0.000	93.51	−1.28	10.50	0.00	0.00	0.00	0.00
		0.005	78.04	−3.15	−9.75	−15.47	−1.87	−20.25	25.55
	1	0.010	77.32	−3.02	−9.46	−16.19	−1.73	−19.96	25.76
		0.050	63.00	−1.80	−22.29	−30.51	−0.52	−32.79	44.79
		0.100	60.68	0.73	−24.83	−32.83	2.01	−35.33	48.27
		0.200	51.09	4.83	−29.27	−42.42	6.11	−39.76	58.46
		—	—	—	—	—	—	—	0.00
		0.005	75.93	−2.94	−11.67	−17.58	−1.65	−22.16	28.33
	2	0.010	75.12	−2.67	−10.76	−18.39	−1.39	−21.25	28.13
		0.050	67.59	−3.56	−17.25	−25.92	−2.28	−27.74	38.04
		0.100	54.99	1.80	−26.95	−38.52	3.08	−37.44	53.81
		0.200	51.45	4.65	−29.37	−42.06	5.94	−39.86	58.25
		—	—	—	—	—	—	—	0.00
		0.005	73.84	−2.45	−11.52	−19.67	−1.17	−22.02	29.54
90	3	0.010	68.84	−1.91	−15.13	−24.67	−0.63	−25.62	35.58
		0.050	65.10	−3.06	−17.60	−28.41	−1.78	−28.10	40.00
		0.100	50.88	3.41	−28.12	−42.63	4.69	−38.62	57.71
		0.200	46.72	6.03	−30.76	−46.79	7.31	−41.25	62.80
		—	—	—	—	—	—	—	0.00
		0.005	72.55	−2.22	−12.22	−20.96	−0.93	−22.71	30.92
	5	0.010	64.23	−0.64	−18.50	−29.28	0.64	−29.00	41.21
		0.050	57.43	−0.82	−23.05	−36.08	0.46	−33.54	49.26
		0.100	44.84	5.86	−30.88	−48.67	7.14	−41.37	64.27
		0.200	44.73	7.06	−32.18	−48.78	8.34	−42.67	65.34
		—	—	—	—	—	—	—	0.00
		0.005	73.45	−2.57	−9.78	−20.06	−1.28	−20.28	28.55
	8	0.010	67.49	−1.15	−17.31	−26.02	0.13	−27.80	38.08
		0.050	55.79	−0.80	−22.77	−37.72	0.48	−33.26	50.29
		0.100	47.61	4.18	−27.60	−45.90	5.46	−38.09	59.90
		0.200	44.30	6.19	−29.91	−49.21	7.47	−40.40	64.11

温度 (℃)	时间 (h)	浓度 (%)	L^*	a^*	b^*	ΔL^* (NBS)	Δa^* (NBS)	Δb^* (NBS)	$\Delta E^* ab$ (NBS)
100	1	0.000	93.51	−1.28	10.50	0.00	0.00	0.00	0.00
		0.005	81.89	−3.31	−3.80	−11.62	−2.03	−14.30	18.54
		0.010	76.43	−3.01	−9.63	−17.08	−1.73	−20.13	26.46
		0.050	67.16	−0.49	−19.07	−26.35	0.79	−29.56	39.60
		0.100	59.67	2.42	−25.16	−33.84	3.70	−35.65	49.29
		0.200	50.62	5.69	−31.53	−42.89	6.97	−42.02	60.45
	2	—	—	—	—	—	—	—	0.00
		0.005	79.41	−3.54	−5.51	−14.10	−2.25	−16.01	21.45
		0.010	73.64	−2.50	−12.34	−19.87	−1.22	−22.84	30.29
		0.050	61.54	0.77	−22.58	−31.97	2.05	−33.08	46.05
		0.100	56.67	2.56	−24.71	−36.84	3.85	−35.20	51.09
		0.200	49.79	5.76	−30.01	−43.72	7.04	−40.51	60.01
	3	—	—	—	—	—	—	—	0.00
		0.005	75.24	−3.38	−7.83	−18.27	−2.09	−18.32	25.96
		0.010	71.31	−2.34	−13.31	−22.20	−1.05	−23.80	32.56
		0.050	57.24	1.47	−23.49	−36.27	2.76	−33.99	49.78
		0.100	51.31	4.02	−26.11	−42.20	5.30	−36.61	56.11
		0.200	47.44	6.35	−30.69	−46.07	7.63	−41.19	62.27
	5	—	—	—	—	—	—	—	0.00
		0.005	73.03	−3.12	−9.63	−20.48	−1.83	−20.12	28.77
		0.010	70.65	−2.18	−13.01	−22.86	−0.90	−23.51	32.80
		0.050	52.27	3.07	−26.28	−41.24	4.36	−36.78	55.43
		0.100	51.17	4.20	−26.48	−42.34	5.48	−36.98	56.48
		0.200	46.37	6.55	−30.38	−47.14	7.83	−40.87	62.88
	8	—	—	—	—	—	—	—	0.00
		0.005	70.94	−2.80	−9.91	−22.57	−1.51	−20.41	30.47
		0.010	70.06	−2.03	−13.18	−23.45	−0.74	−23.67	33.33
		0.050	56.46	1.49	−23.11	−37.05	2.77	−33.60	50.09
		0.100	49.35	4.09	−25.56	−44.16	5.38	−36.05	57.26
		0.200	44.11	6.93	−30.58	−49.40	8.22	−41.08	64.77

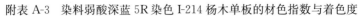
附表 A-3　染料弱酸深蓝 5R 染色 I-214 杨木单板的材色指数与着色度

温度 (℃)	时间 (h)	浓度 (%)	L^*	a^*	b^*	ΔL^* (NBS)	Δa^* (NBS)	Δb^* (NBS)	$\Delta E^* ab$ (NBS)
40	1	0.000	93.51	−1.28	10.50	0.00	0.00	0.00	0.00
		0.005	85.86	−4.74	1.79	−7.65	−3.46	−8.71	12.09
		0.010	66.85	−0.91	−12.63	−26.66	0.37	−23.13	35.30
		0.050	52.39	2.41	−16.45	−41.12	3.69	−26.95	49.30
		0.100	43.76	8.26	−18.09	−49.75	9.54	−28.58	58.16
		0.200	38.67	8.16	−16.62	−54.84	9.45	−27.11	61.90
	2	—							0.00
		0.005	85.11	−4.46	0.20	−8.40	−3.18	−10.30	13.66
		0.010	61.38	0.70	−15.87	−32.13	1.98	−26.36	41.61
		0.050	43.95	4.04	−19.11	−49.56	5.32	−29.60	57.97
		0.100	23.78	8.24	−16.76	−69.73	9.52	−27.25	75.47
		0.200	32.29	9.08	−17.91	−61.22	10.36	−28.40	68.28
	3	—	—	—	—	—	—	—	0.00
		0.005	84.24	−4.29	0.21	−9.26	−3.01	−10.28	14.16
		0.010	53.96	2.63	−19.66	−39.55	3.91	−30.15	49.88
		0.050	42.55	4.46	−19.24	−50.96	5.74	−29.74	59.28
		0.100	34.96	8.35	−17.24	−58.55	9.63	−27.73	65.50
		0.200	30.59	8.71	−8.28	−62.92	9.99	−18.77	66.42
	5	—	—	—	—	—	—	—	0.00
		0.005	83.03	−4.36	0.50	−10.48	−3.08	−10.00	14.81
		0.010	45.92	4.61	−22.80	−47.59	5.90	−33.29	58.37
		0.050	38.15	5.58	−19.70	−55.36	6.86	−30.19	63.43
		0.100	34.96	8.80	−17.24	−58.55	10.08	−27.73	65.57
		0.200	31.75	8.67	−16.69	−61.76	9.95	−27.18	68.21
	8	—	—	—	—	—	—	—	0.00
		0.005	79.59	−3.31	−3.73	−13.92	−2.02	−14.23	20.00
		0.010	46.32	4.31	−22.69	−47.19	5.59	−33.18	57.95
		0.050	37.02	5.32	−18.71	−56.49	6.60	−29.20	63.93
		0.100	34.21	8.40	−17.32	−59.30	9.68	−27.81	66.21
		0.200	30.12	8.91	−16.67	−63.39	10.20	−27.17	69.72

温度 (℃)	时间 (h)	浓度 (%)	L^*	a^*	b^*	ΔL^* (NBS)	Δa^* (NBS)	Δb^* (NBS)	$\Delta E^* ab$ (NBS)
60	1	0.000	93.51	−1.28	10.50	0.00	0.00	0.00	0.00
		0.005	85.92	−7.12	−0.32	−7.59	−5.84	−10.81	14.44
		0.010	79.60	−4.19	−0.58	−13.91	−2.90	−11.07	18.02
		0.050	53.03	2.75	−16.76	−40.48	4.03	−27.25	48.96
		0.100	32.25	9.39	−20.72	−61.26	10.67	−31.21	69.57
		0.200	25.74	8.58	−17.27	−67.77	9.86	−27.76	73.89
	2	—	—	—	—	—	—	—	0.00
		0.005	83.96	−7.09	−3.41	−9.55	−5.81	−13.90	17.84
		0.010	67.32	−1.26	−10.62	−26.19	0.03	−21.11	33.64
		0.050	49.53	3.48	−19.00	−43.98	4.77	−29.49	53.17
		0.100	30.83	9.53	−20.80	−62.68	10.81	−31.30	70.89
		0.200	26.97	8.30	−16.70	−66.54	9.58	−27.20	72.52
	3	—	—	—	—	—	—	—	0.00
		0.005	78.26	−6.36	−10.12	−15.25	−5.08	−20.61	26.14
		0.010	46.44	3.72	−20.51	−47.07	5.01	−31.00	56.59
		0.050	43.69	4.09	−19.46	−49.82	5.38	−29.95	58.37
		0.100	28.27	8.65	−18.51	−65.24	9.94	−29.01	72.08
		0.200	25.28	8.35	−16.65	−68.23	9.63	−27.15	74.06
	5	—	—	—	—	—	—	—	0.00
		0.005	82.98	−7.18	−3.79	−10.53	−5.90	−14.28	18.70
		0.010	50.12	2.95	−19.79	−43.39	4.23	−30.29	53.08
		0.050	41.28	4.80	−20.02	−52.23	6.08	−30.52	60.79
		0.100	27.12	8.76	−18.35	−66.39	10.04	−28.84	73.08
		0.200	25.06	7.73	−15.01	−68.45	9.01	−25.51	73.60
	8	—	—	—	—	—	—	—	0.00
		0.005	79.57	−6.49	−7.76	−13.94	−5.20	−18.25	23.54
		0.010	50.81	2.64	−18.47	−42.70	3.92	−28.97	51.75
		0.050	44.09	4.05	−18.99	−49.42	5.34	−29.49	57.79
		0.100	25.60	7.77	−15.82	−67.91	9.05	−26.32	73.39
		0.200	23.53	7.87	−15.09	−69.98	9.16	−25.58	75.07

续表

温度 (℃)	时间 (h)	浓度 (%)	L^*	a^*	b^*	ΔL^* (NBS)	Δa^* (NBS)	Δb^* (NBS)	$\Delta E^* ab$ (NBS)
80	1	0.000	93.51	−1.28	10.50	0.00	0.00	0.00	0.00
		0.005	88.03	−4.91	6.11	−5.48	−3.63	−4.39	7.90
		0.010	58.21	4.59	−18.62	−35.30	5.88	−29.11	46.13
		0.050	60.19	0.33	−28.31	−33.32	1.61	−38.80	51.17
		0.100	33.98	9.50	−22.15	−59.53	10.78	−32.64	68.74
		0.200	26.29	9.20	−19.10	−67.22	10.48	−29.60	74.19
	2	—	—	—	—	—	—	—	0.00
		0.005	81.42	−3.79	3.18	−12.09	−2.51	−7.31	14.35
		0.010	59.04	4.36	−17.80	−34.47	5.65	−28.29	44.95
		0.050	54.56	2.74	−30.54	−38.95	4.03	−41.03	56.72
		0.100	31.58	9.16	−21.33	−61.93	10.45	−31.82	70.41
		0.200	24.32	7.99	−16.20	−69.19	9.28	−26.69	74.74
	3	—	—	—	—	—	—	—	0.00
		0.005	83.87	−3.93	3.33	−9.64	−2.64	−7.17	12.30
		0.010	56.86	5.06	−18.68	−36.65	6.35	−29.18	47.27
		0.050	52.28	3.54	−30.55	−41.23	4.82	−41.05	58.38
		0.100	30.57	8.65	−19.71	−62.94	9.93	−30.20	70.52
		0.200	26.09	9.23	−18.92	−67.42	10.51	−29.41	74.30
	5	—	—	—	—	—	—	—	0.00
		0.005	80.98	−7.57	−2.96	−12.53	−6.28	−13.46	19.43
		0.010	53.52	5.67	−19.84	−39.99	6.95	−30.33	50.67
		0.050	53.10	2.88	−29.53	−40.41	4.16	−40.02	57.02
		0.100	28.92	8.15	−17.82	−64.59	9.43	−28.32	71.15
		0.200	25.47	8.02	−16.07	−68.04	9.30	−26.56	73.63
	8	—	—	—	—	—	—	—	0.00
		0.005	48.49	2.41	−16.49	−45.02	3.69	−26.98	52.61
		0.010	53.52	5.67	−19.84	−39.99	6.95	−30.33	50.67
		0.050	51.85	2.98	−29.38	−41.66	4.26	−39.87	57.82
		0.100	26.84	7.64	−16.56	−66.67	8.93	−27.06	72.50
		0.200	25.36	7.46	−14.68	−68.15	8.74	−25.18	73.18

温度 (℃)	时间 (h)	浓度 (%)	L^*	a^*	b^*	ΔL^* (NBS)	Δa^* (NBS)	Δb^* (NBS)	$\Delta E^* ab$ (NBS)
90	1	0.000	93.51	−1.28	10.50	0.00	0.00	0.00	0.00
		0.005	64.71	3.37	−14.80	−28.80	4.66	−25.30	38.61
		0.010	59.18	0.37	−13.07	−34.33	1.65	−23.56	41.67
		0.050	58.81	1.41	−13.71	−34.70	2.70	−24.21	42.39
		0.100	28.38	9.23	−20.80	−65.13	10.52	−31.30	73.02
		0.200	26.24	8.59	−17.65	−67.27	9.88	−28.15	73.58
	2	—	—	—	—	—	—	—	0.00
		0.005	61.95	3.68	−15.27	−31.56	4.96	−25.77	41.04
		0.010	55.67	1.42	−15.34	−37.84	2.70	−25.83	45.90
		0.050	57.27	1.70	−13.64	−36.24	2.98	−24.13	43.64
		0.100	26.59	8.67	−19.18	−66.92	9.95	−29.67	73.88
		0.200	25.88	7.56	−15.41	−67.63	8.84	−25.90	72.95
	3	—	—	—	—	—	—	—	0.00
		0.005	58.23	4.06	−16.18	−35.28	5.34	−26.68	44.55
		0.010	48.70	2.56	−16.78	−44.81	3.84	−27.27	52.60
		0.050	51.08	2.52	−15.02	−42.43	3.80	−25.51	49.65
		0.100	27.18	7.96	−17.89	−66.33	9.24	−28.39	72.74
		0.200	25.98	7.21	−14.82	−67.53	8.49	−25.32	72.62
	5	—	—	—	—	—	—	—	0.00
		0.005	59.69	3.49	−14.73	−33.82	4.77	−25.22	42.46
		0.010	53.07	1.30	−13.73	−40.44	2.58	−24.23	47.21
		0.050	46.68	3.04	−15.69	−46.83	4.32	−26.19	53.83
		0.100	27.06	7.59	−16.68	−66.45	8.87	−27.17	72.34
		0.200	26.06	6.84	−14.19	−67.45	8.12	−24.69	72.28
	8	—	—	—	—	—	—	—	0.00
		0.005	56.36	3.90	−14.96	−37.15	5.19	−25.46	45.33
		0.010	51.46	1.38	−13.71	−42.05	2.66	−24.21	48.59
		0.050	35.23	3.92	−15.43	−58.28	5.21	−25.92	64.00
		0.100	30.98	5.94	−14.63	−62.53	7.22	−25.13	67.77
		0.200	25.95	6.47	−13.47	−67.56	7.75	−23.96	72.10

续表

温度 （℃）	时间 （h）	浓度 （%）	L^*	a^*	b^*	ΔL^* （NBS）	Δa^* （NBS）	Δb^* （NBS）	$\Delta E^* ab$ （NBS）
100	1	0.000	93.51	−1.28	10.50	0.00	0.00	0.00	0.00
		0.005	67.01	2.15	−11.07	−26.50	3.44	−21.57	34.34
		0.010	55.84	5.06	−17.12	−37.67	6.34	−27.62	47.14
		0.050	32.96	8.20	−20.05	−60.55	9.48	−30.54	68.47
		0.100	35.04	8.66	−20.41	−58.47	9.94	−30.91	66.88
		0.200	27.01	7.55	−15.45	−66.50	8.83	−25.95	71.92
	2	—	—	—	—	—	—	—	0.00
		0.005	60.84	2.67	−12.43	−32.67	3.95	−22.92	40.11
		0.010	51.31	5.87	−18.12	−42.20	7.16	−28.62	51.49
		0.050	34.89	7.48	−18.54	−58.62	8.76	−29.04	66.00
		0.100	31.34	7.83	−18.10	−62.17	9.11	−28.59	69.03
		0.200	26.21	7.29	−15.97	−67.30	8.57	−26.47	72.82
	3	—	—	—	—	—	—	—	0.00
		0.005	62.98	2.60	−11.55	−30.53	3.88	−22.04	37.85
		0.010	48.92	5.75	−18.02	−44.59	7.03	−28.52	53.39
		0.050	35.32	7.29	−18.20	−58.19	8.58	−28.69	65.44
		0.100	25.49	6.56	−14.00	−68.02	7.84	−24.49	72.72
		0.200	25.80	7.03	−14.63	−67.71	8.32	−25.13	72.70
	5	—	—	—	—	—	—	—	0.00
		0.005	56.47	3.22	−13.27	−37.04	4.51	−23.77	44.24
		0.010	43.37	6.28	−18.97	−50.14	7.56	−29.47	58.65
		0.050	33.09	6.96	−17.05	−60.42	8.24	−27.54	66.91
		0.100	26.94	6.49	−14.43	−66.57	7.78	−24.92	71.50
		0.200	24.83	6.46	−13.53	−68.68	7.74	−24.02	73.17
	8	—	—	—	—	—	—	—	0.00
		0.005	55.17	3.42	−13.36	−38.34	4.70	−23.86	45.40
		0.010	42.33	6.29	−18.54	−51.18	7.57	−29.03	59.33
		0.050	36.07	5.93	−14.80	−57.44	7.21	−25.30	63.18
		0.100	25.65	6.36	−13.82	−67.86	7.64	−24.31	72.48
		0.200	24.87	6.63	−12.77	−68.64	7.91	−23.27	72.91

附表 A-4　染料活性艳红 X-3B 染色 I-214 杨木单板材色指数与着色度

温度 (℃)	时间 (h)	浓度 (%)	L^*	a^*	b^*	ΔL^* (NBS)	Δa^* (NBS)	Δb^* (NBS)	$\Delta E^* ab$ (NBS)
40	1	0.000	93.51	−1.28	10.50	0.00	0.00	0.00	0.00
		0.005	91.59	−3.57	7.53	−1.92	−2.29	−2.97	4.21
		0.010	88.11	3.29	6.22	−5.40	4.58	−4.28	8.27
		0.050	77.73	26.29	2.46	−15.78	27.57	−8.04	32.77
		0.100	66.78	52.73	−0.68	−26.73	54.02	−11.17	61.29
		0.200	58.98	57.11	3.39	−34.53	58.39	−7.11	68.21
	2	—	—	—	—	—	—	—	0.00
		0.005	90.93	−1.47	6.96	−2.58	−0.19	−3.54	4.38
		0.010	86.80	6.90	5.42	−6.71	8.18	−5.08	11.74
		0.050	67.62	41.90	1.22	−25.89	43.18	−9.27	51.19
		0.100	63.90	55.52	0.44	−29.61	56.80	−10.06	64.84
		0.200	58.05	58.11	4.88	−35.46	59.39	−5.62	69.40
	3	—	—	—	—	—	—	—	0.00
		0.005	90.68	−1.14	6.91	−2.83	0.15	−3.58	4.57
		0.010	88.12	7.46	5.75	−5.39	8.74	−4.75	11.31
		0.050	69.36	38.37	1.35	−24.15	39.65	−9.14	47.32
		0.100	60.99	57.06	2.16	−32.52	58.34	−8.34	67.31
		0.200	55.26	60.42	7.12	−38.25	61.70	−3.38	72.67
	5	—	—	—	—	—	—	—	0.00
		0.005	91.24	−1.59	7.24	−2.27	−0.31	−3.25	3.98
		0.010	84.48	13.05	3.41	−9.02	14.33	−7.09	18.36
		0.050	73.13	33.24	1.81	−20.38	34.52	−8.69	41.01
		0.100	60.99	57.06	2.16	−32.52	58.34	−8.34	67.31
		0.200	54.98	59.49	7.89	−38.53	60.78	−2.61	72.01
	8	—	—	—	—	—	—	—	0.00
		0.005	90.86	−1.43	6.87	−2.65	−0.15	−3.63	4.50
		0.010	84.27	13.79	3.85	−9.24	15.07	−6.65	18.88
		0.050	68.69	40.99	3.29	−24.82	42.27	−7.21	49.55
		0.100	60.76	57.83	2.47	−32.75	59.11	−8.03	68.05
		0.200	53.68	59.88	8.49	−39.83	61.16	−2.00	73.01

续表

温度 (℃)	时间 (h)	浓度 (%)	L^*	a^*	b^*	ΔL^* (NBS)	Δa^* (NBS)	Δb^* (NBS)	$\Delta E^* ab$ (NBS)
60	1	0.000	93.51	−1.28	10.50	0.00	0.00	0.00	0.00
		0.005	92.18	−1.56	9.99	−1.33	−0.27	−0.51	1.45
		0.010	89.08	3.53	8.16	−4.43	4.82	−2.34	6.95
		0.050	77.42	25.98	1.88	−16.09	27.26	−8.62	32.80
		0.100	63.25	46.26	−3.16	−30.26	47.54	−13.65	57.98
		0.200	57.85	58.44	4.49	−35.66	59.72	−6.00	69.82
	2	—	—	—	—	—	—	—	0.00
		0.005	92.92	−1.59	9.01	−0.59	−0.31	−1.48	1.62
		0.010	85.81	8.06	6.01	−7.70	9.35	−4.49	12.92
		0.050	77.29	26.39	2.17	−16.22	27.68	−8.32	33.14
		0.100	65.70	45.73	−2.66	−27.81	47.01	−13.15	56.18
		0.200	56.86	60.16	5.53	−36.65	61.44	−4.96	71.72
	3	—	—	—	—	—	—	—	0.00
		0.005	92.50	−1.27	9.93	−1.01	0.01	−0.56	1.15
		0.010	88.28	5.62	8.12	−5.23	6.90	−2.38	8.98
		0.050	76.12	27.44	1.74	−17.39	28.72	−8.76	34.69
		0.100	64.69	45.41	−3.22	−28.82	46.69	−13.72	56.55
		0.200	56.54	57.20	6.03	−36.97	58.48	−4.47	69.33
	5	—	—	—	—	—	—	—	0.00
		0.005	91.08	−1.09	9.76	−2.43	0.20	−0.74	2.54
		0.010	89.45	3.78	8.78	−4.06	5.06	−1.72	6.71
		0.050	72.37	30.12	0.59	−21.14	31.41	−9.91	39.13
		0.100	65.20	44.73	−2.53	−28.31	46.01	−13.03	55.57
		0.200	55.33	57.44	6.55	−38.18	58.72	−3.95	70.15
	8	—	—	—	—	—	—	—	0.00
		0.005	90.35	−1.55	9.29	−3.16	−0.26	−1.20	3.39
		0.010	89.08	2.88	8.77	−4.43	4.16	−1.73	6.32
		0.050	70.74	29.10	1.45	−22.77	30.38	−9.05	39.03
		0.100	61.88	44.18	−2.99	−31.63	45.47	−13.49	57.01
		0.200	53.52	58.88	8.08	−39.99	60.17	−2.42	72.29

温度 (℃)	时间 (h)	浓度 (%)	L^*	a^*	b^*	ΔL^* (NBS)	Δa^* (NBS)	Δb^* (NBS)	$\Delta E^* ab$ (NBS)
80	1	0.000	93.51	−1.28	10.50	0.00	0.00	0.00	0.00
		0.005	91.36	−0.93	11.02	−2.15	0.36	0.53	2.24
		0.010	78.68	28.77	−0.28	−14.83	30.06	−10.77	35.21
		0.050	71.97	35.50	1.82	−21.54	36.78	−8.68	43.50
		0.100	66.22	49.40	−0.46	−27.29	50.69	−10.95	58.60
		0.200	59.20	53.16	3.07	−34.31	54.44	−7.43	64.78
	2	—	—	—	—	—	—	—	0.00
		0.005	89.97	0.97	10.66	−3.54	2.26	0.16	4.20
		0.010	78.23	30.04	−0.38	−15.28	31.33	−10.88	36.51
		0.050	68.95	37.13	1.18	−24.56	38.42	−9.32	46.54
		0.100	61.09	49.62	0.72	−32.42	50.90	−9.78	61.13
		0.200	57.00	55.95	3.78	−36.51	57.23	−6.72	68.21
	3	—	—	—	—	—	—	—	0.00
		0.005	87.37	4.24	9.74	−6.14	5.53	−0.75	8.29
		0.010	76.66	29.46	0.69	−16.85	30.74	−9.81	36.40
		0.050	70.25	33.27	1.41	−23.26	34.55	−9.09	42.63
		0.100	62.42	49.71	0.59	−31.09	50.99	−9.91	60.53
		0.200	55.24	55.59	5.13	−38.27	56.87	−5.37	68.76
	5	—	—	—	—	—	—	—	0.00
		0.005	88.29	2.45	10.37	−5.21	3.73	−0.13	6.42
		0.010	77.44	29.75	1.60	−16.07	31.03	−8.90	36.06
		0.050	58.86	50.83	1.48	−34.65	52.11	−9.02	63.23
		0.100	73.38	30.24	2.55	−20.13	31.52	−7.95	38.23
		0.200	55.28	54.49	4.50	−38.23	55.77	−6.00	67.88
	8	—	—	—	—	—	—	—	0.00
		0.005	89.12	0.63	12.00	−4.39	1.91	1.51	5.01
		0.010	76.72	30.13	1.15	−16.79	31.41	−9.34	36.83
		0.050	60.41	49.05	1.01	−33.10	50.34	−9.49	60.99
		0.100	71.54	30.81	3.08	−21.97	32.10	−7.41	39.59
		0.200	55.36	51.75	4.06	−38.15	53.04	−6.44	65.65

续表

温度 (℃)	时间 (h)	浓度 (%)	L^*	a^*	b^*	ΔL^* (NBS)	Δa^* (NBS)	Δb^* (NBS)	$\Delta E^* ab$ (NBS)
90	1	0.000	93.51	−1.28	10.50	0.00	0.00	0.00	0.00
		0.005	76.71	31.29	12.07	−16.80	32.57	1.57	36.68
		0.010	83.17	20.93	2.84	−10.34	22.21	−7.66	25.67
		0.050	73.27	33.60	2.97	−20.24	34.88	−7.53	41.03
		0.100	67.59	44.59	0.64	−25.92	45.88	−9.86	53.61
		0.200	58.21	56.46	3.81	−35.30	57.75	−6.69	68.01
	2	—	—	—	—	—	—	—	0.00
		0.005	74.06	34.05	12.94	−19.45	35.33	2.45	40.41
		0.010	81.96	21.81	3.48	−11.55	23.09	−7.02	26.76
		0.050	64.95	44.17	3.42	−28.56	45.45	−7.07	54.15
		0.100	67.24	41.42	0.85	−26.27	42.71	−9.65	51.06
		0.200	56.48	55.62	4.71	−37.03	56.90	−5.79	68.13
	3	—	—	—	—	—	—	—	0.00
		0.005	75.33	32.42	12.26	−18.18	33.70	1.76	38.33
		0.010	79.82	26.17	2.45	−13.69	27.45	−8.05	31.71
		0.050	66.41	42.48	3.28	−27.10	43.77	−7.22	51.98
		0.100	66.17	39.82	0.87	−27.34	41.10	−9.63	50.29
		0.200	55.65	53.02	4.36	−37.86	54.30	−6.14	66.48
	5	—	—	—	—	—	—	—	0.00
		0.005	71.58	37.32	14.50	−21.93	38.61	4.00	44.58
		0.010	78.51	28.16	2.49	−15.00	29.45	−8.00	34.00
		0.050	70.29	35.48	3.31	−23.22	36.76	−7.19	44.07
		0.100	64.47	39.58	0.73	−29.04	40.86	−9.77	51.07
		0.200	58.12	49.07	2.32	−35.39	50.35	−8.18	62.09
	8	—	—	—	—	—	—	—	0.00
		0.005	72.35	35.02	14.26	−21.16	36.30	3.76	42.19
		0.010	78.19	26.82	2.73	−15.32	28.11	−7.77	32.94
		0.050	69.60	32.88	3.87	−23.91	34.16	−6.63	42.22
		0.100	62.09	40.80	1.43	−31.42	42.08	−9.07	53.30
		0.200	55.18	50.39	3.43	−38.33	51.67	−7.06	64.73

温度 (℃)	时间 (h)	浓度 (%)	L^*	a^*	b^*	ΔL^* (NBS)	Δa^* (NBS)	Δb^* (NBS)	$\Delta E^* ab$ (NBS)
100	1	0.000	93.51	−1.28	10.50	0.00	0.00	0.00	0.00
		0.005	85.58	12.49	6.11	−7.93	13.77	−4.39	16.49
		0.010	82.63	19.90	2.39	−10.88	21.19	−8.11	25.16
		0.050	76.04	28.42	1.06	−17.47	29.70	−9.44	35.73
		0.100	66.23	42.74	−0.28	−27.28	44.03	−10.77	52.90
		0.200	56.31	55.53	4.69	−37.20	56.81	−5.81	68.15
	2	—	—	—	—	—	—	—	0.00
		0.005	86.01	11.99	6.89	−7.50	13.27	−3.61	15.67
		0.010	80.96	20.06	3.41	−12.55	21.34	−7.09	25.75
		0.050	75.32	26.83	1.26	−18.19	28.12	−9.23	34.74
		0.100	62.06	44.10	−0.38	−31.45	45.39	−10.87	56.28
		0.200	54.42	54.70	5.35	−39.09	55.98	−5.15	68.47
	3	—	—	—	—	—	—	—	0.00
		0.005	85.12	13.88	6.19	−8.39	15.16	−4.31	17.85
		0.010	79.15	23.42	3.48	−14.36	24.70	−7.01	29.42
		0.050	73.22	26.48	2.02	−20.29	27.77	−8.47	35.42
		0.100	56.68	45.31	−0.05	−36.83	46.59	−10.54	60.32
		0.200	54.22	53.48	4.82	−39.29	54.76	−5.68	67.64
	5	—	—	—	—	—	—	—	0.00
		0.005	81.73	17.05	6.94	−11.78	18.33	−3.56	22.08
		0.010	78.12	24.67	3.74	−15.39	25.95	−6.76	30.92
		0.050	70.49	28.42	0.87	−23.02	29.71	−9.63	38.79
		0.100	60.43	42.65	−0.88	−33.08	43.94	−11.38	56.16
		0.200	54.85	51.95	4.31	−38.66	53.24	−6.19	66.08
	8	—	—	—	—	—	—	—	0.00
		0.005	82.53	14.57	7.50	−10.98	15.86	−2.99	19.52
		0.010	77.32	23.98	4.43	−16.19	25.27	−6.07	30.62
		0.050	72.83	25.67	1.50	−20.68	26.95	−8.99	35.14
		0.100	61.25	38.41	−0.72	−32.26	39.70	−11.21	52.37
		0.200	55.90	49.33	3.76	−37.61	50.61	−6.74	63.41

附表 A-5 酸性染料染色 I-214 杨木单板氙光照射材色指数与变色度

素材 0.005%	光照时间 (h)	弱酸深蓝 5R				酸性大红 GR			
		L^*	a^*	b^*	$\Delta E^* ab$	L^*	a^*	b^*	$\Delta E^* ab$
1h	0	70.83	0.73	1.83	0.00	79.56	10.98	12.42	0.00
	2	71.19	−2.31	10.98	9.64	79.44	3.67	20.53	10.92
	5	72.67	−2.47	14.73	13.41	78.78	3.16	22.49	12.78
	10	73.64	−2.29	18.55	17.21	78.99	2.71	24.55	14.69
	20	74.37	−1.72	23.81	22.40	79.11	2.31	27.82	17.68
	40	75.34	−1.02	27.87	26.49	77.87	2.08	31.12	20.78
	70	76.05	0.83	30.87	29.50	77.99	3.08	32.74	21.85
	110	75.59	4.82	30.02	28.87	77.26	6.35	31.10	19.38
2h	0	68.88	0.67	5.32	0.00	80.02	9.96	12.23	0.00
	2	71.00	−2.49	10.53	6.44	77.55	4.87	20.48	10.00
	5	72.49	−2.58	14.38	10.28	79.10	4.40	22.82	12.00
	10	73.43	−2.35	18.62	14.37	78.83	3.38	24.71	14.16
	20	74.60	−2.19	22.64	18.46	78.38	2.93	27.97	17.32
	40	75.07	−1.23	27.43	23.03	78.38	2.64	31.26	20.46
	70	75.53	0.26	29.85	25.42	78.34	3.49	32.81	21.64
	110	75.19	4.47	29.18	24.97	77.35	6.62	31.18	19.43
3h	0	65.75	0.82	−2.83	0.00	76.63	15.32	14.05	0.00
	2	68.16	−2.74	8.10	11.74	81.34	5.56	19.31	12.05
	5	69.11	−2.75	12.00	15.62	81.07	4.42	21.78	14.08
	10	70.31	−2.93	15.33	19.09	80.53	3.91	23.90	15.57
	20	71.82	−2.81	20.20	24.09	80.09	3.18	27.06	18.13
	40	72.93	−2.00	25.33	29.20	79.62	2.75	30.11	20.61
	70	73.44	−0.52	27.92	31.72	79.48	3.54	31.72	21.43
	110	74.24	3.59	27.77	31.88	78.76	6.45	29.79	18.19
5h	0	69.07	0.79	1.13	0.00	79.24	8.54	14.64	0.00
	2	70.81	−2.50	10.03	9.64	79.95	4.32	20.11	6.94
	5	71.13	−2.48	13.75	13.20	80.13	3.45	22.34	9.28
	10	72.77	−2.55	17.36	16.97	80.01	2.66	24.35	11.38
	20	74.73	−2.17	22.77	22.56	79.31	2.31	27.42	14.22
	40	75.40	−1.47	27.30	27.01	78.83	2.31	30.38	16.93
	70	76.29	0.36	30.52	30.26	79.12	3.15	32.11	18.28
	110	70.97	3.79	28.72	27.82	78.58	6.42	30.56	16.07
8h	0	62.02	1.52	−5.83	0.00	77.02	11.90	14.91	0.00
	2	64.95	−2.31	4.13	11.06	78.29	7.03	18.89	6.42
	5	66.34	−2.63	8.11	15.17	78.10	6.23	21.27	8.58
	10	67.83	−2.84	12.17	19.41	78.26	5.60	23.52	10.74
	20	69.69	−2.62	18.17	25.53	77.83	3.90	26.78	14.33
	40	72.02	−2.21	23.70	31.39	77.99	3.40	29.93	17.29
	70	74.00	−0.78	27.47	35.46	78.26	4.19	31.39	18.23
	110	74.73	3.61	29.02	37.15	77.63	6.80	29.75	15.70

漂白材 0.005%	光照 (h)	弱酸深蓝 5R				酸性大红 GR			
		L^*	a^*	b^*	$\Delta E^* ab$	L^*	a^*	b^*	$\Delta E^* ab$
1h	0	63.75	2.43	−11.98	0.00	73.03	34.96	13.68	0.00
	2	66.85	−2.69	2.27	15.45	74.04	23.23	20.09	13.41
	5	68.28	−3.09	7.58	20.82	74.01	19.98	22.22	17.27
	10	69.67	−3.29	12.24	25.57	74.33	17.48	24.07	20.38
	20	71.16	−2.93	18.78	32.09	74.50	14.60	27.09	24.42
	40	72.52	−1.88	25.57	38.80	74.28	11.88	30.39	28.52
	70	73.64	0.19	30.13	43.31	74.11	11.04	31.91	30.09
	110	67.47	3.30	25.70	37.87	73.72	12.08	31.49	29.00
2h	0	61.04	2.68	−12.08	0.00	72.95	34.54	15.35	0.00
	2	62.45	−1.88	−1.04	12.03	74.24	22.81	20.31	12.80
	5	64.87	−2.66	5.26	18.54	74.43	19.56	21.89	16.41
	10	65.75	−3.01	9.05	22.38	75.10	17.26	23.18	19.10
	20	67.46	−3.02	15.73	29.10	75.56	13.88	26.03	23.40
	40	68.86	−2.40	21.79	35.12	76.04	10.56	28.94	27.73
	70	71.01	−0.52	27.32	40.76	76.77	9.18	30.30	29.69
	110	76.15	4.01	29.47	44.23	76.77	10.42	28.73	27.84
3h	0	64.34	2.65	−11.28	0.00	71.21	34.87	15.76	0.00
	2	65.50	−2.03	−1.06	11.30	71.62	24.92	20.80	11.17
	5	66.74	−2.71	4.11	16.47	71.55	21.99	22.13	14.38
	10	68.29	−3.16	8.88	21.34	72.02	19.95	23.72	16.93
	20	70.42	−3.26	15.95	28.52	71.96	16.74	26.52	21.10
	40	72.74	−2.50	23.48	36.13	72.71	13.72	29.59	25.31
	70	74.44	−0.64	28.34	41.02	73.64	12.13	31.12	27.55
	110	74.59	3.34	27.43	40.04	73.57	12.80	30.12	26.43
5h	0	55.58	3.10	−12.58	0.00	70.88	35.68	16.81	0.00
	2	56.75	−1.10	−3.10	10.44	75.12	19.85	20.25	16.74
	5	59.00	−1.75	2.45	16.16	75.08	17.49	22.13	19.42
	10	59.75	−2.25	6.46	20.21	74.89	15.77	24.12	21.59
	20	61.87	−2.46	12.28	26.24	75.66	12.58	27.00	25.70
	40	64.10	−2.05	19.01	33.12	75.85	10.13	30.19	29.26
	70	67.41	−1.04	23.49	38.18	76.02	9.08	32.21	31.16
	110	72.85	4.43	30.53	46.46	75.72	10.68	31.06	29.18
8h	0	52.30	3.61	−14.26	0.00	71.24	32.14	15.18	0.00
	2	53.08	−0.34	−5.57	9.58	72.87	22.66	20.89	11.19
	5	55.01	−1.14	−1.05	14.30	73.04	19.91	22.62	14.43
	10	57.36	−1.82	3.31	19.07	73.53	17.83	24.25	17.10
	20	60.01	−2.38	9.54	25.72	74.25	14.62	26.86	21.27
	40	62.30	−2.42	15.77	32.22	74.68	11.68	29.94	25.46
	70	65.62	−1.59	21.04	38.09	75.24	10.33	31.72	27.66
	110	66.13	2.18	22.46	39.26	75.01	11.60	30.57	25.94

续表

素材 0.05%	光照时间 (h)	弱酸深蓝 5R				酸性大红 GR			
		L^*	a^*	b^*	$\Delta E^* ab$	L^*	a^*	b^*	$\Delta E^* ab$
1h	0	37.19	6.62	−17.86	0.00	69.77	39.32	19.54	0.00
	2	35.63	3.37	−10.79	7.94	69.61	29.86	24.40	10.64
	5	37.59	2.25	−7.26	11.48	69.96	26.84	24.10	13.29
	10	38.13	1.40	−4.50	14.37	69.97	26.21	25.34	14.34
	20	45.87	−0.12	2.89	23.47	72.29	20.30	26.93	20.56
	40	53.39	−0.94	10.34	33.38	73.58	15.84	29.07	25.62
	70	60.25	−1.10	16.33	41.95	74.92	12.85	30.09	28.95
	110	65.27	2.21	19.40	46.86	75.06	13.69	28.72	27.73
2h	0	39.66	6.30	−16.43	0.00	67.62	37.77	18.86	0.00
	2	43.81	2.76	−9.73	8.64	69.47	30.35	24.01	9.22
	5	48.05	1.20	−4.78	15.24	70.36	26.67	24.36	12.69
	10	48.25	0.76	−2.21	17.51	70.89	24.28	24.91	15.14
	20	56.14	−1.11	6.60	29.27	72.18	20.53	26.52	19.41
	40	60.61	−1.68	13.15	37.11	73.43	16.53	28.60	24.08
	70	68.83	−1.40	21.00	48.07	75.51	12.93	29.43	28.13
	110	69.05	1.94	20.66	47.52	76.03	13.02	27.82	27.63
3h	0	36.73	6.03	−16.21	0.00	64.74	44.15	21.55	0.00
	2	38.60	2.11	−7.84	9.43	70.44	27.86	22.86	17.31
	5	41.24	1.15	−4.13	13.79	70.71	25.40	23.48	19.77
	10	39.46	1.16	−2.69	14.63	71.52	23.14	24.17	22.23
	20	48.92	−0.67	5.03	25.39	72.76	19.59	25.76	26.17
	40	54.55	−1.41	10.72	33.14	74.19	15.46	27.80	30.84
	70	60.99	−1.68	14.98	40.26	75.46	13.18	29.22	33.66
	110	63.35	1.29	15.42	41.60	76.29	13.21	27.06	33.48
5h	0	40.02	5.16	−14.54	0.00	63.26	43.17	21.44	0.00
	2	38.75	2.48	−9.32	24.04	68.89	29.23	23.35	15.16
	5	41.69	1.22	−5.11	20.11	68.99	26.72	23.59	17.56
	10	40.06	0.88	−1.79	16.88	70.29	24.34	24.34	20.31
	20	49.93	−0.76	4.73	15.15	71.61	20.74	26.12	24.38
	40	55.71	−1.52	10.51	17.52	73.16	16.41	27.50	29.17
	70	60.34	−1.76	14.53	21.46	74.92	13.91	28.70	32.32
	110	64.45	1.23	15.26	24.76	75.46	14.02	26.85	32.06
8h	0	40.52	4.85	−14.13	0.00	63.28	42.38	20.74	0.00
	2	39.50	2.07	−7.59	7.18	67.07	30.27	23.16	12.92
	5	41.84	1.30	−4.51	10.35	68.07	27.87	23.54	15.53
	10	41.76	0.70	−0.61	14.20	68.97	25.38	24.12	18.25
	20	49.82	−0.61	4.68	21.68	70.54	21.70	25.40	22.41
	40	55.31	−1.28	10.41	29.30	71.97	17.93	27.13	26.73
	70	60.89	−1.62	14.58	35.79	73.56	15.24	28.28	29.99
	110	64.98	1.37	15.52	38.59	74.65	15.10	26.09	30.03

漂白材 0.05%	光照时间 (h)	弱酸深蓝 5R				酸性大红 GR			
		L^*	a^*	b^*	$\Delta E^* ab$	L^*	a^*	b^*	$\Delta E^* ab$
1h	0	31.61	7.77	−18.91	0.00	64.86	45.18	20.65	0.00
	2	33.07	4.05	−12.53	7.53	65.80	34.75	24.42	11.13
	5	35.24	2.64	−8.61	12.07	66.36	31.44	24.40	14.32
	10	41.53	1.17	−3.11	19.79	67.38	28.69	25.00	17.24
	20	42.68	0.06	1.50	24.46	68.89	24.18	26.40	22.15
	40	48.94	−0.80	8.34	33.41	70.47	19.11	28.22	27.72
	70	55.93	−1.12	14.31	42.12	72.52	15.75	29.24	31.60
	110	58.90	1.99	16.57	45.13	73.28	15.22	27.63	31.89
2h	0	37.54	7.32	−18.38	0.00	64.46	45.61	23.93	0.00
	2	42.60	3.28	−11.34	9.57	69.41	30.12	23.42	16.27
	5	44.14	1.94	−7.01	14.20	68.96	27.78	24.30	18.39
	10	51.36	0.05	−0.18	23.98	69.73	25.11	24.94	21.20
	20	54.39	−0.57	5.37	30.16	71.07	21.15	26.80	25.50
	40	62.63	−1.13	14.66	42.33	72.59	16.78	29.07	30.39
	70	66.53	−0.76	20.11	48.86	74.11	14.08	30.38	33.60
	110	72.36	3.67	24.84	55.62	74.51	14.16	28.72	33.37
3h	0	34.63	7.65	−18.57	0.00	64.04	45.44	23.06	0.00
	2	35.03	3.27	−10.41	9.27	67.40	32.54	24.20	13.38
	5	37.33	2.07	−6.42	13.64	67.66	29.59	24.59	16.33
	10	44.03	0.31	−0.47	21.68	68.52	26.80	25.27	19.30
	20	44.06	−0.08	3.09	24.85	69.55	23.12	26.92	23.31
	40	49.31	−0.83	9.53	32.81	70.86	18.79	29.12	28.17
	70	55.70	−1.00	15.17	40.70	72.60	15.84	30.45	31.69
	110	57.77	2.10	17.40	43.13	72.89	15.51	29.52	31.88
5h	0	32.90	7.33	−17.84	0.00	59.79	47.01	24.44	0.00
	2	35.34	2.94	−9.03	10.14	62.51	35.44	24.74	11.89
	5	37.46	1.84	−5.49	14.27	63.07	32.34	24.90	15.04
	10	44.84	0.31	−1.16	21.68	63.89	29.98	25.61	17.56
	20	44.63	−0.19	3.86	25.79	65.25	25.88	26.90	21.96
	40	49.81	−0.88	10.19	33.74	66.77	21.52	28.71	26.77
	70	55.37	−1.03	15.26	40.86	68.37	19.15	29.76	29.63
	110	57.55	2.02	17.09	43.07	68.73	18.72	28.87	30.00
8h	0	33.28	5.96	−14.78	0.00	60.10	44.02	22.70	0.00
	2	36.42	2.54	−8.04	8.19	60.36	34.19	23.83	9.90
	5	38.96	1.52	−4.24	12.77	60.43	31.93	24.42	12.22
	10	24.19	0.46	−1.04	17.38	62.62	29.84	24.86	14.57
	20	46.38	−0.25	4.70	24.28	63.62	25.92	26.20	18.77
	40	51.52	−0.86	10.46	31.88	65.20	21.84	27.87	23.34
	70	56.60	−0.98	15.24	38.63	67.19	19.35	28.78	26.38
	110	59.25	1.94	16.68	40.99	67.71	19.00	27.90	26.66

附表 A-6　活性染料染色 I-214 杨木单板氙光照射材色指数与变色度

素材 0.005%	光照时间 (h)	活性艳蓝 KN-R				活性艳红 X-3B			
		L^*	a^*	b^*	$\Delta E^* ab$	L^*	a^*	b^*	$\Delta E^* ab$
1h	0	71.92	−3.12	−7.68	0.00	80.02	9.95	15.01	0.00
	2	71.96	−6.57	0.69	9.05	79.04	3.77	20.83	10.92
	5	71.42	−6.86	3.91	12.18	79.18	4.33	22.91	12.78
	10	71.70	−6.91	7.72	15.86	78.97	3.21	25.34	14.69
	20	71.59	−6.49	13.08	21.03	77.21	2.68	28.55	17.68
	40	71.55	−5.72	18.02	25.83	78.73	2.60	31.33	20.78
	70	72.03	−4.19	21.80	29.50	77.55	3.19	33.97	21.85
	110	72.29	0.08	21.58	29.43	76.52	3.59	35.35	19.38
2h	0	70.24	−2.80	5.28	0.00	78.10	10.41	18.15	0.00
	2	69.79	−5.08	9.69	4.98	76.29	4.93	20.57	10.00
	5	70.59	−5.11	11.87	6.99	79.30	5.41	22.22	12.00
	10	70.55	−5.24	13.82	8.88	76.82	3.55	24.46	14.16
	20	70.65	−4.88	17.51	12.41	76.60	2.91	27.48	17.32
	40	71.45	−3.95	21.89	16.69	77.19	2.73	30.53	20.46
	70	72.51	−2.66	24.75	19.60	77.18	2.86	32.75	21.64
	110	72.70	1.21	23.56	18.87	77.02	3.30	34.07	19.43
3h	0	74.21	−2.79	−0.25	0.00	77.29	12.06	17.19	0.00
	2	72.82	−5.04	9.80	10.35	77.24	4.38	20.83	12.05
	5	73.99	−5.62	10.94	11.54	77.16	4.04	21.93	14.08
	10	73.36	−5.40	13.82	14.33	77.68	3.19	24.90	15.57
	20	73.92	−5.09	17.81	18.20	77.58	2.44	27.85	18.13
	40	74.34	−4.10	22.81	23.09	77.73	2.54	30.83	20.61
	70	74.80	−2.45	25.32	25.57	77.35	2.80	33.06	21.43
	110	75.31	1.65	25.17	25.82	76.87	3.33	34.32	18.19
5h	0	79.78	−2.79	2.25	0.00	78.41	13.04	14.27	0.00
	2	75.73	−4.71	11.39	10.18	76.71	7.08	20.07	6.94
	5	77.05	−4.96	14.59	12.82	76.72	6.02	22.68	9.28
	10	77.59	−5.22	16.76	14.87	77.00	4.97	25.15	11.38
	20	76.73	−4.30	21.29	19.34	76.99	3.89	28.15	14.22
	40	76.51	−2.97	25.82	23.79	77.15	3.64	31.17	16.93
	70	77.56	−1.58	28.60	26.47	76.88	3.63	33.41	18.28
	110	76.86	2.71	27.44	25.94	76.54	4.04	34.52	16.07
8h	0	81.87	−1.54	7.15	0.00	79.11	14.31	9.01	0.00
	2	78.81	−5.16	13.17	7.66	78.79	7.95	16.37	6.42
	5	79.60	−4.90	16.29	10.00	79.11	7.10	19.41	8.58
	10	79.19	−4.40	19.53	12.99	79.09	5.38	22.68	10.74
	20	79.02	−3.86	23.60	16.86	79.55	4.09	26.34	14.33
	40	78.59	−2.39	27.99	21.11	79.30	3.58	29.80	17.29
	70	78.65	−0.66	30.30	23.39	79.00	3.28	31.99	18.23
	110	78.40	3.42	28.73	22.41	78.47	3.35	33.22	15.70

漂白材 0.005%	光照时间 (h)	活性艳蓝 KN-R				活性艳红 X-3B			
		L^*	a^*	b^*	$\Delta E^* ab$	L^*	a^*	b^*	$\Delta E^* ab$
1h	0	81.93	−3.43	−2.45	0.00	85.45	13.38	5.09	0.00
	2	80.07	−7.24	9.08	12.28	83.57	2.91	14.86	13.41
	5	79.09	−6.71	13.31	16.35	79.93	7.91	19.29	17.27
	10	78.26	−6.27	16.69	19.69	82.13	3.47	23.50	20.38
	20	77.16	−5.22	21.36	24.35	80.62	1.85	26.86	24.42
	40	76.31	−3.66	25.98	28.98	78.23	4.11	31.09	28.52
	70	75.50	−1.59	29.35	32.50	78.95	2.91	33.33	30.09
	110	75.34	2.63	28.13	31.86	77.62	3.10	34.32	29.00
2h	0	80.27	−3.71	−4.42	0.00	85.94	12.78	6.27	0.00
	2	77.71	−7.22	4.24	9.68	85.01	1.47	15.98	12.80
	5	77.44	−7.06	8.78	13.91	77.66	9.49	18.86	16.41
	10	76.52	−6.84	11.69	16.84	83.10	1.30	23.93	19.10
	20	76.03	−6.06	16.91	21.87	81.69	0.64	27.60	23.40
	40	75.64	−4.69	22.02	26.86	76.34	5.48	30.48	27.73
	70	75.65	−3.06	25.26	30.04	78.87	2.72	34.48	29.69
	110	75.29	1.34	24.59	29.86	77.61	3.36	36.11	27.84
3h	0	75.86	−3.42	−7.60	0.00	85.45	13.40	6.29	0.00
	2	74.61	−7.11	2.38	10.71	83.65	3.34	15.07	11.17
	5	73.58	−7.14	6.04	14.32	83.43	3.78	19.61	14.38
	10	73.12	−7.17	9.94	18.15	81.82	2.39	22.93	16.93
	20	72.62	−6.47	15.82	23.84	81.00	2.09	26.95	21.10
	40	71.75	−5.23	20.93	28.88	79.97	2.54	30.83	25.31
	70	71.85	−3.41	24.87	32.72	78.57	2.86	33.60	27.55
	110	71.31	0.90	24.92	33.11	76.98	3.59	35.31	26.43
5h	0	72.22	−3.03	−9.99	0.00	82.08	16.88	7.13	0.00
	2	71.44	−6.56	−0.93	9.76	78.42	9.57	14.79	16.74
	5	71.42	−7.02	3.91	14.48	84.37	2.68	20.11	19.42
	10	71.16	−7.02	7.50	17.97	76.97	7.87	22.94	21.59
	20	70.62	−8.09	13.04	23.63	76.93	5.85	25.92	25.70
	40	69.81	−5.48	18.76	28.95	80.47	1.92	31.82	29.26
	70	70.04	−3.89	22.78	32.85	75.13	5.36	33.52	31.16
	110	69.51	0.34	22.99	33.26	74.28	5.24	34.67	29.18
8h	0	73.37	−2.70	−10.06	0.00	83.10	14.40	8.53	0.00
	2	69.82	−6.44	−2.24	9.37	80.00	7.74	14.98	11.19
	5	69.49	−6.77	1.87	13.18	83.28	3.43	19.37	14.43
	10	69.00	−6.84	5.46	16.65	79.77	4.85	23.27	17.10
	20	69.02	−6.52	11.05	21.89	78.68	4.09	27.05	21.27
	40	68.70	−5.54	16.92	27.53	80.07	2.25	31.08	25.46
	70	69.46	−4.04	21.20	31.53	77.12	4.15	33.65	27.66
	110	68.89	0.22	21.61	32.11	76.08	4.61	35.08	25.94

续表

素材 0.05%	光照时间 (h)	活性艳蓝 KN-R				活性艳红 X-3B			
		L^*	a^*	b^*	$\Delta E^* ab$	L^*	a^*	b^*	$\Delta E^* ab$
1h	0	60.81	−1.40	−17.22	0.00	67.96	39.84	3.02	0.00
	2	62.68	−5.54	−6.37	11.77	73.75	22.71	10.98	10.64
	5	62.34	−5.91	−2.79	15.20	74.23	20.21	14.81	13.29
	10	62.88	−6.20	1.00	18.95	74.32	17.92	18.26	14.34
	20	63.09	−6.33	6.12	23.96	74.89	13.71	22.55	20.56
	40	65.01	−5.85	11.10	28.97	74.77	12.14	26.61	25.62
	70	66.06	−4.95	15.66	33.48	75.42	9.74	30.12	28.95
	110	66.89	−3.89	19.09	36.89	75.21	8.80	31.88	27.73
2h	0	60.72	−2.67	−12.94	0.00	66.70	37.90	6.84	0.00
	2	64.82	−5.84	−7.93	7.21	74.68	19.08	13.36	9.22
	5	63.93	−6.33	−3.21	10.88	73.53	17.69	17.01	12.69
	10	64.45	−6.63	0.92	14.88	74.28	14.57	20.89	15.14
	20	64.21	−6.40	8.23	21.77	74.65	11.92	24.58	19.41
	40	64.37	−5.79	12.74	26.12	75.31	10.25	28.31	24.08
	70	65.86	−4.85	17.97	31.41	75.75	8.69	30.67	28.13
	110	66.77	−3.68	21.31	34.79	74.93	7.88	33.28	27.63
3h	0	68.09	1.02	−18.72	0.00	59.57	25.23	5.35	0.00
	2	60.83	−5.37	−7.25	15.01	74.37	19.86	12.46	17.31
	5	61.49	−5.90	−3.59	17.90	74.74	18.55	15.45	19.77
	10	61.47	−6.21	0.27	21.37	74.49	15.21	19.41	22.23
	20	62.10	−6.30	5.26	25.77	74.55	13.07	23.68	26.17
	40	63.39	−5.78	10.66	30.52	74.75	11.19	27.56	30.84
	70	64.29	−5.07	15.24	34.71	75.17	9.32	30.00	33.66
	110	65.21	−3.95	18.91	38.07	74.49	8.40	32.27	33.48
5h	0	53.96	0.74	−22.17	0.00	65.03	34.57	7.44	0.00
	2	55.94	−2.80	−16.90	6.65	70.15	19.28	14.12	15.16
	5	55.70	−3.98	−12.52	10.88	71.34	17.36	16.75	17.56
	10	55.55	−4.82	−7.65	15.63	72.53	14.71	19.64	20.31
	20	56.48	−5.43	−2.27	20.99	73.05	12.46	23.18	24.38
	40	57.41	−5.39	3.94	27.03	74.20	10.48	26.77	29.17
	70	59.32	−5.05	9.05	32.20	74.77	8.82	29.26	32.32
	110	60.07	−4.27	13.45	36.49	73.99	7.81	31.47	32.06
8h	0	51.79	0.22	−19.86	0.00	62.75	36.05	4.73	0.00
	2	53.00	−2.49	−15.86	4.98	66.64	23.77	11.23	12.92
	5	52.87	−4.12	−10.67	10.22	68.00	21.87	13.69	15.53
	10	53.69	−4.72	−6.86	14.04	67.16	19.12	17.31	18.25
	20	54.45	−5.13	−1.97	18.87	68.60	16.55	20.99	22.41
	40	55.90	−5.04	3.34	24.14	69.72	13.83	24.93	26.73
	70	57.29	−4.69	8.35	29.16	69.69	11.95	28.27	29.99
	110	59.12	−3.99	12.31	33.26	69.79	10.42	30.56	30.03

漂白材 0.05%	光照时间 (h)	活性蓝 KN-R				活性红 X-3B			
		L^*	a^*	b^*	$\Delta E^* ab$	L^*	a^*	b^*	$\Delta E^* ab$
1h	0	66.92	−0.52	−18.75	0.00	76.55	28.61	0.17	0.00
	2	67.31	−6.29	−6.88	13.21	78.23	14.59	10.95	11.13
	5	67.40	−6.64	−2.25	17.60	78.92	12.89	15.29	14.32
	10	68.08	−6.81	3.83	23.46	78.03	11.78	19.12	17.24
	20	67.68	−6.59	8.41	27.83	77.34	8.61	23.43	22.15
	40	67.92	−5.82	13.69	32.88	78.10	6.87	28.33	27.72
	70	68.33	−4.58	19.28	38.27	77.21	6.08	31.63	31.60
	110	68.86	−3.05	22.92	41.79	76.64	5.56	33.78	31.89
2h	0	64.12	0.06	−20.34	0.00	75.97	25.77	1.58	0.00
	2	65.33	−5.67	−8.66	13.06	77.12	14.39	11.87	16.27
	5	65.24	−6.12	−4.79	16.77	77.75	12.31	15.78	18.39
	10	65.18	−6.69	0.96	22.36	77.75	10.10	19.51	21.20
	20	65.34	−6.63	6.31	27.50	77.14	7.76	24.32	25.50
	40	65.78	−5.99	12.04	32.98	77.31	6.98	28.43	30.39
	70	66.26	−4.86	17.29	38.01	77.30	6.13	31.19	33.60
	110	66.51	−3.46	21.10	41.65	76.19	5.77	33.48	33.37
3h	0	56.96	1.67	−23.81	0.00	72.56	29.33	0.85	0.00
	2	58.42	−3.90	−13.15	12.12	75.83	14.89	11.36	13.38
	5	58.25	−4.65	−9.23	15.95	76.34	13.28	15.27	16.33
	10	58.59	−5.33	−4.41	20.69	76.42	10.77	19.70	19.30
	20	58.94	−5.80	0.90	25.89	74.01	8.75	23.60	23.31
	40	59.99	−5.51	6.53	31.32	76.16	7.87	28.24	28.17
	70	60.70	−4.98	11.29	35.91	75.25	7.11	31.83	31.69
	110	61.52	−4.10	15.11	39.60	74.71	6.71	34.01	31.88
5h	0	51.91	2.94	−25.67	0.00	69.92	30.26	0.24	0.00
	2	52.82	−2.90	−16.03	11.31	71.19	17.53	9.56	11.89
	5	52.91	−3.80	−12.04	15.24	71.57	16.46	13.32	15.04
	10	52.75	−4.69	−7.70	19.54	71.85	13.68	17.33	17.56
	20	53.07	−5.37	−2.63	24.52	71.92	11.58	21.78	21.96
	40	53.95	−5.40	3.17	30.09	72.45	10.01	26.27	26.77
	70	54.21	−5.09	8.03	34.71	72.14	8.96	29.22	29.63
	110	54.71	−4.26	12.54	38.98	72.02	8.27	32.15	30.00
8h	0	54.84	1.15	−22.37	0.00	72.21	26.94	0.98	0.00
	2	50.83	−1.66	−17.97	6.58	76.30	13.46	10.88	9.90
	5	50.22	−2.77	−14.48	9.95	76.42	12.42	14.45	12.22
	10	51.56	−3.95	−9.33	14.39	76.95	9.39	18.57	14.57
	20	51.72	−4.56	−4.63	18.90	76.96	7.79	22.77	18.77
	40	52.57	−4.80	1.24	24.45	77.05	6.62	26.81	23.34
	70	54.63	−4.64	6.84	29.78	76.13	6.11	29.92	26.38
	110	54.82	−4.01	10.72	33.49	76.20	5.53	31.54	26.66

附录 B　名词解释

B.1　绪论

（1）无性系：由一个基因型通过无性繁殖形成的一群个体。

（2）幼龄材：形成层尚未成熟时分生形成的木材。

（3）应力木：又称"偏心材"。树干或树枝部分的髓心偏向一侧，偏离髓心一侧的年轮特别宽，相对一侧年轮正常或狭窄；应力木的构造、材性均与正常木材有差异；包括应压木和应拉木。

（4）木材密度：单位体积木材的质量。与木材含水率密切相关，通常分为基本密度、生材密度、气干密度和绝干密度四种，而以基本密度、气干密度最常用。

（5）节子：木材天然缺陷之一。

（6）湿心材：受到外界环境因素与生物遗传因子的作用含水率高于边材，且木材颜色较正常材深的心材，是一种木材缺陷。

（7）成熟材：成熟的形成层分生形成的木材。

（8）原木：伐倒的树干经打枝和造材后的木段。

（9）锯材：将原木锯制成各种规格（包括不带钝棱的）的木材，分为板材与方材两大类。

（10）单板：也叫薄木，用旋切机、刨切机或锯机从木段或木方切得的薄片状材料。

（11）人造板：以木材或其他非木材植物为原料，加工成单板、刨花或纤维等形状各异的组元材料，经施加（或不加）胶黏剂和其他添加剂，重新组合制成的板材或成型制品，主要包括胶合板、刨花板、纤维板及其表面装饰板等产品。

（12）饰面人造板：以人造板为基材，涂饰，或以各种装饰材料饰面的板材。

（13）中密度纤维板：以木质纤维或其他植物纤维为原料，施加合成树脂在加热加压条件下压制成厚度不小于 1.5mm、密度范围在 $0.65\sim0.80\text{g/cm}^3$ 的板材。

（14）合成树脂：以低分子化合物为原料，在一定条件下，通过化学反应而制得的具有一定特性的高分子聚合物。

（15）热固性树脂：通过加热能固化成不熔不溶性物质的树脂。

（16）刨花板：又称"碎料板"，以木材或其他非木材植物加工成刨花或碎料，施加胶黏剂和其他添加剂热压而成的板材。按板材结构分单层、三层、渐变结构刨花板。

（17）胶合板：由三层或多层（一般为奇数）且相邻层的单板纹理方向互相垂直排列胶合而成的板状材料。

（18）细木工板：板芯用木条、蜂窝材料组拼，上下两面各胶贴一层或二层单板制成的人造板。

（19）单板层积材：将纹理方向相同的单板经涂胶、组坯、胶合而成的一种工程材料。

（20）单板出板率：旋切一根木段所得到的有用单板的材积与木段材积的百分比。

（21）木材含水率：木材中的水分质量占木材质量的百分数。分为相对含水率和绝对含水率。相对含水率是木材所含水分的质量占木材和所含水分总质量的百分率；绝对含水率是木材所含水分质量占木材绝干材质量的百分率。

（22）旋切：木段做定轴回转，旋刀刀刃平行于木段轴线做直线进给运动，切削沿木材年轮方向进行的切削过程。

（23）单板干燥机：在连续的传动带上，输送单板进行干燥的专用设备。

（24）木材干燥：使不同含水率状态的木材在一定的条件下失水，而达到适合某种用途的含水率与质量要求的过程。

（25）缓冲容量：以 1L 溶液 pH 值改变一定量所需加入的强酸或强碱的摩尔数表示。

（26）实木复合地板：以实木拼板或单板为面层，实木条为芯层、单板为底层制成的企口地板或以单板为面层、胶合板为基材制成的企口地板。以面层树种来确定地板树种名称。

（27）实木地板：用木材直接机械加工而成的地板。

（28）薄木贴面：人造板基材表面用木纹美丽的薄木进行贴面加工的过程。

（29）装饰薄木：用刨切、旋切和锯切方法从被加工木材上切割下来的薄片。

（30）天然林：自然起源的森林。

（31）木材染色：用染色剂采用加压浸注和高压蒸煮等方法使木材表面或内部着色的方法或过程。

（32）立木：林地上未伐倒的树木。

（33）纹孔：在细胞壁的凹陷或缺口处，初生壁未被次生壁覆盖的地方。由纹孔膜和纹孔腔组成。

（34）木材构造：在肉眼、放大镜、光学显微镜或电子显微下所观察到的木材各类细胞的组成和形态。

（35）木材着色：在保持木材原有属性的基础上，采用染料颜料和化学药剂等使木材获得所要求的颜色的方法与加工过程。

（36）渗透性：由压强与浓度差引起水分净移动的能力。

（37）散射系数：描述光波与光学介质相互作用产生的散射光强度特性的一个参量。以散射介质的单位长度（或体积）上、在传输方向（或各方向）上对入射光的散射总能量与入射光能量之比表示，其量纲为长度（或体积）的倒数；或以散射截面与粒子数浓度的乘积表示，它也是光波穿过散射介质时每单位长度上被散射的概率或相对散射率。

（38）稀土元素：周期表第三副族中原子序数从 57 至 71 的镧系元素及钪（Sc）和钇（Y）共计 17 种元素，其中钷（Pm）是自然界中并不存在的人造元素。通常按萃取法分为轻稀土，中稀土和重稀土三组。

（39）流体：由不断地作热运动的分子构成的、没有固定形状和具有流动性的物质。包括液体、气体和超临界流体。

（40）助剂：为改善高分子加工性能和（或）物理机械性能或增强功能而加入高分子体系中的各种辅助物质。

（41）光泽度：来自试样表面的正面反射光量与在相同条件下来自标准板表面的正面反射光量之百分比。

（42）表面活性剂：在添加量很低的情况下，也能显著降低界面张力的物质。

（43）自旋：物体绕其自身轴做转动的运动。原子核具有绕其自身轴旋转的特性，产生自旋角动量。常用矢量 I 表示。其方向与自旋轴一致，大小与原子核及原子的质子和中子数有关，产生自旋磁矩（自旋磁动量），是磁共振成像的基础。

（44）管胞：在初生和次生木质部中，一种不具穿孔的管状分子。是一个两头尖的细胞，运输水分和无机盐。管壁有环纹、螺纹和孔纹等次生壁加厚类型。

（45）改性木材：经过物理、化学、机械或生物等方法改性处理后的木材。

（46）炭化木：将天然实木采用 160～240℃高温处理得到的木材。

（47）压缩木：也叫表面密实化处理木材，木材经过软化处理后，在组织结构不受破坏的前提下，进行压缩处理成为密实的木材。木材压缩后，木材密度增大，各项力学性能指标大幅度提高。

（48）乙酰化木材：在一定条件下，将含有乙酰基的化合物（乙酰氯、乙酰酐等）与木材细胞壁组分中羟基进行酯化反应而制得的木材。

（49）重组木：是在不打乱木材纤维排列方向、保留木材基本特性的前提下，将木材碾压成"木束"或旋切成厚单板并进行疏解，重新施胶改性组坯，压制成木方，胶合固化，所得的一种强度高、规格大、不易变形开裂、防虫阻燃、具有天然木材纹理结构的新型木材，适合用于户外、地热等特殊环境，完全可以代替实木硬木，其性能优于实木硬木。

（50）木塑复合材料：以木材或其他植物（如竹材、农作物秸秆等）的片状材料（单板、薄板）、纤维、粉末、碎料或细小刨花等为增强体，以热固性聚合物（如酚醛树脂、脲醛树脂、异氰酸脂等）或热塑性聚合物（如聚乙烯、聚丙烯、聚氯乙烯等）为胶黏剂，加入需要的添加剂后，经热压、模压、挤压等加工而成的一类木塑复合材料。

（51）脲醛树脂：由尿素和甲醛经缩聚反应制得的一种树脂。

（52）颗粒燃料：是从生物质压缩制成的供暖燃料。最常用类型是木颗粒。作为木头燃料的一种形式，木颗粒通常由锯木及其他木制品产生的压实的锯末或其他废物制成。

（53）超声波：频率高于20kHz的声波。

（54）应力：介质在无限小的表面的单位面积上所承受的附加内力。

（55）微波：一种频率为300MHz～300GHz、波长在1mm～1m（不含1m）的电磁波。是分米波、厘米波、毫米波和亚毫米波的统称。

（56）漫反射：光照射在物体粗糙表面时随机地向四周反射的现象。在该现象中，反射光以入射点为中心各向同性地向整个半球空间反射，即从任何方向观察反射的统计平均辐射亮度都相同。

（57）透射：光波入射到物体表面、经过折射并穿过物体后出射的现象。

（58）光声光谱：由微音器或压电检测器测得的声信号强度，对激发波长（或与调制激发光子能量相关的其他参量）所构成的图谱。是一种基于光声效应的光谱技术。

（59）热带：广义是指地球上南、北回归线（南、北纬$23°26'$）之间的地区的总称，但在气候方面一般会进一步区分出赤道热带和亚热带，无极昼极夜现象。

（60）荒漠：降水量少而蒸发量大、具强烈大陆性气候特征、植被稀疏而地面组成物质粗瘠的地区。按地貌形态和地表物质组成分为沙漠、岩漠、泥漠、盐漠、砾漠等。

（61）u糖：由多个（10个以上到上万个）单糖分子或单糖衍生物缩合、失水，通过糖苷键连接而成的高分子聚合物。按组成可分为同聚多糖（均多糖）和杂聚多糖（杂多糖）两大类。

（62）亚种：种下分类单位。通常由于地理隔离造成，若地理隔离保持不变，亚种将最终演变为新种。

（63）菌株：由微生物单一细胞或病毒个体通过无性繁殖形成的纯培养物及其后代。

（64）果胶：是一类天然高分子化合物，它主要存在于所有的高等植物中，是植物细胞间质的重要成分。

（65）木糖：（化学式：$C_5H_{10}O_5$）是一种戊醛糖，为白色细针状结晶或结晶性粉末。

（66）葡萄糖：（化学式：$C_6H_{12}O_6$）是自然界分布最广且最为重要的一种单糖，其水溶液旋光向右，故亦称"右旋糖"。

（67）初生壁：细胞在生长过程中由原生质体分泌形成，紧贴胞间层内侧的细胞壁层。主要成分是纤维素和果胶质，还含有交联聚糖和糖蛋白。有较大的可塑性，可随细胞的生长而延展。

（68）霉菌：是非分类学名词，是对菌丝体发达，而又不产生大型肉质子实体的丝状真菌的俗称。霉菌的菌丝呈长管、分枝状，无横隔壁，具多个细胞核，并会聚成菌丝体。

（69）角动量：力学中表征物体转动的物理量。若 r 表示质点到原点的位置向量，p 为该质点的动量，则该质点的角动量 $L＝r×p$。在不受外力矩作用时，体系的角动量是守恒的。

（70）磁矩：描述载流线圈或微观粒子磁性的物理量。

（71）顺磁性：矿物晶体的原子磁矩间无相互作用，在无外磁场作用下，电子自旋随机排列的特性。

（72）磁场：能对置于其内的磁性材料、通电导体和运动电荷施加作用力的一种特殊物质。电流、运动电荷和磁极能激发磁场，变化电场也能激发磁场。磁场是电磁场整体的一个方面。

（73）固化：通过化学反应（聚合、交联等）使胶黏剂由液态转变成固态的不可逆过程。

（74）调胶：在树脂中按一定比例加入固化剂和（或）其他添加剂并混合均匀的过程。

（75）预压：在常温条件下，对组胚或铺装后的板坯进行加压，使其达到一定的密实度、厚度及初强度的加工工序。

（76）冷压：在室温条件下，对板坯加压，经过一定时间使其成板的过程。

（77）装饰单板贴面人造板：利用普通单板、调色单板、集成单板和重组装饰单板等胶贴在各种人造板表面制成的板材。

（78）调色单板：也叫调色薄木，单板用漂白和染色等加工方法制成的着色单板。

（79）重组装饰单板：也叫重组装饰薄木，以旋切或刨切单板为主要原料，采用单板调色、层积、胶合成型制成木方，经刨切、旋切或锯切制成的单板。

（80）分层：人造板因缺胶或胶合不良而造成的胶接面分离的现象。

（81）尺寸稳定性：材料所处环境条件发生变化时，保持其原有尺寸和形状的能力。

（82）抗压强度：试件最大压缩载荷与试件受截面面积之比。反映材料抵抗压缩破坏的能力。

（83）浸渍剥离试验：将试件放入一定温度的水中浸渍、干燥后，测定胶层剥离程度的试验。是测定人造板胶合强度和胶层耐水性的一种方法。

B.2 木材单板对染料的吸着

（1）稀溶液：溶质组分较低的溶液。

（2）等温线：在一定参考面上气温值相等各点的连线。

（3）染料：是有颜色的物质，但有颜色的物质并不一定是染料。作为染整工业基础，必须能够使一定颜色附着在纤维上，且不易脱落、变色。染料通常溶于水中，一部分的染料需要媒染剂使染料能黏着于纤维上。

（4）纤维素：由许多失水的β葡萄糖所组成的天然有机高分子多糖。为高等植物细胞壁中的主要成分。

（5）纤维：长度比直径大千倍以上且具有一定柔韧性和强力的纤细物质的统称。天然纤维是自然界存在的，可以直接取得纤维，根据其来源分成植物纤维、动物纤维和矿物纤维三类。

（6）木（质）素：木材细胞壁的主要组分，由对香豆醇、松柏醇和芥子醇脱氢聚合而成的一种分子量很大、具三维结构的芳香族聚合物。

（7）活性染料：又称反应性染料，是其染料离子或分子中含有能与底物上基团键合的反应性基团，并借此染色的一种染料。在适当条件下，活性基团通过与纤维素上的羟基与蛋白质或聚酰胺纤维上的氨基形成共价键而上染，因此活性染料染色通常具有良好的牢度。活性染料染色是用于棉、羊毛和尼龙染色的重要方法。

（8）紫外分光光度计：波长范围在紫外波段的分光光度计。

（9）吸光度：光线通过溶液或某一物质前的入射光强度与该光线通过溶液或物质后的透射光强度比值的以10为底的对数值。

（10）半纤维素：植物细胞壁内可以溶解于稀碱性溶液且可为稀无机酸类酸解而成为单糖类的多聚糖。

（11）微纤丝：在电子显微镜下看到的由纤维素构成的束状线形结构。是植物细胞壁的基本结构单位。

（12）纤维素结晶区：微纤丝内纤维素分子链平行排列、定向良好、呈清晰的X射线衍射图形的区域。

（13）共价键：两个或多个原子之间，由于原子轨道重叠，它们的外层电子高概率地出现在它们的原子核之间，从而大致得到均匀共享，因此形成稳定的化学键合。共价键与离子键之间没有严格的界限。

（14）硝化：在反应底物分子中引入硝基（—NO_2）的反应。

（15）重氮化：在反应底物分子中引入重氮基（—N_2）的反应。

（16）导管：以端壁连接而成的纵向管状结构。普遍存在于被子植物的木质部中，起着运输水分和无机盐的作用。幼时是具原生质体的生活细胞，随着细胞分化成熟，次生壁加厚并木化，原生质体解体，端壁形成穿孔而成为框架细胞。

（17）木纤维：木质部内各种纤维的统称。包括针叶树材的管胞和阔叶材中的韧型纤维及纤维管胞。有时也特指阔叶树材次生木质部内的两端尖削、壁厚、腔小、木质化的具有缘纹孔的闭管细胞，主要有韧型纤维和纤维管胞。

B.3 浸染工艺因子与单板表面着色度的关系

（1）色彩：不同波长的光波刺激人的眼睛所引起的视觉反应，是人的视感觉机能对外界事物的感受结果。

（2）光波：波长在 10nm 至数百 μm 之间的电磁波。从本质上说，它与一般无线电波没有区别，都是横波，其振动方向和光的传播方向垂直。

（3）电磁现象：电流流动时在其周围产生磁场、电场与磁场耦合的现象。

（4）可见光：波长在 380～780nm 范围内、能使人眼视觉系统产生明亮和颜色感觉的电磁波。

（5）色光：色光的三原色是红、绿、蓝，它们是白光被分解后得到的主要色光，其他的一些色光是由这三种色光以不同比例混合而得到的。区分各种色光的依据是波长。如红色光的波长最长，给人的视觉感觉较为强烈，紫色光的波长最短，给人的视觉感觉较为缓和。

（6）反射：波从源发射向不同方向传播遇到不同弹性的介质分界面时，其传播方向突然改变，回到其来源的介质的现象。

（7）色调：描述色彩彼此相互区分的一种特性。它属于颜色三属性之一，与照明光源或接收光的波长成分及物体表面的反光特性有关，与颜色的饱和度有关而与其亮度无关，其值由色坐标确定。

（8）明度：色彩的明暗、深浅、浓淡的程度。在同一色系里色彩也是有深有浅的，浅的是指色彩明度高，深的是指色彩明度低。物体表面对光的反射越高，其明度越高，白色明度最高，黄色其次，黑色明度最低。是颜色的三属性之一。

（9）纯度：色彩的强弱程度。其决定于物体含有的光波波长是单一性还是复合性。

（10）饱和度：用以估计纯彩色在整个视觉中的成分的视觉属性。

（11）色度学：研究颜色度量和评价方法的一门学科。是颜色科学领域的重要部分。该学科由牛顿开创，19 世纪多位科学家如格拉斯曼、麦克斯韦、亥姆霍兹等进行了发展，在 20 世纪形成了现代色度学。

（12）混色：利用红、绿、蓝三基色的任意两种或三种颜色按一定比例组合并刺激到视网膜的同一个部位而产生或感觉出不同于原三基色的另一个颜色的现象或过程。

（13）显色：光源或发光体或辐射体呈现出的色彩渲染现象。

（14）CIE 表色系统：使用 b^*、a^* 和 L^* 坐标轴定义国际照明委员会颜色区间。其中，L^* 值代表色明度，其值从 0（黑色）至 100（白色）。b^* 和 a^* 代表色度坐标，其中 a^* 代表红－绿，b^* 代表黄－蓝，它们的值从 0 至 10。

（15）孟赛尔色系：用一个三维空间模型表示色相、明度、饱和度三要素的方法。

（16）三刺激值：表示人体视网膜对某种颜色感觉的三原色刺激程度的量。在红、绿、蓝三原色系统中，红、绿、蓝的刺激量分别以 R、G、B 表示。

（17）原色：是指不能透过其他颜色的混合调配而得出的"基本色"。以不同比例将原色混合，可以产生出其他的新颜色。

（18）光源：能发出一定波长范围的电磁波（包括可见光以及紫外线、红外线和 X 射线等不可见光）的物体。通常则指能发可见光的物体。

（19）均匀色空间：用等距离表示大小相等的感知色差阈或超阈值色差的色空间。

（20）XYZ 表色系：1931 年国际照明委员会在 RGB 表色系统基础上，改用三个假想的原色 X、Y、Z 建立的一个新的色度系统。

（21）色差：定量表示的色知觉差别。

（22）色品：在颜色研究和量度中描述颜色特性的一个参量。以三刺激值各自在三刺激值总量中所占的比例或以主波长和色纯度来表示。

（23）摩尔吸光系数：一束单色辐射通过液层厚度为 1cm、浓度为 1mol/L 的溶液时所产生的吸光度值。是表征光度分析灵敏度的一种参数，简记为 ε，单位为 L/（mol·cm）。

（24）分子轨道理论：以单电子近似为基础的化学键理论。其基本观点是物理上存在单个电子的自身行为，只受分子中的原子核和其他电子形成的平均场的作用，以及泡利不相容原理的制约。描写单电子行为的波函数称为分子轨道（或轨道）。对于任何分子，如果求得了它的一系列分子轨道和能级，就可以像讨论原子结构那样讨论分子结构，并对分子性质做系统解释。

（25）价键理论：主要描述分子中的共价键及共价结合，是历史上最早发展起来的化学键理论。其核心思想是各自带有 1 个自旋相反的未成对电子的两个原子轨道配对形成定域化学键。

（26）单宁：多酚类化合物。包括缩合单宁与可水解单宁，前者是羟基黄烷类单体以 C—C 键连接形成的缩合物；后者是没食子酸或其衍生物的酚羧酸与葡萄糖（或多元醇）组成的酯。广泛存在于植物皮、根、叶、花和果实等组织中。

（27）木材漂白：用化学药品除去木材中的有色物质，使材色浅淡并均匀的方法或过程。

（28）色度：对颜色的一种度量。用来描述颜色的色调和饱和度。常用的规范性意义的色度形式有三种：CIEXYZ、CIELAB、CIELUV。

B.4 抽提处理单板与高含水率单板的染色性能

（1）木材抽提物：木材用乙醇、苯、乙醚、丙酮或二氯甲烷等有机溶剂或水进行处理所得的各种物质的总称。主要包括树脂、树胶、精油、色素生物碱、脂肪、蜡、糖、淀粉和硅化物等。

（2）心材：在木材横切面上，靠近髓心部分，木材颜色较深的木材。由边材演化而成。心材树种是心材和边材区别明显的树种。

（3）边材：位于树干外侧靠近树皮部分的木材。含有生活细胞和贮藏物质（如淀粉等）。边材树种是指心材与边材颜色无明显差别的树种。

（4）碱法浆：以碱性化学药剂为蒸解剂，使植物纤维原料解离得到的纸浆。

（5）离解度：电解质分子分解为正负离子达到平衡时，已解离的分子数和原有分子数之比。

（6）孔径：将多孔固体中形状各异、大小不等并呈一定分布的孔道视作圆形而以其当量半径来表征孔的大小。

（7）树脂：是植物或合成来源的固体或高黏度物质，通常可被转化为聚合物。树脂通常是有机化合物的混合物。

（8）蜡：通常在狭义上是指脂肪酸、一价或二价的脂醇和熔点较高的油状物质；广义上通常是指植物、动物或者矿物等所产生的某种常温下为固体、加热后容易液化或者气化、容易燃烧、不溶于水、具有一定的润滑作用的混合物。

（9）脂肪：在细胞内或叶绿体中呈固体状态的脂质。

（10）色素：从动植物和微生物中提取的着色剂。

（11）木射线：在木材横切面上从髓心向树皮呈辐射状排列的射线薄壁细胞群。来源于形成层中的射线原始细胞，是树木体内的一种贮藏组织。

（12）木薄壁组织：存在于树木木质部的薄壁细胞群。包括轴后薄壁组织和射线薄壁组织。

B.5 木材及其染色材的光变色现象

（1）键能：表征结合键牢固程度的物理量。对于双原子分子，在数值上等于把一个分子的结合键断开拆成单个原子所需要的能量。

（2）氙气：一种惰性气体。由原子序数为 54 的化学元素形成的单原子气体。符号为 Xe。

（3）高压汞灯：充有汞和惰性气体，工作时灯内汞蒸气处于高压状态的气体放电灯。

（4）光通量：符号是 Φ，标准单位是流明，是一种表示光功率的物理量，是表示光源整体亮度的指标。指每单位时间内由光源所发出或由被照体所吸收的光能，可以由发光强度对立体角的积分计算得到。

（5）立地条件：影响森林形成与生长发育的各种自然环境因子的综合。

B.6 木材耐光色牢度评级方法的研究

无。

B.7 漆酶活化木纤维表面木质素制备酶法纤维板的研究

（1）热磨：植物纤维原料经加热蒸煮后运用热磨机进行纤维分离的制浆过程。

（2）热压：在板材生产过程中将板坯送入热压机进行加压、加热，并保持一定时间，使板坯内胶黏剂固化成板的加工过程。

（3）热压曲线：板坯在热压过程中，压力、温度随时间的变化曲线。

（4）玻璃态：非晶态高分子大尺度构象转变和链段协同运动被冻结的聚集态，其力学行为和玻璃体类似，如显示高模量、低断裂伸长和低冲击强度等。

（5）自由度：体系独立可变因素的数目。

（6）显著性差异：是对数据差异性的评价，当某次实验的结果在零假设下不大可能发生时，就认为该结果具有显著性差异。更准确而言，譬如某项研究设定了一个数值 α（显著性水平），表示零假设本来正确但却被拒绝的出错概率（并非零假设为真的概率、备择假设为假的概率、实验再现失败率），然后用 p 值表示零假设为真时得到某结果或比这个结果更极端的情况的概率。当 $p \leqslant \alpha$ 时，就可以认为结果具有统计学意义，或数据之间具有了显著性差异。显著性水平应当在开始数据收集前就设定，通常习惯设定为 5% 或更低，因研究的具体学科领域而异。

（7）热压时间：板坯在热压机中从单位面积压力达到规定值开始至压力完全解除的这段时间。

（8）预固化层：板坯热压时在单位压力未达到规定值之前，胶黏剂提前固化而在人造板表面形成的疏松层。

（9）吸水厚度膨胀率：试件在一定温度的水中浸泡规定时间后，其厚度增加量与原厚度的百分比。

（10）内结合强度：在垂直板面的拉伸载荷作用下，试件破坏时的最大载荷与受截面面积之比。

B.8 木质素漆酶活化反应产生反应中间产物的定量及其与木质素关系的研究

（1）漆酶：是一种含四个铜离子的多酚氧化酶（p-二元酚氧化酶，EC1.10.3.2），属于铜蓝氧化酶，以单体糖蛋白的形式存在。漆酶存在菇、菌及植物中，亦可存活于空气中，发生反应后唯一的产物就是水，因此本质上是一种环保型酵素。漆酶独特的催化特性使其在生物检测中有广泛的应用，作为高效的生物检测器而成为底物、辅酶、抑制剂等成分分析的有效工具和手段。

（2）白腐菌：属担子菌纲丝状真菌，因腐朽木材呈白色而得名。代表菌株为黄孢原毛平革菌，在污染土壤修复中常有应用。

（3）活性氧类：是生物有氧代谢过程中的一种副产品，包括氧离子、过氧化物和含氧自由基等。这些粒子相当微小，由于存在未配对的自由电子而十分活跃。过高的活性氧水平会对细胞和基因结构造成破坏。

（4）电子自旋共振：电子有 1/2 的自旋，在外加磁场下能级二分，当外加具有与此能量差相等的频率电磁波时，便会引起能级间跃迁的现象。

（5）真菌：具有细胞壁，营吸收异养型真核生物。借助有性或无性繁殖方式产生孢子延续种群，通常以丝状且有分枝的体细胞结构或单细胞营养体形式存在，包括壶菌、接合菌、子囊菌和担子菌。按其外观特征可粗分为酵母菌、霉菌和蕈菌三类。

（6）离心：利用物质的密度等方面的差异，用旋转所产生背向旋转轴方向的离心运动力使颗粒或溶质发生沉降而将其分离、浓缩、提纯和鉴定的一种方法。物质的沉淀与离心速度和旋转半径有关。一般按旋转速度分低速离心、高速离心和超速离心。

（7）芬顿反应：在二价铁离子催化下，过氧化氢歧化产生高氧化活性羟基自由基的反应。1890 年由英国化学家芬顿发现。在生物体内参与细胞氧化应激损伤途径，也常用于有机化合物的催化降解。

（8）分配系数：在两相体系达到平衡状态时，某种物质在两相中浓度的比值。

（9）白炽灯：俗名钨丝灯，是一种透过通电，利用电阻把幼细丝线（现代通常为钨丝）加热至白炽，用来发光的灯。白炽灯的灯泡外围由玻璃制造，把灯丝保持在真空，或低压的惰性气体（如卤素灯）之下，作用是防止灯丝在高温之下氧化。

（10）胶体：连续相中分散着胶粒的体系。胶粒的尺寸远大于分散相的分子，又不至于因为其重力而影响它们的分子热运动。粒子的尺寸为 1~1000nm。

（11）酚醛树脂：由酚类或醛类经缩合反应制得的树脂。常用的是苯酚甲醛树脂。

B.9 X 射线光电子能谱（XPS）与木材染色研究

（1）X 射线光电子能谱：一束具有一定能量的 X 射线与原子发生作用时，光子的能量可以把原子轨道上的电子激发出来，测量被激发出来的光电子动能及信号强度随能量的分布，即得到 X 射线光电子能谱图。试样表面发射的光电子能量仅取决于原子的电离轨道，据此可进行试样的定性分析。

（2）光电效应：在高于某特定频率的电磁波照射下，某些物质内部的电子会被光子激发出来而形成电流的现象。

（3）电子能级：多电子体系中所有能量相同的单电子轨道构成 1 个电子能级。

（4）等离子体：由电子、离子和未电离的中性粒子组成的物质状态。它是固态、液态、气态之外的物质第四态。通常固态物质加热变成液态，然后变成气态，温度极高时被部分电离形成等离子体。

（5）α纤维素：天然纤维素经氢氧化钠水溶液处理后，脱除了木质素和半纤维素之后所剩下的高分子量不溶部分。

（6）峰面积：峰轮廓线与基线之间的面积。

（7）衰减：辐射通过物质时由于各种相互作用而引起辐射量的减少。

（8）结合能：一定数目的核子结合组成某种特定原子核时需要释放出来的能量。亦即将某原子核完全分解成组成该核的核子需要添加的能量。

（9）氧化态：物质中原子氧化程度的量度。按一定原则分配电子时原子可能带有的电荷。确定物质中氧化数的主要原则有：①元素在单质中的氧化数等于 0；②在二元离子化合物中，各元素的氧化数等于该离子的电荷数；在共价化合物中，将成键电子对人为分配给电负性大的元素，这些元素带负电荷；③在中性分子中所有元素氧化数的代数和等于零；在离子团中，所有元素氧化数的代数和等于该离子团的电荷数；④某一元素在 1 个化合物中的氧化数一般取平均值。

B. 10　傅立叶变换红外光谱技术快速预测木质素含量的研究

（1）傅立叶变换红外光谱：样品表面物种对入射红外光所发生的吸收反射或透射光谱经傅立叶变换后得到的光谱。

（2）置信区间：置信度确定后，以测量结果为中心，包括总体均值在内的可信范围。

（3）分光光度法：将含有各种波长的混合光分散为各种单色（单波长）光，通过测定被测样品溶液对每种单色光（在特定波长处或一定波长范围内的光）的吸光度，对其进行定性和定量分析的方法。

（4）生物燃料：利用可再生的生物质制造的燃料。包括固体生物质、液体燃料（如生物柴油、生物乙醇等）和生物气体燃料（如甲烷、氢等）。

（5）被子植物：种子植物的一群。种子外有果皮包被，具有根、茎、叶、花、果实和种子六种器官。由花萼、花冠（或花被）以及雄蕊和雌蕊形成生殖器官—花，心皮形成雌蕊，其下部合生形成包藏胚珠的子房，子房在受精后形成果实，是进化最高级、种类最多、分布最广的植物类群。乔木、灌木和草木俱全，多年生、一年生和短命植物均有。

（6）共聚物：又称杂聚物、异聚物，是由两种或更多单体聚合所形成的聚合物，与之对应的是只有一种单体聚合而成的均聚物。共聚物的结构中具有至少两种结构单元，结构单元之间以化学键连接，这和两种聚合物用机械或物理混合形成的共混物不同。

（7）种质：活体的遗传资源。用于繁殖、保存、研究等，如种子、组织等。

（8）髓心：茎或少数植物根中央的基本组织。通常能贮藏各种后含物如单宁（鞣质）、晶体和淀粉等。有些植物茎内髓成熟较早，在茎的生长过程中被拉坏，形成中空或片状髓。

（9）粒径：描述单个颗粒大小和粒子群平均大小的总称。

（10）振幅：振动的幅值可能达到的最大值。

（11）平茬：齐地或接近地面截去幼树地上部分的作业。

（12）偏最小二乘法：在多元线性回归分析中，将量测矩阵 Y 与浓度矩阵 X 同时进行正交分解，基于使偏差平方和达到极小对参数作最优估计，以主成分拟合因变量与自变量函数关系的一种方法。

（13）马氏距离：即马哈拉诺比斯距离，是由印度统计学家普拉桑塔·钱德拉·马哈拉诺比斯提出的，表示数据的协方差距离。它是一种有效地计算两个未知样本集的相似度的方法。与欧氏距离不同的是它考虑到各种特性之间的联系（例如：一条关于身高的信息会带来一条关于体重的信息，因为两者是有关联的）并且是尺度无关的，即独立于测量尺度。

（14）极差：在一组测定的量值中最大测量值与最小测量值之差。表征该组测量值的最大分散程度。

（15）标准偏差：各数据偏离平均数的距离（离均差）的平均数。

（16）正态分布：一种特殊的概率分布。正态分布是具有两个参数 μ 和 σ 的连续型随机变量的分布。遵从正态分布的随机变量的概率规律为取 μ 邻近的值的概率大，而取离 μ 越远的值的概率越小；σ 越小，分布越集中在 μ 附近，σ 越大，分布越分散。

（17）线性相关：消长相随的两变量间的相互关系。

（18）热值：在绝干状态下单位质量可燃物完全燃烧时所释放的热量。单位为 kJ/kg 或 J/g。

（19）指纹区：在红外图谱中短波数范围内的振动区。每个化合物特有其指纹区，指纹区取决于分子中原子的种类、质量以及它们的空间排列方式等特性。

（20）波数：描述光波传播特性的一个参量。以光波传播方向上单位长度内的光波周期数来表示，单位为 cm^{-1}。

（21）变异性：总体中各个个体之间在某个或某些方面的差异。在测量中，由于各种因素综合作用使得各测量值之间出现差异。

（22）吸收带：由物质的许多密集吸收线构成的一定波长宽度范围的带状光谱。

（23）归一化：归纳统一样本的统计分布特性的方法。

（24）均方根误差：观测值与其真值（或其他外部参考值）偏差的平方和均值的平方根。表示外部符合精度，用于反映测量的准确度。

（25）灌木：主干不明显、高不及5m、分枝靠近地面的木本植物。如月季、荆条等。

（26）交叉验证：一种利用已知数据集获取学习器最优参数，以期望在未知数据集上获得最佳泛化性能。常见的有留一法和K重交叉验证法。

B.11 傅立叶变换红外光谱技术定性评价木质素、纤维素等木材主要化学组分

（1）晶体：由结晶物质构成的固体，其内部的构造质点（如原子、分子）呈平移周期性规律排列。

（2）衰减全反射：全反射的光强因光疏介质中的倏逝波耦合到金属或半导体的表面产生表面等离子体激元或表面极化激元的共振激发，导致其急剧衰减的现象。

（3）针叶树材：又称"软材"。由松、杉、柏木落叶松等针叶树生成的木材。

（4）阔叶树材：由杨树、白蜡树、榆树等阔叶树生成的木材。

（5）主成分分析：将多个变量通过线性变换以选出较少个数重要变量的一种多元统计分析方法。

（6）种源：从同一树种的天然分布区范围内不同地点收集的种子或其他繁殖材料。

（7）定向培育：根据确定的目标（如生态、经济目标等），采取相应的技术措施的森林培育方式。

（8）综纤维素：植物纤维原料细胞壁中高聚糖的总和，包括纤维素和半纤维素。不同测试方法结果有所不同。

（9）转基因：运用科学手段从某种生物中提取所需要的基因或将修饰过的基因导入另一生物体基因组内，使其与该种生物的基因进行重组，从而产生特定的具有变异遗传性状物质的方法。

（10）野生型：特定生物在自然界中最常见而典型的表型，其可被用作同种生物突变型比较的参照标准。

（11）聚类分析：根据某种特征，将具有相似特征的数据归为一类的过程。

（12）散点图：以一个变量为横坐标，另一个变量为纵坐标，利用散点（坐标点）的分布形态反映变量统计关系的一种图形。特点是能直观表现出影响因素和预测对象之间的总体关系趋势。

（13）生物质：一切直接或间接来源于绿色植物的光合作用形成的有机物质。包括植物、动物和微生物及其排泄与代谢物等。

（14）信噪比：用于描述信号质量的参量，即信息信号与噪声之比。其值越高，信息的检出率越高。在 X 射线成像中，信噪比的量值和曝光使用的量值密切相关。

参考文献

［1］BEECH W F. Fiber-Reactive Dyes［M］. Moscow：Logos Press，1970.

［2］CHRISPEELS M J，S D. Plants，Food and People［M］. San Francisco：W. H. Freeman and Company，1977.

［3］DAvid N-S，H，NOBUO S. Wood and Cellulosic Chemistry［M］. New York：Marcel Dekker，Inc. 2001.

［4］IDELCHIK I E. Fluid Dynamics of Industrial Equipment：Flow Distribution Design Methods［M］. New York：Hemisphere Publishing Corporation，1993.

［5］SIAU J F. Flow in Wood［M］. Syracuse：Syracuse Univ. Press，1972.

［6］KLEIN R M. The Green World：An Introduction to Plants and People［M］. New York：Harper and Row Publishers，1979.

［7］LANGENHEIM J H，THIMANN K V. Plant Biology and its Relation to Human Affairs［M］. New York：John Wiley & Sons，1982.

［8］ALLEN R L M. Colour Chemistry［M］. Boston：Springer，1971.

［9］科尔曼 F F P，科泰 W A. 木材学与木材工艺学原理：实体木材［M］. 江良游，等，译. 北京：中国林业出版社，1991.

［10］科尔曼 F F P，科泰 W A. 木材学与木材工艺学原理：人造板［M］. 江良游，等，译. 北京：中国林业出版社，1991.

［11］龟井益祯. 实用木材加工全书. 涂装のヂザイソと技术［M］. 东京：森北出版株式会社，1976.

［12］基太村洋子. 木材の染色. 木材利用の化学［M］. 东京：共立出版株式会社，1983.

［13］山田正. 木质环境の科学［M］. 京都：海青社，1985.

［14］成俊卿. 木材学［M］. 北京：中国林业出版社，1985.

［15］方容川. 固体光谱学［M］. 合肥：中国科技大学出版社，2001.

［16］葛明裕. 木材加工化学［M］. 哈尔滨：东北林业大学出版社，1985.

［17］金咸穰. 染整工艺实验［M］. 北京：中国纺织出版社，1987.

［18］荆其诚，焦书兰，喻柏林，等. 色度学［M］. 北京：科学出版社，1979.

［19］冷兆统，袁越. 稀土用于木单板染色试验报告［J］. 北京木材工业，1993，013（4）.

［20］李坚. 木材科学［M］. 哈尔滨：东北林业大学出版社，1994.

［21］刘广文. 染料加工技术［M］. 北京：化学工业出版社，1999.

［22］刘元. 木材漂白与着色［J］. 北京木材工业，1994，（02）：31-38.

［23］陆文达. 木材改性工艺学［M］. 哈尔滨：东北林业大学出版社，1993.

［24］申宗圻. 木材学［M］. 北京：中国林业出版社，1993.

［25］汤顺青. 色度学［M］. 北京：北京理工大学出版社，1990.

［26］王菊生．染整工艺原理［M］．北京：中国纺织出版社，1984.

［27］徐燕莉．表面活性剂的功能［M］．北京：化学工业出版社，2000.

［28］尹思慈．木材学［M］．北京：中国林业出版社，1995.

［29］郑光洪，冯西宁．染料化学［M］．北京：中国纺织出版社，2001.

［30］朱正华．染料化学［M］．上海：东华大学出版社，1990.

［31］SUCHSLAND O，WOODSON G E. Fiberboard Manufacturing Practices in The United States ［M］．Madison：Forest Products Society，1990.

［32］OLSEN E D. Modern Optical Methods of Analysis［M］．Columbus：McGraw-Hill，1975.

［33］ROBINSON J W，FRAME E M S，FRAME G M. Undergraduate Instrumental Analysis ［M］．New York：M. Dekker，2005.

［34］AHUJA S，JESPERSEN N D. Modern Instrumental Analysis［M］．Amsterdam：Elsevier B. V.，2006.

［35］SMITH B C. Fundamentals of Fourier Transform Infrared Spectroscopy［M］．Victoria：CRC Press，1995.

［36］GRIFFITHS P R，GRIFFITHS P. Chemical infrared Fourier Transform Spectroscopy［M］．New York：Wiley Interscience，1975.

［37］ZBINDEN R. Infrared Spectroscopy of High Polymers［M］．New York：Academic Press，1964.

［38］STUART B，ANDO D J. Biological Applications of Infrared Spectroscopy［M］．West Sussex：John Wiley and Sons，Ltd.，1997.

［39］徐有明．木材学［M］．北京：中国林业出版社，2006.

［40］李坚，王清文，方桂珍，等．木材波谱学［M］．北京：科学出版社，2003.

［41］赵保路．氧自由基和天然抗氧化剂［M］．北京：科学出版社，2002.

［42］陈贤榕．电子自旋共振实验技术［M］．北京：科学出版社，1989.

［43］SJÖSTRÖM E. Wood chemistry：fundamentals and applications［M］．San Diego：Academic Press Inc.，1993.

［44］NIMZ H H. Lignin-based Wood Adhesives：In Wood Adhesives-Chemistry and Technology ［M］．New York：Marcel Dekker，1983.

［45］YAMAGUCHI H，MAEDA Y，SAKATA I. Applications of Laccase-induced Dehydrogenatively Polymerized Phenols for Bonding of Wood Fibers［J］．Mokuzai Gakkaishi，1992，38：931-937.

［46］PARKER F S. Applications of Infrared，Raman and Resonance Raman Spectroscopy in Biochemistry［M］．New York：Plenum Press，1983.